JN272294

日本音響学会 編
音響テクノロジーシリーズ 18

非線形音響
― 基礎と応用 ―

工学博士 鎌倉 友男 編著

工学博士 斎藤 繁実	工学博士 土屋 隆生
博士(工学) 野村 英之	博士(工学) 小塚 晃透
博士(工学) 近藤 淳	理学博士 河辺 哲次

共 著

コロナ社

音響テクノロジーシリーズ編集委員会

編集委員長

株式会社 ATR-Promotions
工学博士　正木　信夫

編 集 委 員

産業技術総合研究所　　　　　　　　日本大学
工学博士　　　蘆原　　郁　　　　　工学博士　　　伊藤　洋一

千葉工業大学　　　　　　　　　　　日本電信電話株式会社
工学博士　　　大野　正弘　　　　　博士（芸術工学）岡本　　学

九州大学　　　　　　　　　　　　　東京大学
博士（芸術工学）鏑木　時彦　　　　博士（工学）　　坂本　慎一

滋賀県立大学　　　　　　　　　　　熊本大学
博士（工学）　　坂本　眞一　　　　博士（工学）　　苣木　禎史

東京情報大学　　　　　　　　　　　株式会社ニューズ環境設計
博士（芸術工学）西村　　明　　　　博士（工学）　　福島　昭則

（五十音順）

（2012 年 11 月現在）

発刊にあたって

「音響テクノロジーシリーズ」の第1巻「音のコミュニケーション工学－マルチメディア時代の音声・音響技術－」が初代東倉洋一編集委員長率いる第1期編集委員会から提案され，日本音響学会創立60周年記念出版として世に出て13年。その間に編集委員会は第2期吉川茂委員長に引き継がれ，本シリーズは13巻が刊行された。そして昨年，それに引き続く第3期の編集委員会が立ち上がった。

日本音響学会がコロナ社から発行している音響シリーズには「音響工学講座」，「音響入門シリーズ」，「音響テクノロジーシリーズ」があり，多くの読者を得てきた。さらに昨年には，音響学の多様性，現代性，面白さをサイエンティフィックな側面から伝えることを重視した「音響サイエンスシリーズ」が新設されることとなり，企画が進められている。このような構成の中で，この「音響テクノロジーシリーズ」は，従来の「音響技術に関するメソッドの体系化を分野横断的に行う」という方針を軸としつつ，「脳」「生命」「環境」などのキーワードで象徴される，一見音響とは距離があるように見えるが，実は大変関係の深い分野との連携も視野に入れたシリーズとして，さらなる発展を目指していきたい。ここではその枠組みのもとで，本シリーズが果たすべき役割，持つべき特徴，そしてあるべき将来像について考えてみたい。

まず，その果たすべき役割は「つねに新しい情報を提供できる」いわば「生き」がいい情報発信源となること。とにかく，世の中の変化が速い。まさにテクノロジーは日進月歩である。研究者・技術者はつねに的確な情報をとらえておかなければ，ニーズに応えるための適切な研究開発の機を逃すことになりかねない。そこで，本シリーズはつねに新しく有益な情報を提供する役割をきち

んと果たしていきたい。そのためには時流に合った企画を立案できる編集委員会の体制が必要である。幸い第3期の委員は敏感なアンテナを持ち，しかもその分野を熟知したプロにお願いすることができた。

　つぎに本シリーズの持つべき特徴は「読みやすく，理解を助ける工夫がある」いわば，「粋」な配慮があること。これまでも，企画段階から執筆者との間では綿密な打合せが行われ，読者への読みやすさのための配慮がなされてきた。そしてその工夫が高いレベルで実現されていることは，多くの読者の認めるところであろう。また，第10巻「音源の流体音響学」や第13巻「音楽と楽器の音響測定」にはCD-ROMが付録され，紙面からだけでは得ることができない情報提供を可能にした。これも理解を助ける工夫の一つである。今後インターネットを利用するなど，速報性にも配慮した情報提供手段との連携も積極的に進めていきたい。

　さらに本シリーズのあるべき将来像は「読者からの意見が企画に反映できる」いわば，編集者・著者・読者の間の「息」の合った関係を構築すること。読者からいただくご意見は編集活動におおいに役立つ。そこには新たな出版企画に繋がる種もあるだろう。是非読者の皆様からのフィードバックを日本音響学会，コロナ社にお寄せいただきたい。

　以上述べてきたように，本シリーズが今後も「生き」のいい情報を，「粋」な配慮の行き届いた方法で提供することにより，読者の皆さんとの「息」の合った関係を構築していくことができれば，編集を担当する者としてはこの上ない喜びである。そして，本シリーズが読者から愛され，「息」の長い継続的なものに育てていくことの一翼を担うことができれば幸いである。

　最後に，本シリーズの刊行にあたり，企画と執筆に多大なご努力をいただいている編集委員と著者の方々，ならびに出版準備のさまざまな局面で種々のご尽力をいただいているコロナ社の皆様に深く感謝の意を表して，筆を置くことにする。

2009年11月

音響テクノロジーシリーズ編集委員会

編集委員長　正木　信夫

まえがき

　日進月歩のごとく，今日の科学技術の進歩は目覚ましい。このことは，音響分野においても例外ではない。時にはエレクトロニクスを中心とした周辺・要素技術の影響を受け，また，時には相互に融合しながら，いままでに多くの研究と技術の成果を世に生み出してきた。そして，その成果は新しい音響製品の開発に結集され，われわれの生活を豊かにすると同時に生活の質の向上に役立ってきているし，この流れは今後もなお進み続けるであろう。

　いうまでもなく，音響学の歴史は古く，弦や板の振動による音の発生と伝搬といった一連の研究を通して音響・振動の学問が体系化されてきた経緯から，物理の色彩の強い学問である。本書は，今日では多岐の分野にわたり学際的ともいわれる音響のなかでも，波動としての側面から音響を眺め，特に伝搬媒質の非線形性に起因して生じるさまざまな現象について，その理論と応用に焦点を絞りながらまとめた，非線形音響に関する解説書である。

　ところで，われわれが経験する音の大きさは大気圧に比べればきわめて小さく，音波の伝搬過程を線形化して議論している。しかし，本来，音速は媒質の密度とともに増すので，波面は伝搬につれてしだいに急峻化して衝撃波が形成されるようになる。ことに，爆発に伴うような大きな圧力変化では急峻な波面が容易に形成され，その面を境に圧力や密度が急激に変化する極限領域ができる。このような強い衝撃波領域と，微小振幅の仮定から出発し，線形理論に立脚した従来の音響領域を補完する橋渡し的存在が，非線形音響の位置付けである。

　新しい研究分野が誕生して一人前の科学として世に認知されるには，長い時間を要するのが常である。このことは非線形音響についてもいえる。20世紀前半までは，単なる学術的な興味の対象として，流体力学や数学を専門とする学

者が個別に音波の非線形現象に取り組んでいた。ところが，1960年のパラメトリックアレイに関する理論発表をはじめとして，その存在実証，工学的な応用の報告を契機に，非線形音響の研究者は世界的に爆発的に増え，音響の一つの重要な研究分野として確立されるまでに至った。そして，研究成果の世界的な情報交換の場として，非線形音響に関する国際シンポジウム（International Symposium on Nonlinear Acoustics）がほぼ3年ごとに世界の主要な国で開かれ，今日まで引き継がれてきている。

　本書は非線形音響の研究領域をできるだけ多くの読者に知っていただき，音響全体，ひいては科学の今後の発展に少しでも役立ちたいとの願いから，各専門領域で活躍されている第一線の方々に執筆をお願いした。そして，これから非線形音響を勉強してみようという技術者や大学院生を対象として，線形理論についての予備知識があれば理解できるように内容を組み立てた。執筆内容としては，非線形性に起因する最たる現象の波形ひずみから出発して，音圧や粒子速度の2次的な直流成分としての音響放射圧や音響流の現象を中心にまとめた。これらの現象は，非線形音響のなかでもクラシカルな研究領域といえるが，これは研究が古くて陳腐ということではなく，理論がほぼ確立されて非線形音響の基礎となる領域であると理解していただきたい。また，章ごとの内容ができる限り関連付けられるように，細心の注意を払って内容を吟味し，そして物理量の記号や専門用語の名称を統一した。しかし，単純な誤謬が残っている可能性がある。読者の皆さんからご指摘やご意見を取り入れて，いっそう読みやすい内容に充実できれば幸いと思っている。

　最後に，本書を上梓するにあたり，多くの先輩や同僚には多大にお世話になった。特に，日本音響学会の春季・秋季研究発表会や各種研究委員会，また長年にわたって続いている非線形音響研究会を通して，貴重なご意見やコメントを得て，これが本書の内容になっている。ここに関係者に深く感謝したい。

2014年2月

鎌倉　友男

目 次

1. 非線形音響を学ぶ前に
（鎌倉友男）

1.1 線形性と非線形性 ································· 1
1.2 非線形と衝撃波 ································· 4
1.3 非線形音響の歴史 ································· 10
1.4 本書の構成 ································· 18
引用・参考文献 ································· 22

2. 音波の非線形伝搬
（斎藤繁実，鎌倉友男）

2.1 非線形伝搬による波形ひずみ ································· 27
  2.1.1 支配方程式　27
  2.1.2 線形な波動方程式　32
  2.1.3 音速の粒子速度依存性　34
  2.1.4 波形ひずみの発生　37
  2.1.5 衝撃波　41
  2.1.6 微小ひずみ　44
  2.1.7 非線形伝搬の定式化　48
2.2 実在の流体中の音波 ································· 49
  2.2.1 波動のモデル式　49
  2.2.2 有限振幅音波のモデル式　52
  2.2.3 吸収の影響　54

2.2.4　回折のひずみ波形への影響　　58

2.3　N波および不規則音 ………………………………………………… 60
　　2.3.1　N 波 の 伝 搬　　60
　　2.3.2　不規則音の伝搬　　62

引用・参考文献 ……………………………………………………………… 65

3. 非線形音波の応用
（斎藤繁実）

3.1　非線形パラメータ B/A ……………………………………………… 67
　　3.1.1　非線形パラメータの測定法　　67
　　3.1.2　非線形パラメータの特性　　71
　　3.1.3　生体関連試料の非線形パラメータ　　72
　　3.1.4　非線形パラメータの混合則　　74
　　3.1.5　非線形パラメータの画像化　　75

3.2　パラメトリックアレイ ……………………………………………… 78
　　3.2.1　音波と音波の相互作用　　78
　　3.2.2　Westervelt のモデル　　80
　　3.2.3　モデルの一般化　　83
　　3.2.4　パラメトリック音源における自己復調　　87
　　3.2.5　パラメトリック音源の応用　　89
　　3.2.6　パラメトリック受波アレイ　　91

3.3　第2高調波の応用 …………………………………………………… 94
　　3.3.1　第2高調波ビームの特徴　　94
　　3.3.2　非線形高調波の利用　　97

引用・参考文献 ……………………………………………………………… 99

4. 非線形音場の数値解析
（土屋隆生，鎌倉友男）

4.1　差分法の導入 ………………………………………………………… 103

4.1.1　放物形方程式の解法　　*103*
　　4.1.2　非線形項の計算　　*109*
　　4.1.3　Pestoriusのアルゴリズム　　*113*
　　4.1.4　KZK方程式の解法への適用　　*119*
　　4.1.5　変形ビーム方程式　　*123*
　　4.1.6　時間領域での解析　　*126*
　　4.1.7　その他の解析法　　*130*
4.2　有限要素法による解析法 ································· *135*
　　4.2.1　ガラーキン法　　*135*
　　4.2.2　離　散　化　　*137*
　　4.2.3　非定常解析　　*140*
　　4.2.4　計　算　例　　*142*
4.3　Ｃ　Ｉ　Ｐ　法 ·· *146*
　　4.3.1　支配方程式　　*146*
　　4.3.2　特性曲線法　　*147*
　　4.3.3　CIP法の考え方　　*149*
　　4.3.4　散逸項と非線形項の取扱い　　*150*
　　4.3.5　計　算　例　　*151*

引用・参考文献 ·· *152*

5. 音　響　放　射　力
（野村英之，小塚晃透，鎌倉友男）

5.1　音響放射力とは ··· *156*
5.2　ランジュバン放射圧の理論 ································· *159*
　　5.2.1　流体力学的手法による導出　　*159*
　　5.2.2　音響放射圧理論とエネルギー密度　　*163*
5.3　平面波場中の音響放射力理論 ······························ *167*
　　5.3.1　平面進行波音場　　*168*
　　5.3.2　平面定在波音場　　*170*

5.4 より現実的な音響放射力理論 174
  - 5.4.1 粘性流体内における音響放射力　*175*
  - 5.4.2 固体弾性球へ作用する音響放射力　*176*
  - 5.4.3 超音波ビーム内の音響放射力　*177*

5.5 音響放射圧の実験的検証と応用 178
  - 5.5.1 超音波放射圧および浮揚　*178*
  - 5.5.2 水中超音波による微小物体の捕捉　*180*
  - 5.5.3 定在波音場中での微粒子の操作　*182*
  - 5.5.4 音源近傍における放射圧と近距離場音波浮揚　*187*

5.6 面積分の関係式 190

引用・参考文献 191

6. 音響流
（近藤　淳，鎌倉友男）

6.1 音響流の歴史 195

6.2 音響流の支配方程式 198

6.3 音響流の理論 202
  - 6.3.1 エッカルト音響流　*202*
  - 6.3.2 シュリヒィティング音響流　*211*
  - 6.3.3 レイリー音響流　*215*

6.4 音響流に関連する現象 219

6.5 音響流の応用 221

引用・参考文献 225

7. 力学系としての非線形音響
（河辺哲次）

7.1 ハミルトン形式による音線方程式 231
  - 7.1.1 幾何音響理論　*232*

7.1.2　波動方程式とアイコナール方程式　*232*
　7.1.3　ハミルトニアン　*237*
　7.1.4　音線のスタンダードハミルトニアン　*239*
　7.1.5　力学系とカオス　*241*
7.2　海洋音響とスタンダードハミルトニアンの適用 ················*245*
　7.2.1　パラボラ方程式　*246*
　7.2.2　音速プロフィールとカオス　*248*
7.3　ビリヤードと音線軌道 ···*250*
　7.3.1　長方形ビリヤード　*250*
　7.3.2　スタジアム形ビリヤード　*251*
　7.3.3　閉じ込めポテンシャル　*252*
　7.3.4　ビリヤード境界に対する閉じ込めポテンシャル　*254*
7.4　室内音響への応用 ··*256*
　7.4.1　矩形領域における音線軌道　*256*
　7.4.2　残響室モデル　*258*
　7.4.3　音線軌道のポアンカレ断面とリアプノフ指数　*258*
　7.4.4　ビリヤードモデルによるリアプノフ指数　*260*
　7.4.5　音の減衰時間　*260*
7.5　非線形音響の新しい見方 ··*262*
7.6　リーマン幾何学的なアプローチによる音線軌道の方程式 ·······*263*
　7.6.1　測地線とメトリック　*263*
　7.6.2　最小作用の原理と音線軌道のメトリック　*264*
　7.6.3　音線の測地線方程式　*265*

引用・参考文献 ···*266*

索　　引 ··*269*

1 非線形音響を学ぶ前に

　非線形音響の基礎と応用を取り上げる前の準備として，線形性，非線形性の用語の説明，身近で代表的な非線形問題，そして非線形音響の歴史を紹介する。最後に，本書の構成を述べる。

1.1　線形性と非線形性

　マグローヒル社の『科学技術用語大辞典』によれば，**非線形性**（nonlinearity）は"比例関係からのずれ"と説明されている。そして，非線形を接頭語にもつ40個ほどの用語があげられている。非線形の接頭語が付かないが，非線形性に密接に関係するカオスやフラクタルを含めれば，非線形性に起因する物理現象がいかに多いかが想像できるであろう。

　非線形性の意味やそれに基づく現象を十分理解するには，一般に高等数学の予備知識が必要となる。しかし，そのような数学の記述は本書の目的ではないし，すべての現象を細かに紹介する紙面もなく，また著者らに数学的素養があるといえないので，ここでは波動に関連した非線形性の基礎的なことと現象的なことがらに焦点を絞り，大まかな紹介にとどめる。

　ところで，非線形性に対比する**線形性**（linearity）とは，換言すれば，**重ね合せの原理**（principle of superposition）を満たす性質である。すなわち，あるシステムがあり，そのシステムへの入力信号と出力信号の関係を考える。もし，異なる二つの入力信号 x_1, x_2 の和がそのシステムに入ったとき，出力信号が x_1, x_2 それぞれに対する出力信号 y_1, y_2 の和になれば，この特性を線形

性という。このことを式で与えるために，システムへの入力関数 x とそれに対応する出力関数 y の二つの間の関係を"変換"という概念で考え，この変換を演算子 L で表す。この演算子が，次の二つの条件

$$L(x_1 + x_2) = y_1 + y_2 \tag{1.1}$$

$$L(ax) = ay \tag{1.2}$$

を満たすとき，L を**線形演算子**（linear operator）という。ここで，a は任意定数である。

　当然成り立つと考えがちで，しかも無意識のうちに利用するこの原理は，物理現象を観測するうえで，また定式化するうえできわめて重要である。例として，ばねにおもりを吊るしたときの，そのおもりに働く重力とばねの伸びの関係を考えてみる。1 kg のおもりに対し 1 cm 伸びたとき，2 kg のおもりでは 2 cm 伸びるであろうし，また，1 kg と 2 kg のおもりを同時に加えたとき，ばねは 3 cm 伸びることが予想される。事実，多くの実験でこの比例関係は成立し，**フックの法則**（Hooke's law）として知られている。

　一方，非線形性とは上記の線形性に当てはまらない性質を示し，条件式 (1.1)，(1.2) に従わない演算子は非線形演算子で，2 乗操作は非線形演算の代表格である。いま，入力 x と出力 y とに $y = x^2$ の関係があるとしよう。x_1，x_2 の入力それぞれに対して y_1，y_2 の出力が得られるならば，$x_1 + x_2$ の入力に対して，$y_1 + y_2$ の出力が得られるだろうか。簡単な式の展開の $(x_1 + x_2)^2 = x_1^2 + x_2^2 + 2x_1 x_2 = y_1 + y_2 + 2x_1 x_2$ からわかるように，二つの入力の積の項 $x_1 x_2$ も現れるので，線形性の条件式 (1.1) は満たされないことになる。もちろん，式 (1.2) も満足しない。

　ここに微分可能な任意関数 $Y = F(X)$ があり，この関数を次式のように $X = X_0$ のまわりでテイラー級数に展開できたとする。

$$Y = Y_0 + F'(X_0)x + \frac{F''(X_0)}{2!}x^2 + \frac{F'''(X_0)}{3!}x^3 + \cdots \tag{1.3}$$

ここで，$Y_0 = Y(X_0)$ である。式 (1.3) で変動分 $x(= X - X_0)$ が十分小さ

いと，x の 2 乗以上のべき項はさらに小さくなって無視でき，Y の変動分の $y(=Y-Y_0)$ と x は，微分係数 $F'(X_0)$ を傾きとした比例関係になる。したがって，関数が微分可能で連続である限り，微小な変動領域に限れば y と x の変量間に線形関係が成り立つ。しかし，変動分が大きくなってくると，式 (1.3) の展開式で第 3 項以降を加えなければ正しい y の値に近づかない。このことは，x の 2 乗，3 乗項などの非線形項を含めなければならないことになる。

2 次の非線形性がシステムの特性に大きく影響する好例として，1838 年に Verhulst が提唱した**ロジスティック方程式**（logistic equation）がある[1]†。これは，時間 t の経過とともに，生態系の個体数 $x(t)$ の増殖過程を予測する際に利用する最もシンプルなモデル式であって，次式で与えられる。

$$\frac{dx}{dt} = \varepsilon_1 x - \varepsilon_2 x^2 \tag{1.4}$$

ここで，ε_1，ε_2 はともに正の定数である。式 (1.4) において，右辺の第 2 項がない場合は，解は $x|_{t=0} = x_0$ を初期値として $x = x_0 \exp(\varepsilon_1 t)$ になる。したがって，個体数は時間とともに増加率 ε_1 で指数関数的（いわゆる，ねずみ算式）に増殖することになる。現実の生態系ではこのようなことは起こりえず，例えば餌の枯渇に伴う増殖の抑制効果が働き，個体数の増加に歯止めがかかる。この抑制効果を Verhulst は $\varepsilon_2 x^2$ の 2 次の非線形項で与えている。このような思考のもとで与えられた式 (1.4) において，その解は

$$x = \frac{x_0 e^{\varepsilon_1 t}}{1 - \kappa x_0 + \kappa x_0 e^{\varepsilon_1 t}} \tag{1.5}$$

になる。ここで，$\kappa = \varepsilon_2/\varepsilon_1$ である。

図 **1.1** は，式 (1.5) を描いたものである。式 (1.5) の一般的傾向として，個体数 $x(t)$ は初期値 x_0 から出発し，しばらく経過した後に急激に増加するが頭打ちになり，最終的には定常値の $1/\kappa = \varepsilon_1/\varepsilon_2$ に落ち着く。このときの増加曲線を**ロジスティック曲線**（logistic curve）という。非線形問題では，往々にして

---

† 肩付き数字は，章末の引用・参考文献の番号を表す。なお，論文誌の巻番号は太字で表記する。

図 1.1 ロジスティック曲線

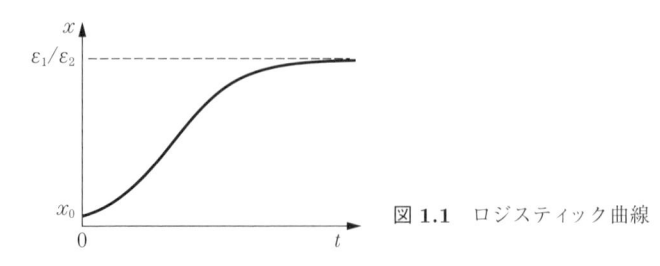

上記のように増加から定常値への移行，すなわち**飽和**（saturation）がみられるが，この飽和の発生は非線形性が引き起こす現象の一つとみてよい．

1.2 非線形と衝撃波

われわれの生活環境を眺めてみると，興味深い現象が多々ある．次の問題は**交通流**（traffic flow）をモデル化したもので[2])，波動問題との対応が明らかになるであろう．

いま，x 軸に沿った高速道路上を 1 方向に走っている車の全体的な流れを考える．そして，時刻 t において，道路に沿っての単位長，例えば，100 m 当りの車の台数を交通密度として $\rho(t,x)$ で表す．また，この交通密度の動く速度を $u(t,x)$ とおく．さらに，道路の横 1 点に立って車の流れを観測したとき，単位時間，例えば，1 分間当りの通過台数を交通量として q で表す．モデル化の第一歩は，車を何台かにまとめた連続体として交通流を考えることである．このような考えを**連続体仮説**（continuum hypothesis）という．この考えにおいて，q, ρ, u の三つの変量間に

$$q = \rho u \tag{1.6}$$

の関係が成り立つ．

ところで，いま，高速道路には出入口がないとする．そのとき，車の台数は保存されなければならない．つまり，区間 $[x_1, x_2]$ の間で単位時間に増加する車の台数 $\dfrac{\partial}{\partial t}\displaystyle\int_{x_1}^{x_2} \rho dx$ は，単位時間に位置 x_1 に入り込む車の台数から，位置

x_2 を出ていく台数の差に等しい．これを式で表せば

$$\frac{\partial}{\partial t}\int_{x_1}^{x_2}\rho dx = q(t,x_1) - q(t,x_2) \tag{1.7}$$

になる．$x_1 = x$, $x_2 = x + \Delta x$ として $\Delta x \to 0$ の極限をとれば

$$\frac{\partial \rho}{\partial t} + \frac{\partial q}{\partial x} = 0 \tag{1.8}$$

が得られる．この式は車両の**保存則**（conservation law）を表している．

車の流れは場所的には変動していても，交通の難所はないとする．第1近似として，走行速度は交通密度によって決まるとみてもよい．すなわち

$$u = u(\rho) \tag{1.9}$$

とおく．交通密度が大きいほど速度は遅く，逆に，密度が小さいと速くなるので，$u(\rho)$ は一般に ρ の増加に反して単調に減少する関数である．そして，$\rho = 0$ の極限で速度は最大になる．

$$u(0) = u_{\max} \tag{1.10}$$

一方，交通渋滞では $u = 0$ で，このときの密度を ρ_{jam} とすれば

$$u(\rho_{\mathrm{jam}}) = 0 \tag{1.11}$$

を満たす．したがって，交通密度 ρ と交通量 $q (= \rho u)$ の関係は，だいたいにおいて，図 **1.2** のように，ある密度 ρ_c で最大 q_c をとる形となる．

最も簡単なモデルとして，u が ρ の1次関数

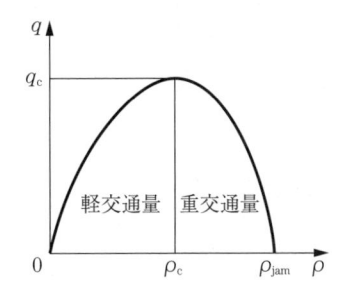

図 **1.2** 交通密度 ρ と交通量 q との関係 [2)]

$$u(\rho) = u_{\max}\left(1 - \frac{\rho}{\rho_{\text{jam}}}\right) \tag{1.12}$$

で与えられる場合を考える．このとき，q は ρ の 2 次式

$$q(\rho) = u_{\max}\left(1 - \frac{\rho}{\rho_{\text{jam}}}\right)\rho \tag{1.13}$$

になり，最大の交通量 q_{c} を与える u_{c}, ρ_{c} はそれぞれ

$$\rho_{\text{c}} = \frac{\rho_{\text{jam}}}{2}, \quad u_{\text{c}} = \frac{u_{\max}}{2}, \quad q_{\text{c}} = \frac{\rho_{\text{jam}} u_{\max}}{4} \tag{1.14}$$

になる．つまり，交通量の最大は渋滞密度の車が最大速度で走行しているときの容量の 1/4 倍である．

さて，ここで人為的な効果をモデルに含める．いままでは，特にドライバーの心理効果を入れていなかった．多くの場合，前方の車両が多くなり混んでくるとスピードを落とす．逆に，空いてくるとスピードを上げる傾向にある．そこで，前方の混み具合を微分係数 $\partial\rho/\partial x$ で与え，q を

$$q = q_0(\rho) - \nu\frac{\partial\rho}{\partial x} \tag{1.15}$$

とおく．ここで，$q_0(\rho)$ は式 (1.13) で与えた

$$q_0(\rho) = u_{\max}\left(1 - \frac{\rho}{\rho_{\text{jam}}}\right)\rho \tag{1.16}$$

である．式 (1.15) の ν は正の定数で，この値が大きいほど前方の混み具合に敏感に反応してスピードを上げ下げすることを意味する．前方が混んで $\partial\rho/\partial x > 0$ ならば $q < q_0$ に，また，前方が空いて $\partial\rho/\partial x < 0$ になると $q > q_0$ になる．式 (1.8) の車両保存則と式 (1.15) から，密度 ρ に関しての非線形方程式

$$\frac{\partial\rho}{\partial t} + u_{\max}\left(1 - \frac{2\rho}{\rho_{\text{jam}}}\right)\frac{\partial\rho}{\partial x} = \nu\frac{\partial^2\rho}{\partial x^2} \tag{1.17}$$

を得る．

速度 $u_{\max}$ で動く座標で車の流れを観測するとして

$$\xi = x - u_{\max}t, \quad y = -\frac{2u_{\max}}{\rho_{\text{jam}}}\rho \tag{1.18}$$

を導入して，式 (1.17) を書き直す．結果は

$$\frac{\partial y}{\partial t} + y\frac{\partial y}{\partial \xi} = \nu \frac{\partial^2 y}{\partial \xi^2} \tag{1.19}$$

である．この形の式を**バーガース方程式**（Burgers' equation）と呼ぶ．バーガース方程式は，もともと，乱流を記述する式として提案されたが，車の流れのモデル化にも利用できそうである．

与えられたモデル式を所与の境界条件や初期条件で力任せに解くだけではあまり面白くない．そのモデル式の根底にある物理現象を見据えつつ，各項がどのような意味をもっているかを調べることが重要である．ここで，バーガース方程式の左辺第 1 項のみが残る

$$\frac{\partial y}{\partial t} = 0 \tag{1.20}$$

を考えてみる．このとき，解は

$$y = F(\xi) = F(x - u_{\max}t) \tag{1.21}$$

である．ここで，$F(\xi)$ は任意関数で，$t = 0$ の初期条件で与えられる．式 (1.21) は波の基本的な性質，つまり図 **1.3** に示すように，同じ波形を保ちながら $+x$ 方向に，ひとかたまりになって伝搬速度 $u_{\max}$ で移動する波，すなわち進行波を表している．

次に，この項に非線形項 $y\partial y/\partial \xi$ を組み入れた

$$\frac{\partial y}{\partial t} + y\frac{\partial y}{\partial \xi} = 0 \tag{1.22}$$

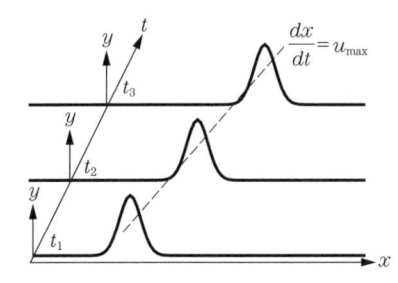

図 **1.3** 車のかたまりが，速度 $u_{\max}$ で移動する進行波 ($t_1 < t_2 < t_3$)

を取り上げる。この解は

$$y = F(\xi - yt) \tag{1.23}$$

になる。実際，式 (1.23) を式 (1.22) の左辺に代入すると 0 になるから，解として満たされる。結局，密度は

$$\rho = -\frac{\rho_{\text{jam}}}{2u_{\max}} F(x - vt), \quad v = u_{\max}\left(1 - \frac{2\rho}{\rho_{\text{jam}}}\right) \tag{1.24}$$

となる。v は車のかたまりを一つの波と考えたときの伝搬速度を意味するが，この速度は密度によって変わり，空いていて $\rho < \rho_{\text{c}}(= \rho_{\text{jam}}/2)$ の軽交通量のときは $v > 0$ で，かたまりが時間の経過とともに正の x 方向に進むことを意味する。一方，逆に混んで重交通量の $\rho > \rho_{\text{c}}$ のときは $v < 0$ になり，後続する車が渋滞に巻き込まれ，車のかたまりが時間とともに後ずさりして，負の x 方向に移動する。$\rho = \rho_{\text{c}}$ ではちょうど $v = 0$，つまり，かたまりに入り込んだ台数と同じ数の車がかたまりから抜け出していく状態であり，波は道路に対して静止した形になる。このように，伝搬速度 v は密度が大きいほど小さくなる。したがって，図 1.4 (a) のように前方が混んでいると，後方の車のほうが速く進むの

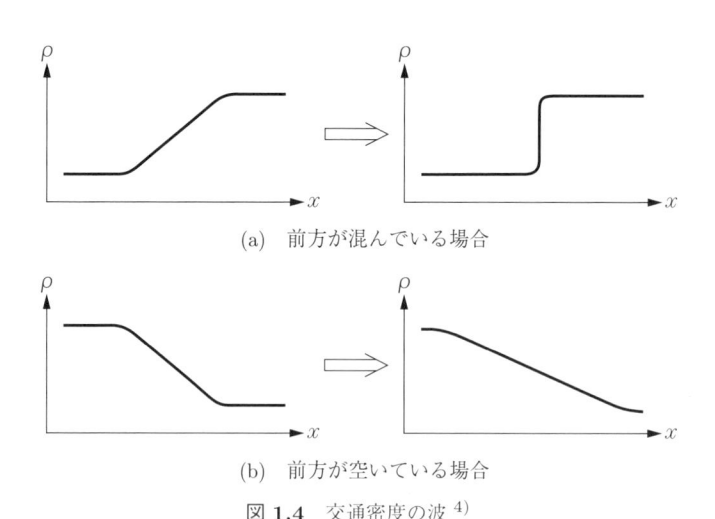

(a) 前方が混んでいる場合

(b) 前方が空いている場合

図 1.4 交通密度の波 [4]

でますます混んで不連続な密度分布ができる．この不連続な波を，波動の分野では**衝撃波**（shock wave）という．一方，(b) のように前方が空いているような場合，ますます空いてきて混雑は緩和されることになる．

最後に，非線形項を $\nu \partial^2 y/\partial \xi^2$ に差し替えた

$$\frac{\partial y}{\partial t} = \nu \frac{\partial^2 y}{\partial \xi^2} \tag{1.25}$$

を取り上げる．この式は物理現象を記述するときに頻出する**熱伝導の式**（heat conduction equation），あるいは**拡散の式**（diffusion equation）といわれる線形方程式である．式 (1.25) の解として

$$y = \frac{1}{2\sqrt{\pi \nu t}} \exp\left(-\frac{\xi^2}{4\nu t}\right) \tag{1.26}$$

が与えられる．この解の意味することは，$t=0$ において原点 $\xi=0$ の位置にインパルス $\delta(\xi)$ として置かれた熱源が，時間の経過につれて空間内を伝導して拡がっていく過程を与える．このときの温度の裾は $\sqrt{t}$ に比例して拡がり，また，温度は $\sqrt{t}$ に反比例して低くなっていく．

以上のように，バーガース方程式は波としての三つの性質，つまり，時間とともに進行する性質，波面の突っ立ちを引き起こす非線形性，そしてその非線形性を抑制しようとする拡散性の作用を併せもつことになる．

バーガース方程式 (1.19) は非線形波動方程式のなかでも解析解が得られる一つで，**コール-ホップ変換**（Cole-Hopf transformation）

$$y = -2\nu \frac{\partial}{\partial \xi} \log \psi = -2\nu \frac{\partial \psi/\partial \xi}{\psi} \tag{1.27}$$

を施すと，ψ に対して線形な拡散方程式

$$\frac{\partial \psi}{\partial t} = \nu \frac{\partial^2 \psi}{\partial \xi^2} \tag{1.28}$$

が得られる．式 (1.28) は式 (1.26) でみたように解析的に解けるので，式 (1.27) を介して y に関する所望の解が得られることになる．

1.3　非線形音響の歴史

　線形理論では説明できない現象は，その現象の発現が非線形性に起因すると思い込む，または有無をいわさず意味不明な非線形性が要因だと押し付ける傾向がある。しかし，少なくとも非線形音響におけるさまざまな現象には，歴とした発現理由があり，その理由解明に数々の歴史的ドラマがある。

　ところで，弾性体に加わる圧力とその変形ひずみ量には，本質的に非線形な関係がある。このような弾性体に波が伝搬すれば，線形理論では予想できないようなさまざま非線形現象が生じることは明らかである。もっとも，このことは弾性力学や流体力学の理論体系が確立されるのに並行して明瞭にされてきたことはいうまでもない。身近な音波，例えば空中音波の非線形な波動挙動に限れば，かなり古くから知られていたようである。そして，非線形性に起因して発生する**波形ひずみ**（waveform distortion），**音響放射圧**（acoustic radiation pressure），そして**音響流**（acoustic streaming）の三つの主要な研究が，あるときは独立に，またあるときは相互に関連した共通の理論や話題のもとで今日まで続けられてきている。

　波形が伝搬に際してその形を変えてひずむ現象，これを以降，波形ひずみと呼ぶことにするが，この主原因として非線形性と分散性（dispersion）が考えられる。単一周波数からなる純粋な正弦波の初期波動に対して，分散性のみでは正弦波のままで進み，波形がひずむことはない。しかし，非線形性が存在するような媒質あるいはシステムにおいては，正弦波でも波形変化は起こり，分散性があればさらにその影響を受けることになる。こういった波形ひずみの発生機構についての研究は，物理学者のみならず数学者によっても手掛けられた古典的問題である。波動を記述する方程式が双曲形の偏微分方程式に属し，微分・積分学の研究が盛んな18～19世紀の時代においては，数学的に興味ある課題であったに違いない。偏微分方程式の解法は非線形になると解析的に解くのが困難になり，逐次近似法といった各種の近似解析法の発展に助けられ研究

が進められてきた．また，1960年代からのコンピュータの普及と大形化，そして処理能力の大幅な向上で解析的に解くのが困難な複雑な問題が数値的に解けるようになったことは，非線形音響の分野に限ることではない．

さて，波形ひずみの要因は，音の伝わる速さの"音速"が音波の瞬時振幅に依存するところにある．すなわち，振幅の大きな波の波面は微小な振幅の波のそれに比べて速く進み，その結果として波形ひずみが生じるのである．このような理由から非線形音響の歴史を振り返るには，まず音速の理論の確立まで遡(さかのぼ)るのが妥当であろう．

大物理学者であるNewtonは大著の『プリンキピア（自然哲学の数学的諸原理）』のなかで，音速を求める幾何学的な誘導を行っている(1687)[3]．その数値は実測値よりおよそ60 m/s小さく，この差異の原因について触れていない．その後，Laplaceは空気が近似的に非熱伝導媒質とみなしうるとし，断熱方程式から音速を計算して実測値にほとんど一致する結果を得た(1816)[4]．すなわち，空気の微小体積の表面に加わる圧力（単位面積当りの力）Pと，その体積の密度ρとの断熱関係式

$$P = P_0 \left(\frac{\rho}{\rho_0}\right)^\gamma \tag{1.29}$$

から音速

$$c = \sqrt{\frac{dP}{d\rho}} = c_0 \left(\frac{\rho}{\rho_0}\right)^{(\gamma-1)/2} \approx c_0, \quad \rho \approx \rho_0 \tag{1.30}$$

を得たのである．ここで，添字 0 は音波が存在しない静圧での値を，γは定圧比熱と定積比熱の比で定義される**比熱比**（specific heat ratio）で，空気の場合は1.4である．音の存在による圧力変動は音圧で，それをpとおき，またそのときの密度変化をρ'としたとき，$p = P - P_0$，$\rho' = \rho - \rho_0$の関係がある．式(1.30)のc_0がいわゆる音速$c_0 = \sqrt{\gamma P_0/\rho_0}$である．Newtonは，結果的にみれば音が等温過程に従って伝わると考えたことになり，式(1.29)の関係式で$\gamma = 1$においたときに対応し，実測値との60 m/sの差異はここに起因したのである．

1. 非線形音響を学ぶ前に

ところで，われわれが経験する音の大きさでは，密度変化 ρ' は静圧値 ρ_0 (1 気圧，0°C でおよそ 1.3 kg/m^3) に比べて十分小さい。例えば，人の聴覚の最大可聴値といわれる 120 dB の音圧でも，ρ' は 0.24 g/m^3，圧縮率 ρ'/ρ_0 に換算して 2×10^{-4} 程度である。当然，その 1/100 の大きさである 80 dB の音圧では圧縮率はさらに 2 桁小さくなる。したがって，最大可聴値以下の，いわゆる音響分野で問題とする音の大きさ程度では，式 (1.30) の変動量を無限小とした近似 $c \approx c_0$ は十分成立するとみてよい。このことは 式 (1.3) のテイラー級数展開の表示において変動量が微小で，線形項のみに注目した取扱いと理解できる。しかしながら，こういった近似条件が満たされない大きな振幅の音に対しては，密度変動量が有限の大きさになり，テイラー級数展開での多くのべき展開項の必要性が示すように非線形な現象が生じることは予想できる。このような波の**有限振幅音波**（sound wave of finite amplitude）に関し，どのような現象が生じるかという素朴な疑問は，多くの著名な研究者に物理的あるいは数学的観点から興味を与えたのである。この興味は，Euler や Lagrange ら流体力学の創始者から始まったようである。彼らに続く Poisson は，音速が音波の瞬時振幅に依存することを平面波を対象として数式化したが，その結果から生じる新たな現象についてまでは言及していない（1808）[5]。

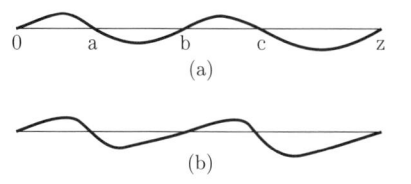

やはり流体力学の分野で活躍した Stokes は，伝搬するにつれて波形は音速の振幅依存性によってひずみ，図 **1.5** に示すように波面の傾きが急峻になって突っ立ち，そして衝撃波へと移行することを理論化した。そして，媒質の粘性の存在で突っ立ちが抑制されることを論じている（1848）[6]。伝搬に伴うこのような波形変化は，断熱方程式で代表されるように，媒質の非線形性に起因する本質的な結果である。それゆえに，いくつかの解を重畳して一般解を構成する線

図 **1.5** 波形のひずみ [6]

形の考えが通用しない．例えば，$+x$ 方向および $-x$ 方向に独自に伝わる波が個々に方程式を満たしても，それらの和が方程式を満たすとは限らず，重ね合せの理は成立しない．このような状況で Riemann は，ある位置に局在していた初期擾乱が有限振幅音波の場合でも，$+x$ 方向と $-x$ 方向に分かれて伝搬し，しかもそれぞれの波を特徴付ける未知関数（これをリーマンの不変量と呼ぶ）が特性曲線上に沿って一定であると結論した（1860）[7]．同じ頃，Earnshaw は潮波に関する Airy 解を基礎として，粒子速度に着目した波動方程式を立てている[8]．

ところで，ドイツのオルガニスト Sorge は，二つの異なるピッチ（周波数 f_1，f_2 で，$f_1 > f_2$）をもつ楽器から発した音波が重なり合うと，それらのピッチの差に等しい第3の音，すなわち，周波数 $f_1 - f_2$ の差音が聴き取れることを，1745年に発刊した自らの書籍の片隅で述べている．それから9年遅れること 1754 年に，イタリアのバイオリニスト兼作曲家の Tartini は，Sorge とは独立に，二つのバイオリンからの大きな音が重なると，やはり差音が聴き取れることを自らの1冊目の著書『音楽概論』のなかで控えめに報告をしている．これらの報告の歴史からすれば，先に報告した Sorge の名をとって，第3の音を Sorge 音と呼ぶべきところを，現在では**タルティーニ音**（Tartini tones）と呼んでいる．なぜそうなのか，ここには，もう少し差音の報告についての歴史を述べなければならない．

当時の差音に関する知覚論争を知るよしもないが，関連著書から歴史をひもとけば，Sorge が報告する30年前の 1714 年に Tartini は差音を自らすでに観測していたと，1767年に発刊した2冊目の著書で論じており，さらに Romieu が 1751 年にやはり同様な現象を観測したとの報告もある．このように，18世紀初頭に差音を聴き取れたとの報告者は少なくとも3人いたが，Sorge の報告には自ら見つけたという確たる根拠がないことや，著書のなかで Tartini が差音を聴き取れたという 1714 年は，Sorge がまだ11歳であったこと，さらに差音に関しての豊富で詳細な研究報告を称えて，現在ではこの差音をタルティーニ音の名称で統一している．このタルティーニ音の発生要因について，おそらく

Romieu を含め，当時の大科学者の Lagrange, Chladni, Young らは 2 周波音の単純な干渉，つまり重なり音のうなり（ビート）と理由し，数百 Hz から場合によっては数 kHz まで聞こえるタルティーニ音は高周波のうなりが原因だと，関係者の間で信じられていた．ただ，うなりは小さな音でも知覚できるが，タルティーニ音はかなり大きな音にしないと聴き取れないことなどから，うなり説には限界があると認識されていたようである．また，ビート説では説明しにくい周波数成分が発生しうるとの報告がある．例えば，Hällström は，周波数 $f_1 + f_2$ の和音や $2f_1 - f_2$, $2f_2 - f_1$ など多くの結合音が発生することを理論付けている．

タルティーニ音について注意深く研究を進めたのが，1863 年に出版された『On the Sensations of Tone』の著者の Helmholtz である．彼は，差の周波数音のみならず二つの音の和の周波数音などの結合音も，オルガン音やサイレン音を利用した結果，微弱ではあるが聴き取れることから，ビート説では説明できないとした．物理学者で生理学者でもある Helmholtz は，動物実験を通して，中耳，特に鼓膜とそれに続く耳小骨における非線形な振動特性によって結合音を聴き取るのではないかと示唆した．したがって，結合音は単に主観（subjective）的に存在するのではなく，聴覚器官の非線形応答に原因であって，ある意味では客観（objective）原因によるものと理解した．この考えに対して，中耳では本質的に線形特性を示すと異論を唱えたのが，数学者の Riemann であることは興味深い．現在では，Riemann の考えが正当と認められ，通常の音圧レベルでは，中耳はほぼ線形応答することが知られている．そして，非線形性の根源はベケシー（Békésy）渦を含めた内耳の蝸牛内の振動やそれに続く複雑な聴覚構造が原因といわれている．なお，Helmholtz は中耳内の非線形振動のみならず，それが聴き取る前の段階で客観的に存在する可能性も示唆している．そして，薄膜の共振に伴う大振幅振動によって結合音の発生を，実験を通して説明している．Helmholtz が活躍していた 1860 年頃には，すでに有限振幅音波に関する研究が進められていた．しかし，その有限振幅音波に関する研究成果は結合音の研究と統合したり波及することなく，それからおよそ 40 年間，特に

1.3 非線形音響の歴史

進展することはなかった。タルティーニ音に関する以上の歴史の詳細は，文献 9), 10) を参照されたい。

20 世紀以前の研究を展望すれば，物理や数学的興味のなかで理想化した 1 次元波動の伝搬に伴う波形変化の追跡が主たる研究課題であった。その波形ひずみを実験で確認できるほどの十分制御できる音源はなく，また受音装置がたとえあったとしても小さなひずみまで検出できるとはいいがたく，当時の実験環境のなかで Tartini らの差音の検出の報告は，主観音といえども驚異に値する。

流体力学などの基礎学問の体系化，実験器具の開発，その精度向上に伴って 20 世紀に入り非線形音響の研究は大々的に進歩した。そして，媒質の非線形性に起因するさまざまな現象の物理的把握のみならず，その現象の積極的な応用研究も盛んになってきた。

19 世紀から 20 世紀にかけて物理学の多くの分野で功績を残した Lord Rayleigh の研究を見逃すわけにはいかない。Rayleigh は Riemann のオイラー座標系を導入した波動解析に対し，ラグランジュ座標系を用いて粒子速度に関する波動方程式を非散逸媒質内の 1 次元波動に対して導いた [11]。この解については後に Lamb が詳細に論じている [8]。

1930 年代になると，音響機器から発生する波形ひずみに関心が高まってきた。特に，大きな音響パワーを比較的容易に放射できるホーンタイプのスピーカの開発がその理由である。Thuras らはエキスポネンシャル形のホーン内の音波を平面波として取り扱い，波形ひずみの高調波成分を解析し，実験と比較検討を行っている (1935)[12]。理論と実験に 2～3 dB 程度の差異が認められたが，その主な原因は平面波近似にあるように思われる。

流体力学の理論体系の確立とともに，有限振幅音波の解析は空気に限らず流体一般への拡張がなされてきた。Fubini は，Rayleigh によって定式化された非線形波動方程式がベッセル関数を係数としたフーリエ級数で展開できることを知り，連続正弦波の伝搬に伴う波形推移を明らかにした (1935)[13]。これにより，正弦波がひずみ，衝撃波が形成される領域までの，基本波から高調波へ移行するエネルギー分布が知られたものの，1 次元，非散逸系内の解析に限ら

れている。衝撃波が形成された後の波形変化については，Fay が報告している (1931)[14]。互いに異なる適用領域で有効な Fubini および Fay の理論を合併した matched solution が Blackstock から報告され，これによって両理論解の橋渡しが可能となった (1966)[15]。

　粘性や熱伝導性を起因とするエネルギー散逸項を含んだ解析として Gol'dberg の理論をあげることができる。Gol'dberg は流体力学でよく用いられるレイノルズ数にならい，非線形性を表すパラメータと散逸性を表すパラメータの比である無次元量の Gol'dberg 数を導入し，その比の大小から音波吸収がいかに波形変化に関与するかを論じた (1956)[16]。その結果，音波の吸収が非線形性による波面の突っ立ちを抑制する傾向に働くことが確かめられた。このような非線形性と散逸性との競合作用は，バーガース方程式[17] の導入でいっそう明瞭化されるに至った。コール-ホップ変数変換でバーガース方程式の解析解が得られることを知り (1950)[18],[19]，後に Mendousse や Lighthill，Blackstock がその解法を拡張して有限振幅音波の伝搬問題に適用した[20]〜[22]。これによって，衝撃波面での大きなエネルギー損失に起因して生じる飽和や，波の一生ともいうべき伝搬に伴う波形変化の過程が系統的に明らかにされた。

　バーガース方程式は基本的には 1 次元平面波を記述するモデル式であるが，円筒波や球面波の伝搬問題にも拡張できる。このような波は伝搬とともに幾何学的に波面が拡がり，そのため振幅は減少するので非線形性は弱くなり，平面波の場合と比べると波形ひずみの発生は一般に弱い[23],[24]。しかし，逆に波が集束していくような過程においては，振幅は増大して非線形性が増し，短い伝搬距離で衝撃波が形成されることになる。集束音波の焦点付近での特異な非線形挙動は今日でも研究が進められている。

　多くの基礎的な研究のなかで，Westervelt の**パラメトリックアレイ**（parametric array）に関する報告は非線形音響に関する研究にいっそう拍車をかけた[25]。1960 年のことである。Westervelt は，わずかに周波数が異なる二つの正弦波の並行音波ビームを，同方向に放射したときに発生する低周波差音の音響特性について注目した。そして，差音は低い周波数にもかかわらずそのビー

ムは鋭い指向性パターンをもち，しかもサイドローブ（副極）がないとの理論を得た．同年，Bellin と Beyer，Berktay は，特長のあるその差音の存在を水中，空中で実証している[26),27)]．この理論および実験の報告以来，パラメトリックアレイについての研究は 70 年代にかけて精力的に行われ，毎年 100 編前後の論文が米国，旧ソ連を中心とした各国で報告された[28)]．こういった活発な研究の背景にはソーナ関連の軍事的応用の色彩が強い．

ところで，平面波は最も単純な波動伝搬モードであり，伝搬に伴う基本的な非線形現象は平面波解析で理解できる．しかし，波動の多くは 3 次元空間の伝搬姿態として現れることが多く，この場合は特に回折の非線形波動現象に与える影響は重要な課題である．こういった研究動向で音波の基本的性質の散逸，回折そして非線形性を同じ大きさのオーダーでまとめたビーム方程式が提唱された[29),30)]．散逸性流体の運動を記述する基礎方程式に放物近似を適用することで得られるこのビーム方程式を，提案者 Khokhlov, Zabolotskaya, そして Kuznetsov の 3 人の頭文字をとって **KZK 方程式**（KZK equation）と呼ぶ．KZK 方程式の回折項を取り除くとバーガース方程式になり，この意味では KZK 方程式はバーガース方程式の 3 次元空間への拡張と考えられる．KZK 方程式を利用した多くの研究が旧ソ連において活発に行われたが，解析の容易なガウスビームを対象にした報告が多い[31)]．いまでは，KZK 方程式以外に，非線形ビームの伝搬を記述するいくつかのモデル式が提案されている．

近年の科学の急速な発展は 60 年代からのコンピュータの普及，処理能力の大幅な向上に負うところがきわめて大きい．非線形音響の分野においてもコンピュータを利用した数値計算で多くの新しい現象が次から次へと解明されてきた．いままでに開発された数値解析法をみると大きく二つのカテゴリーに分類される．その一つは，**弱い衝撃波理論**（weak shock theory）に立脚しながら有限振幅音波の波形変化を波面の移動として眺め，時間領域で追跡する Pestorius の計算アルゴリズムである (1973)[32)]．このアルゴリズムは 1 次元波動問題に限られるものの，広い音圧範囲，不規則に振幅が変動する波動にも容易に適用できるところに特長がある．もう一つの計算法は，波の伝搬を記述する波動方程式を

数値解析するもので，定常場を前提に KZK 方程式のフーリエ級数展開から有限差分法で解く Aanonsen の計算手法がその代表例である (1983)[33]。Aanonsen の手法は近距離場，軸対称場に限られていたが，その後の多くの研究で遠距離場[34]，パルス場[35]，そして非軸対称場[36]まで拡張されている。また，最近では KZK 方程式を時間領域で直接解き，不規則で有限振幅の音波ビームの非線形挙動が解明されるまでに至っている[37]。

　非線形音響の主要でクラシカルな研究対象は，音響エネルギーから派生するさまざまな 2 次的現象であり，波形ひずみをはじめとして，音響放射圧や音響流が中心的課題であった。上記に記述した歴史は，音波の伝搬媒体として均質等方性の流体を対象とし，主として波形ひずみとそれに伴う高調波，結合音の発生についての紹介であり，音響放射圧や音響流の説明が欠如していたことは片手落ちの感が否めない。どのような研究にも多かれ少なかれ歴史があり，優れた研究報告は生き残り，そうでない研究は消えていくのが常である。音響放射圧や音響流についても当てはまり，各章でその歴史について述べることにする。

　ところで，現在では，非線形音響に関する研究領域の裾野はかなり広く，音響バブルと非線形力学，ソノケミストリー，多相媒質中での非線形伝搬，生体（バイオ）組織内の非線形音響現象，固体内および構造体内の非線形効果，空力音および大気中の非線形伝搬問題，音響ソリトンとカオス，熱音響などを包含し，多岐にわたる。これらの研究成果をすべて網羅して本書で紹介することは著者らの能力をはるかに超えており，また誌面が限られていることから，到底できない。本書で取り上げた以外の研究課題については，すでに優れた成書がいくつか出版されているので[38],[39]，興味のある読者はそれらを参考にされたい。

1.4　本　書　の　構　成

　非線形音響は，ランキン-ユゴニオの式（Rankine-Hugoniot equation）で代表されるような強い衝撃波理論と，線形理論に基づく従来の音響を補完する橋渡し的存在にある[40]。2 次の非線形性が最も問題となる弱い衝撃波理論に立脚

1.4 本書の構成

した非線形音響を概観すると，その発展の背景には，物理や数学などのアカデミックな興味にとどまらず，パラメトリックアレイ[25]や非線形パラメータによる組織識別[41]，ハーモニックイメージング[38]などの応用がある．しかもそういった基礎・応用研究は，一方では大きな音響パワーの出力が可能となった超音波素子の開発，他方ではいままで測定器の雑音のなかで埋もれ見逃されてきた小さなひずみが，測定器の性能向上と信号処理技術の発展で精度よく検出できるようになったことなど，測定および周辺（信号処理）技術の革新に負っていることを忘れてはならない．

本書は，全7章から構成されている．まず，2章では，非線形音響の研究分野における三本柱の一つ，波形ひずみの基本事項について述べる．すなわち，伝搬媒質の非線形な弾性特性から派生する波形ひずみを定量化するために，媒質粒子の運動を支配する方程式を出発として，非線形波動方程式の誘導やその解法を試みる．また，波形ひずみの発生のメカニズムについても言及する．そもそも音波は流体内の擾乱の空間移動であって，その擾乱の振る舞いに対する数学的記述には流体力学の力を借りる必要があるが，ここでは流体力学の最小限の知識でその擾乱の非線形伝搬について理解できるように議論を進めている．そして，擾乱が微小な場合は，近似的に線形理論が利用できることを示す．この章での基本的な音波の非線形伝搬，高調波の発生，そして2周波音波の相互作用から発生する結合音に関する紹介は，3章以降の内容を理解するうえでも重要な情報になるであろう．

3章では，非線形音響における代表的な応用を紹介する．音波の波形ひずみの大きさは，周波数や音圧などの音源条件に依存するが，媒質の弾性的性質，特に圧縮率の圧力依存性に基づく非線形パラメータの影響も受ける．音速も非線形パラメータもともに弾性媒質の応力-変位ひずみの特性から得られる媒質固有の物理量であるが，その1次（線形）の関係が音速に，2次の関係が非線形パラメータに関わることから，後者はよりダイナミックな弾性情報をもつといえる．章の前半では，現在までに報告されている非線形パラメータの計測法や組織識別への適用法がわかりやすくまとめられているので，読者にとって大いに

参考になるであろう。

 章の後半は，単一周波数送波のときに発生する高調波や，多周波送波のときに発生する結合音の利用に関するものである。指向性音源は一般的にサイドローブが付きものであり，これが超音波映像においてアーチファクトの虚像として映し出されることがある。非線形高調波は，サイドローブが抑圧された細い超音波ビームとして発生することから，その高調波ビームは高解像度のハーモニックイメージングとして利用できる。一方，結合音，特に差音を利用するパラメトリックアレイ（あるいは音源）については，1960年のWesterveltの理論発表以来，多くの研究成果が報告されている。ここでは，それらの報告を簡潔にまとめ，パラメトリックアレイの原理，応用が十分把握できるように組み立てている。

 ところで，音波の振幅が大きくなり非線形性が強くなると，例えばKZK方程式などのモデル式に対して，逐次近似に基づく線形化近似の適用が困難になる。このようなとき，コンピュータを利用した数値解析法やシミュレーションが威力を発揮する。この半世紀でコンピュータの性能は飛躍的に向上し，それとともに多種多様な数値解析法が提案されてきた。そして，音響分野においてもその解析法が深く浸透している。

 4章では，数値計算法を活用した音波ビームの非線形伝搬について理論解析を行う。章の前半は，最も一般的で古典的な解法としてよく知られている差分法を利用した解析法を紹介する。そして，周波数領域と時間領域との代表的な解法を取り上げ，回折が波形ひずみの発生に与える影響などを，数値例をあげながら説明する。章の後半は，有限要素法，CIP (constrained interpolation profile) 法による数値解析手法について解説する。CIP法は，差分法や有限要素法の枠を超えた新しい数値計算法であり，差分法に比べて格子点を極端に少なくしても計算精度が保たれる特長を有しており，非線形音響分野においても今後の応用が期待できる。

 5章では，三本柱の二つ目として，音響放射圧についてまとめている。音波は大気圧を中心とした圧力変動であり，ふつう，この変動はきわめて小さい。す

なわち，大気圧の直流成分に，音波という微小な交流成分が重畳していると解釈できる。また，この交流成分の音波をその1周期で積分すると0になり，音波そのものには直流成分が発生しない。しかし，これは線形領域の議論であって，音波の2次の微小量まで含めた非線形音響領域で議論するとなると，微小であるが直流成分が現れる。特に，音波の振幅変動を大きくすると，直流成分の発生が顕著となる。放射圧は波動がもつ共通の現象であり，音波以外にも電磁波，特に光の分野で古くからその存在が知られ，長い研究の歴史がある。また，光圧の応用としてレーザマニピュレータは好例である。超音波においても，いままでに多くの応用研究があるので，5章では，できる限り応用例を取り上げた。放射圧は，基本的には，境界を挟んで音響エネルギーの密度差があるときに，その面に働く圧力，すなわち面積力である。そして，その理論はほぼ確立されている。ただし，媒質の温度が均一であるような理想化した音場に対して確立されているのであって，温度勾配や6章で述べる音響流が存在するような場合についてはまだ未踏の研究領域といえる。

　6章においては，三本柱の残りの研究分野として音響流を取り上げる。音響流とは，空気や水を代表とする流体媒質内に強い音波が伝搬すると，媒質自体が移動する現象で，速いときで毎秒数十cmに達することがある。また，静止流体中で固体棒が振動するときに，その物体のまわりに一定方向の流れのパターンが観測されるが，これも音響流の範疇（ちゅう）である。超音波を放射したときに，重力のように媒質の体積あるいは密度に比例した体積力ともいうべき駆動力が超音波ビームに沿って空間分布することから流れが発生する。したがって，流れはビームのように細く，古くは直進流といわれていた理由がここにある。音響流の応用としては，熱伝達促進をはじめとして，微小溶液の混合などを目的としたマイクロ流体デバイスなどがある。そして，生体の病変の臨床診断補助としての適用可能性について，現在，研究が進められている。

　ところで，一般に，力学系の問題はポテンシャルのなかで運動する粒子を扱うことが多い。一方，幾何音響では音線の運動が扱われる。この音線は音の粒子的運動であるから，これを力学系の枠組みでとらえ直せば，力学系の諸概念

や手法が幾何音響に取り込める。そうすれば，さまざまな音現象に対して新たな知見やアイデアが得られる可能性を秘めている。

7章では，このような考えと期待のもとに，まず音線をハミルトン形式で表し，海洋音響への簡単な適用を説明する。そして，閉空間や閉領域内部での音線軌道を扱うために，ビリヤード問題の手法に閉じ込めポテンシャルを導入する方法を説明する。その後に，室内音響への応用を試みる。

本書を執筆するにあたっては，多くの文献，著書を参考にさせていただいた。文献は国の内外に問わず最近のものも含め，できるだけ多く取り上げた。ただ，科学，技術の日進月歩のように，本文の執筆中においても非線形音響に関する新たな知見が得られ，それが学術論文となって報告されている。この現実から，関連するすべての論文を網羅することは，著者らの勉強不足や紙面の制約を差し引いても，到底不可能である。ここで取り上げた論文が，本書の記述内容として適切でないこともありうる。興味ある研究テーマに関しては，取り上げた論文から読者自ら芋づる式に，あるいは検索エンジンの機能を利用して調査していただきたい。また，いままでに非線形音響に関する優れた著書，解説記事がある。このような諸先輩の知的財産を受け継ぐ意味からも文献42)〜65)を紹介する。

引用・参考文献

1) 戸田盛和，渡辺慎介：非線形力学，3.7節，共立出版 (1984)
2) 徳永辰雄：工学基礎 波動論，10章，サイエンス社 (1984)
3) 河辺六男：世界の名著 26 ニュートン 自然哲学の数学的諸原理，8章，中央公論社 (1971)
4) W. C. Elmore and M. A. Heald : Physics of Waves, Sec. 5.2, Dover (1969)
5) S . D. Poisson : Memoir on the theory of sound, J. L'Ecole Polytech., **7**, pp. 364-370 (1808), and R. T. Beyer : Nonlinear Acoustics in Fluids, pp. 23-28, Van Nostrand Reinhold (1984)
6) G. G. Stokes : On a difficulty in the theory of sound, Philos. Mag., Ser. 3,

33, pp. 349-356 (1848), and R. T. Beyer : Nonlinear Acoustics in Fluids, pp. 29-36, Van Nostrand Reinhold (1984)

7) B. Riemann : Gesammelte Mathematische Werke, edited by H. Weber, pp. 156-175, Dover (1953)

8) S. Earnshaw : On the mathematical theory of sound, Philos. Trans. R. Soc. Lon. **150**, pp. 133-148 (1860), and H. Lamb : The Dynamical Theory of Sound, pp. 177-186, Dover (1960)

9) T. Jones : The discovery of difference tones, Amer. Phys. Teacher, **3**, pp. 49-51 (1935)

10) R. T. Beyer : Sounds of Our Times – Two hundred years of acoustics–, Chap. 1 and Chap. 3, Springer-Verlag (1998)

11) Lord Rayleigh : The Theory of Sound, Sec. 249, Dover (1945)

12) A. L. Thuras, R. T. Jenkins and H. T. O'Neil : Extraneous frequencies generated in air carrying intense sound waves, J. Acoust. Soc. Am., **6** pp. 173-180 (1935)

13) E. Fubini-Ghiron : Anomalies in the propagation of an acoustic wave of large amplitude, Acta. Freq., **4**, pp. 173-180 (1935)

14) R. D. Fay : Plane sound waves of finite amplitude, J. Acoust. Soc. Am., **3**, pp. 222-241 (1931)

15) D. T. Blackstock : Connection between the Fay and Fubini solutions for plane sound waves of finite amplitude, J. Acoust. Soc. Am., **39**, pp. 1019-1026 (1966)

16) Z. A. Gol'dberg : Second approximation acoustic equations and the propagation of plane waves of finite amplitude, Sov. Phys. Acoust., **2**, pp. 346-350 (1956)

17) J. M. Burgers : A mathematical model illustrating the theory of turbulance, Advan. Appl. Math., **3**, pp. 201-230 (1948)

18) E. Hopf : The partial differential equation $u_t + u u_x = \mu u_{xx}$, Commun. Pure Appl. Math., **3**, pp. 201-230 (1950)

19) J. D. Cole : On a quasi-linear parabolic equation occurring in aerodynamics, Quart. Appl. Math., **9**, pp. 225-236 (1951)

20) S. J. Mendousse : Nonlinear dissipative distortion of progressive sound waves at moderate amplitudes, J. Acoust. Soc. Am., **25**, pp. 51-54 (1953)

21) M. J. Lighthill : Surveys in Mechanics, edited by G. K. Batchelor and

R. M. Davies, pp. 252-283, Cambridge Univ. Press (1956)

22) D. T. Blackstock : Thermoviscous attenuation of plane, periodic finite amplitude sound waves, J. Acoust. Soc. Am., **36**, pp. 534-542 (1964)

23) R. V. Khokhlov, K. A. Naugol'nykh and S. I. Soluyan : Waves of moderate amplitude in absorbing media, ACUSTICA, **14**, pp. 248-253 (1964)

24) K. A. Naugol'nykh, S. I. Soluyan and R. V. Khokhlov : Spherical waves of finite amplitude in a viscous thermally conducting medium, Sov. Phys. Acoust. **9**, pp. 42-46 (1963)

25) P. J. Westervelt : Parametric end-fire array, J. Acoust. Soc. Am., **32**, pp. 934-935(A) (1960), and : Parametric acoustic array, J. Acoust. Soc. Am., **35**, pp. 535-537 (1963)

26) J. L. S. Bellin and R. T. Beyer : Experimental investigation of an end-fire array, J. Acoust. Soc. Am., **32**, p. 935(A) (1960), and J. Acoust. Soc. Am., **34**, pp. 1051-1054 (1962)

27) H. O. Berktay : Possible exploitation of non-linear acoustics in underwater transmitting applications, J. Sound Vib., **2**, pp. 435-461 (1965)

28) B. K. Novikov, O. V. Rudenko and V. I. Timoshenko : Nonlinear Underwater Acoustics, AIP (1987)

29) E. A. Zabolotskaya and R. V. Khokhlov : Quasi-plane waves in the nonlinear acoustics of confined beams, Sov. Phys. Acoust., **15**, pp. 35-40 (1969)

30) V. P. Kuznetsov : Equations of nonlinear acoustics, Sov. Phys. Acoust., **16**, pp. 467-470 (1971)

31) N. S. Bakhvalov, Ya. M. Zhileikin and E. A. Zabolotskaya : Nonlinear Theory of Sound Beams, AIP (1987)

32) F. M. Pestorius : Propagation of plane acoustic noise of finite amplitude,Tech. Rep. ARL-TR-73-23, Applied Research Laboratories, The University of Texas at Austin (1973)

33) S. I. Aanonsen : Numerical computation of the nearfield of a finite amplitude sound beam, Rep. No. 73, Department of Mathematics, University of Bergen, Bergen, Norway (1983), and S. I. Aanonsen, J. Naze Tjøtta and S. Tjøtta : Distortion and harmonic generation in the nearfield of a finite amplitude sound beam, J. Acoust. Soc. Am., **75**, pp. 749-768 (1984)

34) M. F. Hamilton, J. Naze Tjøtta and S. Tjøtta : Nonlinear effects in the farfield of a directive sound source, J. Acoust. Soc. Am., **78**, pp. 202-216

(1985)

35) A. C. Baker and V. F. Humphrey : Distortion and high-frequency generation due to nonlinear propagation of short ultrasonic pulses from a plane circular piston, J. Acoust. Soc. Am., **92**, pp. 1699-1705 (1992)

36) T. Kamakura, M. Tani, Y. Kumamoto and K. Ueda : Harmonic generation in finite amplitude sound beams from a rectangular aperture source, J. Acoust. Soc. Am., **91**, pp. 3144-3151(1992), and T. Kamakura, M. Tani, Y. Kumamoto and M. A. Breazeale : Parametric sound radiation from a rectangular aperture source, ACUSTICA, **80**, pp. 332-338 (1994)

37) Yang-Sub Lee and M. F. Hamilton : Time-domain modeling of pulsed finite-amplitude sound beams, J. Acoust. Soc. Am., **97**, pp. 906-917 (1995)

38) 秋山いわき 編著：アコースティックイメージング，コロナ社 (2010)

39) 崔 博坤，榎本尚也，原田久志，興津健二 編著：音響バブルとソノケミストリー，コロナ社 (2012)

40) 日本流体力学会 編：流体における波動，2章，朝倉書店 (1989)

41) N. Ichida, T. Sato, H. Miwa and K. Murakami : Real-time nonlinear parameter tomography using impulsive pumping waves, IEEE Trans., **SU-31**, pp. 635-641 (1984)

42) 能本乙彦：有限振幅の音波の伝播，日本音響学会誌，**20**(1)〜(3), (1964)

43) 実吉純一，菊池喜充，能本乙彦 監修：超音波技術便覧，pp. 1427–1482, 日刊工業新聞社 (1980)

44) 中村 昭 他：音波 – 非線形現象，月刊フィジックス，**46**, 海洋出版 (1985)

45) 中村 昭 他：非線形音響，日本音響学会誌，**37**(12)〜**38**(4) (1981〜82)

46) 海洋音響研究会 編：海洋音響 – 基礎と応用 –, 10 章，海洋音響研究会 (1984)

47) 中村 昭 他：小特集 – 非線形波動の計測工学への応用特集 –, 日本音響学会誌 **44**, pp. 678-710 (1988)

48) 和田八三久，生嶋 明 共編：超音波スペクトロスコピー [基礎編], 13 章，培風館 (1990)

49) 弾性波素子技術ハンドブック，pp. 343-385, オーム社 (1991)

50) R. T. Beyer : Nonlinear Acoustics, in Physical Acoustics, edited by W. P. Mason and R. N. Thurston, **II**, Part B, pp. 231-264, Academic (1965)

51) L. D. Rozenberg : High-intensity Ultrasonic Fields, Plenum (1971)

52) D. T. Blackstock : Nonlinear acoustics (theoretical), in AIP Handbook, 3rd ed., edited by D. E. Gray pp. 3-183 to 3-205, McGraw (1972)

53) L. Bjørnø: Nonlinear Acoustics, in Acoustics and Vibration Progress, edited by R. W. B. Stephens and H. G. Leventhall, Chapmann & Hall (1976)
54) O. V. Rudenko and S. I. Soluyan : Theoretical Foundations of Nonlinear Acoustics, Plenum (1977)
55) R. T. Beyer : Nonlinear Acoustics, Naval Sea Systems Command (1974)
56) R. T. Beyer : Nonlinear Acoustics in Fluids, Van Nostrand Reinhold (1984)
57) H. F. Hamilton : Fundamentals and applications of nonlinear acoustics, in Nonlinear Wave Propagation in Mechanics, edited by T. W. Wright, ASME AMD-vol. **77**, pp. 1-28 (1986)
58) B. K. Novikov, O. V. Rudenko and V. I. Timoshenko : Nonlinear Underwater Acoustics, AIP (1987)
59) N. S. Bakhvalov, Ya. M. Zhileikin and E. A. Zabolotskaya : Nonlinear Theory of Sound Beams, AIP (1987)
60) K. A. Naugol'nykh and L. A. Ostrovsky : Nonlinear Acoustics, AIP (1994)
61) 鎌倉友男：非線形音響学の基礎，愛智出版 (1996)
62) M. F. Hamilton and D. T. Blackstock, Eds. : Nonlinear Acoustics, Academic Press (1998)
63) K. Naugolnykh and L. Ostrovsky : Nonlinear Wave Processes in Acoustics, Cambridge University Press (1998)
64) B. O. Enflo and C. M. Hedberg : Theory of Nonlinear Acoustics in Fluids, Kluwer Academic Publishers (2002)
65) C. Vanhill and C. Campos-Pozuelo, Eds. : Computational Methods in Nonlinear Acoustics: Current Trends, Research Signpost (2011)

2 音波の非線形伝搬

本章では，伝搬媒質の非線形な弾性特性から派生する波形ひずみを定量化するために，媒質粒子の運動を支配する方程式を出発として，非線形波動方程式の誘導を試みる。また，波形ひずみの発生のメカニズムについても言及する。

2.1 非線形伝搬による波形ひずみ

音波を伝える媒質の運動方程式は，本質的に非線形の性質をもっている。そして，媒質は非線形ばねの性質をもつ弾性体である。これらが相まって非線形の音波伝搬が生じ，それに伴って波形ひずみが発生する。非線形音場を扱うための支配方程式には，連続の式，運動方程式，状態方程式がある。本節では，媒質を流体に限り，また粘性や熱伝導性がない理想流体を対象として，これらの式の導出について述べる。なお，気体と液体を総称して**流体**（fluid）という。

2.1.1 支配方程式

流体を連続体媒質とみなし，その流体内に存在する任意の微小体積に注目する。その微小体積が流体の流れに乗って運動しても，他の微小体積と区別が保たれるようなその流体のかたまりを，**流体粒子**（fluid particle）という。

さて，音波が存在しない平衡状態での流体内の圧力を P_0，密度 ρ_0 とする。音波が存在すると流体は擾乱を受け，音波の伝搬方向に流体粒子は振動する。いま，ある流体粒子に着目したとき，その粒子の振動速度 $\boldsymbol{u} = (u_x, u_y, u_z)$ が**粒子速度**（particle velocity）になる。また，$\boldsymbol{u}$ は伝搬途上の場所によって異なる

ので，密度 ρ も擾乱が生じ，同時に圧力 P も変動する。すなわち，音波の存在による圧力と密度の変動分はそれぞれ

$$p = P - P_0, \quad \rho' = \rho - \rho_0 \tag{2.1}$$

である。この場合の圧力変動分 p が**音圧**（sound pressure）になる。なお，ここでは流体は均質で等方性であって，平衡状態での P_0，密度 ρ_0 は時間 t および空間変数 $\boldsymbol{r} = (x, y, z)$ を含まないとする。これ以外の物理量はすべて t と $\boldsymbol{r}$ の関数になる。

まず，簡単のために 1 次元の波動，すなわち x 方向に伝わる平面波を考える。図 **2.1** において，位置 x における断面 1 と，微小距離 Δx だけ離れた位置 $x + \Delta x$ における断面 2 に囲まれた微小体積について，流体の流入出を考える。流体の密度を ρ，x 軸方向の速度を u_x とすると，単位時間に断面 1 から流入する流体の質量は，x 面の単位面積当り ρu_x と表される。一方，断面 2 における単位時間に流出する流体の質量は，$x + \Delta x$ 面の単位面積当り $\rho u_x|_{x=x+\Delta x} \approx \rho u_x + \{\partial(\rho u_x)/\partial x\}\Delta x$ である。この微小体積内で新たな質量の湧き出しと吸い込みがないことから，質量の保存則により，この質量の流入量と流出量の差 $-\{\partial(\rho u_x)/\partial x\}\Delta x$ は微小体積内で質量が増加する時間変化 $(\partial \rho/\partial t)\Delta x$ に等しい。よって，共通項の Δx を除き

$$\frac{\partial \rho}{\partial t} = -\frac{\partial(\rho u_x)}{\partial x} \tag{2.2}$$

を得る。この式は，体積内の質量の保存を表すため，**連続の式**（continuity equation）あるいは**質量の保存則**（conservation law of mass）と呼ばれる。3 次元の場合は，y，z 方向の質量の流入出も考えて

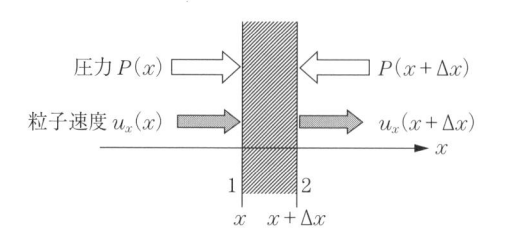

図 **2.1** 微小体積の 1 次元運動

$$\frac{\partial \rho}{\partial t} = -\left\{\frac{\partial(\rho u_x)}{\partial x} + \frac{\partial(\rho u_y)}{\partial y} + \frac{\partial(\rho u_z)}{\partial z}\right\}$$

あるいはベクトル表示を利用して，連続の式を

$$\frac{\partial \rho}{\partial t} + \nabla \cdot (\rho \boldsymbol{u}) = 0 \tag{2.3}$$

と表す．

再度，図 2.1 で示した 1 次元平面波に注目する．$x \sim x + \Delta x$ にある流体を両側から押す単位面積当りの力の差，すなわち圧力差は $P(t,x) - P(t, x + \Delta x) \approx -(\partial P/\partial x)\Delta x$ であり，これが質量 $\rho\Delta x$ の物体に対して $+x$ 方向に働く力となる．一方，時刻 t で点 x にあった注目する流体粒子は Δt 秒後には $x + u_x \Delta t$ に移動することに留意すると，その流体粒子の加速度は

$$\begin{aligned}\frac{du_x}{dt} &= \lim_{\Delta t \to 0} \frac{u_x(t+\Delta t, x+u_x\Delta t) - u_x(t,x)}{\Delta t} \\ &= \lim_{\Delta t \to 0} \left[\frac{u_x(t+\Delta t, x+u_x\Delta t) - u_x(t+\Delta t, x)}{u_x \Delta t} u_x \right. \\ &\quad \left. + \frac{u_x(t+\Delta t, x) - u_x(t,x)}{\Delta t}\right] \\ &= u_x \frac{\partial u_x}{\partial x} + \frac{\partial u_x}{\partial t}\end{aligned} \tag{2.4}$$

と表される．したがって，流体粒子の質量 $\rho\Delta x$ であることを考慮して，運動方程式を導くと次式を得る．

$$\rho\left(\frac{\partial u_x}{\partial t} + u_x \frac{\partial u_x}{\partial x}\right) = -\frac{\partial P}{\partial x} \tag{2.5}$$

この式は，粒子速度 u_x に関して非線形方程式である．非線形項 $u_x(\partial u_x/\partial x)$ を**移流項**（advective term），あるいは**対流項**（convective term）という．移流項の存在は，以下のように考えればよい．例えば，朝になると太陽が東から昇って地上は徐々に明るくなるが，その明るさ L は時間 t と場所 x の関数である．東に行くほど，早く明るくなる．その明るさの時間変化を速度 u_x で移動しながら観測することを想定したとき，移動しない静止した状態での明るさの

変化量と，時間は固定で場所が異なることによる明るさの変化量の総和になる．以上のことを式で表せば

$$\Delta L = \left(\frac{\partial L}{\partial t}\right)_x \Delta t + \left(\frac{\partial L}{\partial x}\right)_t \Delta x$$

の全微分になる．この式の両辺を Δt で割って $\Delta t \to 0$ の極限操作を行い，$\Delta x/\Delta t = u_x$ を利用すると

$$\frac{dL}{dt} = \left(\frac{\partial}{\partial t} + u_x \frac{\partial}{\partial x}\right) L \tag{2.6}$$

を得る．人が歩く程度の移動速度 u_x で明るさ L の時間変化を観測する場合にあっては，dL/dt はほぼ $\partial L/\partial t$ に等しいとみてよいが，u_x が大きくなって飛行機の速度程度になると，$u_x \partial L/\partial x$ の効果は無視できなくなることは想像するに難くない．式 (2.5) は x 軸の 1 次元の式であるが，これを 3 次元に拡張する．その結果

$$\rho \left\{\frac{\partial \boldsymbol{u}}{\partial t} + (\boldsymbol{u} \cdot \nabla)\boldsymbol{u}\right\} = -\nabla P \tag{2.7}$$

を得る．この式を**オイラーの運動方程式**（Euler's equation of motion）と呼ぶ．また，左辺の微分演算子

$$\frac{\partial}{\partial t} + (\boldsymbol{u} \cdot \nabla) \left(= \frac{d}{dt}\right) \tag{2.8}$$

を**物質微分**（material derivative）とか**ラグランジュ微分**（Lagrangian derivative）という．式 (2.7) において圧力は $P = P_0 + p$ であって，P_0 が定数とみなせる波動を取り扱うときには，この P のかわりに音圧 p に置き換えてもよい．音場を記述するための支配方程式には，以上の連続の式，運動方程式のほかに，次式で示される状態方程式も必要となる．

いま，音波はエネルギー損失がない媒質内に存在するとしているのでエントロピー S は一定で，圧力は密度のみの関数

$$P = P(\rho) \tag{2.9}$$

で表される。理想気体の場合，状態方程式は比熱比 γ を用いた**断熱方程式**（adiabatic equation）

$$P = P_0 \left(\frac{\rho}{\rho_0}\right)^\gamma = P_0 \left(1 + \frac{\rho'}{\rho_0}\right)^\gamma \tag{2.10}$$

で与えられるが，それ以外の流体における P と ρ の関係は，一般には次式のように $\rho = \rho_0$ のまわりでテイラー級数に展開して表現する。

$$P = P_0 + \left(\frac{\partial P}{\partial \rho}\right)(\rho - \rho_0) + \frac{1}{2}\left(\frac{\partial^2 P}{\partial \rho^2}\right)(\rho - \rho_0)^2 + \cdots \tag{2.11}$$

ここで，微係数を A, B と置き換えて

$$p = P - P_0 \approx A\left(\frac{\rho'}{\rho_0}\right) + \frac{B}{2}\left(\frac{\rho'}{\rho_0}\right)^2 \tag{2.12}$$

がよく利用される。この表示式において，A, B はそれぞれ

$$A = \rho_0 \left(\frac{\partial P}{\partial \rho}\right) = \rho_0 c_0^2, \qquad B = \rho_0^2 \left(\frac{\partial^2 P}{\partial \rho^2}\right) \tag{2.13}$$

となる。A の表示式における c_0 は

$$c_0 = \sqrt{\left(\frac{\partial P}{\partial \rho}\right)_{\rho=\rho_0}} \tag{2.14}$$

であって，これは音波の振幅が無限小の極限 $\rho' \to 0$ のときの音速である。気体においては，状態方程式 (2.10) から

$$c_0 = \sqrt{\frac{\gamma P_0}{\rho_0}} \tag{2.15}$$

と表される。ちなみに，1 気圧，0°C の空気においては $P_0 = 1\,013.25$ hPa，$\rho_0 = 1.293$ kg/m^3，$\gamma = 1.402$ なので，$c_0 = 331.5$ m/s となる。

式 (2.12) の最終式で，第 1 項は音圧 p と密度の変動 ρ' が比例する線形項を表し，比例係数 $A(=\gamma P_0)$ は体積弾性率そのものである。一方，第 2 項は，流体の弾性（ばね）が 2 次の非線形をもっていることを表す。$B > 0$ であれば，この流体が圧縮するほど強いばねになることを示す。後述のように，あらゆる液体で $B > 0$ である。なお，係数比 B/A は媒質が有する媒質固有の弾性関係

の非線形性の度合いを表すパラメータになり，**非線形パラメータ**（parameter of nonlinearity）という．

式 (2.12) において，ρ'/ρ_0 は音波による密度の増加率あるいは圧縮の割合を表し，一般に $|\rho'/\rho_0| \ll 1$ である．例えば，1 kHz の正弦波で音圧レベルが会話程度の 60 dB のとき，音圧振幅に換算すると 0.028 Pa である．このときの密度変化は，式 (2.12)，(2.13) から導かれる

$$p = A\frac{\rho'}{\rho_0} = c_0^2 \rho' \tag{2.16}$$

の関係式から $|\rho'| = 0.24\ \mu\text{g/m}^3$ になる．よって，$\rho_0 = 1.3\ \text{kg/m}^3$ に比べればきわめて微小な変化である．そこで，気体の断熱式 (2.10) を ρ'/ρ_0 でテイラー展開し，式 (2.12) の ρ'/ρ_0 のべき係数と比較すると，$A = \gamma P_0$，$B = \gamma(\gamma-1)P_0$ の関係を得る．したがって，気体の非線形パラメータは比熱比 γ を用いて

$$\frac{B}{A} = \gamma - 1 \tag{2.17}$$

と表される．気体の比熱比は $\gamma > 1$ なので，液体の場合と同様 $B/A > 0$ になる．特に，空気においては $\gamma = 1.4$ であり，$B/A = 0.4$ となる．代表的な流体の非線形パラメータ B/A の値として，気体はこのように 1 より小さく，水は 5 前後，アルコールや油類は 8〜11 前後であり，温度に依存して若干変化する．多種多様な流体の B/A の値については，3.1 節を参考にされたい．

2.1.2　線形な波動方程式

ここまでは流体粒子の運動の方程式に関する記述であったが，次に音波の伝わり方を定式化する．ここでは，2.1.1 項において導いた気体の運動に関する三つの支配方程式を出発点として議論を進める．三つの式とは，連続の式，運動方程式，そして状態方程式であり，再掲するとそれぞれ次式のとおりである．

$$\frac{\partial \rho}{\partial t} + \nabla \cdot (\rho \boldsymbol{u}) = 0 \quad\quad\quad\quad 再掲\ (2.3)$$

$$\rho\left\{\frac{\partial \boldsymbol{u}}{\partial t} + (\boldsymbol{u}\cdot\nabla)\boldsymbol{u}\right\} = -\nabla P \quad\quad\quad\quad 再掲\ (2.7)$$

$$P = P_0 \left(\frac{\rho}{\rho_0}\right)^\gamma \qquad \text{再掲 (2.10)}$$

流体粒子はそれ固有の質量をもつので慣性があり，しかも圧縮すればそれに反する力が働く弾性をもつ．これらの慣性と弾性が都合よく作用して媒質内を伝搬するのが音波である．また，音は密度の変化として伝わる粗密波で，このとき圧力は図 **2.2** に示すように静圧 P_0 のまわりを変化するが，この変動が音圧の p である．音圧 p と密度の変化量 ρ' は式 (2.1) で示した $p = P - P_0$, $\rho' = \rho - \rho_0$ の関係があり，$|p| \ll P_0$, $|\rho'| \ll \rho_0$, または別の表現を用いれば

$$\frac{|p|}{P_0} \approx \frac{|\rho'|}{\rho_0} \approx \frac{|\bm{u}|}{c_0}(= \varepsilon) \ll 1 \qquad (2.18)$$

の仮定のもとで支配方程式の解を導くことにする．式 (2.18) の仮定の正当性は後に示される（p. 36 の脚注参照）．なお，粒子速度の大きさ $|\bm{u}|$ と音速 c_0 の比の ε を**音響マッハ数**（acoustic Mach number）と呼ぶ．

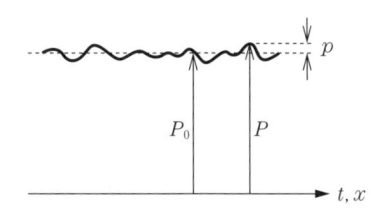

図 2.2 圧力 P と音圧 p の関係

さて，$\rho = \rho_0 + \rho'$ を連続の式に代入し，均質媒質で P_0, ρ_0 が時間，空間変数を含まない定数であることを考慮すると

$$\frac{\partial(\rho_0+\rho')}{\partial t} + \nabla \cdot [(\rho_0+\rho')\bm{u}] = \frac{\partial \rho'}{\partial t} + \rho_0 \nabla \cdot \bm{u} + \nabla \cdot (\rho'\bm{u}) = 0 \qquad (2.19)$$

になる．式 (2.19) の中間式の最後の項 $\nabla \cdot (\rho'\bm{u})$ は，式 (2.18) の仮定に基づくと，他の項の変動が ε の量に対して，ε^2 のオーダーの 2 次的な微小量である．したがって，式 (2.19) は 2 次の微小項を無視して

$$\frac{\partial \rho'}{\partial t} + \rho_0 \nabla \cdot \bm{u} = 0 \qquad (2.20)$$

に近似できる．同様にして，運動方程式から ε の項を取り出せば

$$\rho_0 \frac{\partial \boldsymbol{u}}{\partial t} = -\nabla p \tag{2.21}$$

を導く。また，断熱方程式からの対応式は既出の式 (2.16) の $p = c_0^2 \rho'$ である。

式 (2.21) において，両辺の回転をとると $\nabla \times \nabla p \equiv 0$ であるので $\nabla \times \boldsymbol{u} = 0$ が得られ，音場は渦なし場（irrotational field）になる。そこで，**速度ポテンシャル**（velocity potential）$\phi(t, \boldsymbol{r})$ を導入して

$$\boldsymbol{u} = -\nabla \phi \tag{2.22}$$

と表し，式 (2.20)，(2.21) を一つの式にまとめる。この結果，音圧と密度変化はそれぞれ

$$p = \rho_0 \frac{\partial \phi}{\partial t}, \qquad \rho' = \frac{p}{c_0^2} = \frac{\rho_0}{c_0^2} \frac{\partial \phi}{\partial t} \tag{2.23}$$

になり，しかも速度ポテンシャルは次式を満たす。

$$\nabla^2 \phi - \frac{1}{c_0^2} \frac{\partial^2 \phi}{\partial t^2} = 0 \tag{2.24}$$

式 (2.24) は波の伝搬を記述する代表的な**波動方程式**（wave equation）で，ラプラシアン $\nabla^2 = \partial^2/\partial x^2 + \partial^2/\partial y^2 + \partial^2/\partial z^2$ は空間曲率であるから，物理量の空間的な曲がり具合の伝わり方を表していることになる。このときの c_0 は波の伝搬速度に対応する。また，線形方程式であるから**重ね合せの原理**（principle of superposition）が成り立ち，例えば，はじめに ϕ_1 の波があり，これに別の波の ϕ_2 が加わったようなとき，それぞれの波はもちろん，重ね合わさった波 $\phi_1 + \phi_2$ もまた波動方程式 (2.24) を満たす。このような重ね合せの原理は数学的に重要な解析手段となる。

2.1.3　音速の粒子速度依存性

先の議論では，音波の振幅が無限小として，線形な波動方程式を導いた。次に，その振幅が微小とはみなされないような場合に議論を拡張する。一般に，このような波を**有限振幅音波**という。

2.1 非線形伝搬による波形ひずみ

簡単のため，1次元の音波伝搬を考察する．この場合の粒子運動を支配する方程式は，式 (2.3)，(2.7) から

$$\frac{\partial \rho}{\partial t} + u\frac{\partial \rho}{\partial x} = -\rho\frac{\partial u}{\partial x} \tag{2.25}$$

$$\frac{\partial u}{\partial t} + u\frac{\partial u}{\partial x} = -\frac{1}{\rho}\frac{\partial P}{\partial x} \tag{2.26}$$

である．ここで，$u = u_x$ と置き換えている．さて，u が ρ のみの関数，つまり $u = u(\rho)$，あるいは $\rho = \rho(u)$ の成立を前提とする．この前提は，波が1方向に進む進行波であるならばそのまま進み続けることを意味し，少なくとも衝撃波が形成されるまでは成り立つ[1])．この状態において，式 (2.25)，(2.26) はそれぞれ

$$\frac{d\rho}{du}\left(\frac{\partial u}{\partial t} + u\frac{\partial u}{\partial x}\right) = -\rho\frac{\partial u}{\partial x} \tag{2.27}$$

$$\frac{\partial u}{\partial t} + u\frac{\partial u}{\partial x} = -\frac{c^2}{\rho}\frac{\partial \rho}{\partial x} = -\frac{c^2}{\rho}\frac{d\rho}{du}\frac{\partial u}{\partial x} \tag{2.28}$$

となる．ここで，音速の関係式 $c = \sqrt{dP/d\rho}$ を用いた．具体的には，断熱方程式で与えられる気体の場合

$$c = \sqrt{\frac{dP}{d\rho}} = c_0\left(\frac{\rho}{\rho_0}\right)^{(\gamma-1)/2} \tag{2.29}$$

で書き表される．多くの実在の気体において，空気で代表されるように $\gamma > 1$ であるから，音波の伝わる速さ c は密度の変化に依存して変わることになる．無限小振幅の音波では密度変化は小さく，近似的に $\rho = \rho_0$ とおいて c は式 (2.15) で与えた音速 c_0 に一致する．

さて，式 (2.27) の左辺の括弧内の式と式 (2.28) の左辺が等しいので

$$\frac{d\rho}{du} = \pm\frac{\rho}{c} \tag{2.30}$$

を導き，さらにこの関係を式 (2.28) に代入してまとめると，次式を得る．

$$\frac{\partial u}{\partial t} + (u \pm c)\frac{\partial u}{\partial x} = 0 \tag{2.31}$$

一方，式 (2.29) を式 (2.30) に代入することで

$$\frac{du}{d\rho} = \pm \frac{c}{\rho} = \pm \frac{c_0}{\rho_0} \left(\frac{\rho}{\rho_0}\right)^{(\gamma-3)/2} \tag{2.32}$$

を得る。$\rho = \rho_0$ で $u = 0$ であることに留意し，u を ρ に関して積分すれば

$$u = \pm \frac{2c_0}{\gamma - 1}\left\{\left(\frac{\rho}{\rho_0}\right)^{(\gamma-1)/2} - 1\right\} \tag{2.33}$$

を導く。再度，式 (2.29) を利用することで，c は u の関数として

$$c = c_0 \pm \frac{\gamma - 1}{2}u \tag{2.34}$$

で表される。

ところで，粒子速度に関する伝搬式 (2.31) で，符号 $\pm$ はそれぞれ $+x$, $-x$ 方向に伝わる波を示すが，いま $+x$ 方向への波に注目する。$F(x)$ を任意の連続関数とすると，式 (2.31) の解は

$$u = F[x - (c+u)t] \quad \text{または} \quad u = F\left(t - \frac{x}{c+u}\right) \tag{2.35}$$

で表される。前者の表示は，例えば $t = 0$ で条件 $u|_{t=0} = F(x)$ を与える初期値問題に，また後者は $x = 0$ で条件 $u|_{x=0} = F(t)$ を与える境界値問題に適した表示であるが，いずれの式においても粒子速度の波面の瞬時音速（伝搬速度）c_f が $c + u$ であって，式 (2.34) を用いて

$$c_\mathrm{f} = c + u = c_0 + \frac{\gamma - 1}{2}u + u \tag{2.36}$$

になる。ここで c_f の構成をみれば，無限小な振幅のときの音速 c_0 に，気体の断熱性あるいは熱力学的非線形性から生じる $(\gamma - 1)u/2$ と，移流に基づくあるいは音波が縦波であることに起因する，いわば流体力学上から派生する u の二つの摂動が加わる。この二つの摂動のうち前者は，音圧 p が $\rho_0 c_0 u$ で与えられるので，$(\gamma - 1)p/(2\rho_0 c_0)$ とも書き換えられ，スカラー量である[†]。一方，後者は

[†] 線形音波に限れば，平面波のときの式 (2.21) から音圧と粒子速度に $\rho_0 \partial u/\partial t = -\partial p/\partial x$ の関係があり，さらに進行波であれば $u = F(t - x/c_0)$ から $\partial u/\partial t = -c_0 \partial u/\partial x$ の関係がある。したがって，$-\rho_0 c_0 \partial u/\partial x = -\partial p/\partial x$ が得られ，$p = \rho_0 c_0 u$ を導く。この関係式は本来は線形場において成り立つが，非線形場でも第 1 近似として利用できる。なお，$p = c_0^2 \rho' = \rho_0 c_0 u$ の関係が成り立つので，この関係式を $\rho_0 c_0^2$ で割って，$\rho'/\rho_0 = p/(\rho_0 c_0^2) = u/c_0 (= \varepsilon)$ が成立する。

粒子速度が直接関与し，ベクトル量である．空気では $\gamma = 1.4$ であるので，後者の摂動の効果は前者に比べて 5 倍大きい．一方，液体では式 (2.17) でみたように，便宜上 γ を $1 + B/A$ と置き換えるだけでよい．水においては $B/A \approx 5$ であって，熱力学な非線形性が流体力学からの非線形性よりも 2.5 倍大きい．

非線形パラメータを利用して式 (2.36) を書き換えれば

$$c_\mathrm{f} = c_0 + \left(1 + \frac{B}{2A}\right)u = c_0 + \beta u \tag{2.37}$$

を得る．ここで

$$\beta = 1 + \frac{B}{2A} \tag{2.38}$$

は**非線形係数**（coefficient of nonlinearity）といわれる．

2.1.4　波形ひずみの発生

瞬時音速 c_f が音波の粒子速度（換言して，音圧）に依存して変動することは，音波の波形の伝搬にどのような影響を与えるであろうか．

一例として，水中での平面音波を考察の対象としてみる．水中での 1 気圧の音圧振幅 10^5 Pa において，音速 $c_0 + \beta u$ の c_0 との差異 βu を概算すると，$B/A = 5$，音速 $c_0 = 1500$ m/s，密度 $\rho_0 = 10^3$ kg/m^3 であるので，$\beta u = \beta p/(\rho_0 c_0) = 3.5 \times 10^5/(1.5 \times 10^6) = 0.23$ m/s になる．この違いは c_0 のわずか 0.015 ％に過ぎず，一見，大した差異とは思えない．しかし，伝搬波形に重大な影響を与える．例えば，2 MHz の正弦波音波では，50 cm 伝搬するとき，音圧のピークの波面は $(0.5 \text{ m}/1\,500 \text{ m/s}) \times 0.000\,15 = 5 \times 10^{-8}$ s すなわち 0.05 μs だけ，音圧振幅の零交差点の波面よりも早く到達する．2 MHz の 1 周期は 0.5 μs なので，結果として，図 **2.3** の破線のように，実線の原波形の正弦波よりも，正のピーク位置が 1/10 周期早く，負のピーク位置は逆に 1/10 周期遅れた正負で反対称の波形にひずむことになる．このひずみ波形に，第 2 高調波が最も顕著に含まれていることは，図の破線波形と実線波形の差が点線のようになることから，明らかである．

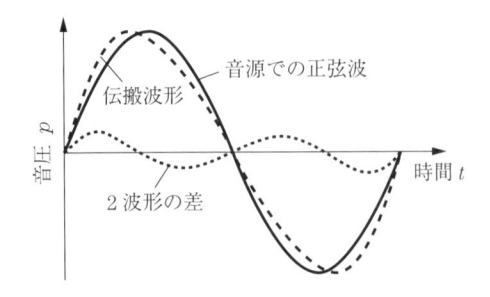

図 2.3　正弦波（原波形）と 1/10 周期ピークが移動した ひずみ波形

ここで，波形ひずみを定式化しよう。いま，$x=0$ において，角周波数 ω で初期振幅 p_0 の音圧 $p = p_0 \sin \omega t$ の平面波が $+x$ 軸方向に伝搬しているとする。この境界条件に対する有限振幅音波の解は，式 (2.35) から

$$\bar{p} = \frac{p}{p_0} = \sin\left[\omega\left(t - \frac{x}{c_0 + \beta u}\right)\right] \tag{2.39}$$

となる。ここで，音速 c_0 で動く時間座標で波形観測を行うために，**遅延時間** (retarded time)

$$t' = t - \frac{x}{c_0} \tag{2.40}$$

を導入する。この座標変換を施すことで，t' 軸上では無限小振幅音波の伝搬速度 c_0 と同じ速度で移動する観測者のみた音圧波形となる。図 **2.4** の実線は波の出発位置 $x = 0$ での波形で，いまの場合は正弦波である。音圧のどの波面も速度 c_0 で伝搬すれば，式 (2.39) は $\bar{p} = \sin(\omega t')$ になり，音波がいくら伝搬してもその波形は崩れることなく，実線の正弦波形のままである。

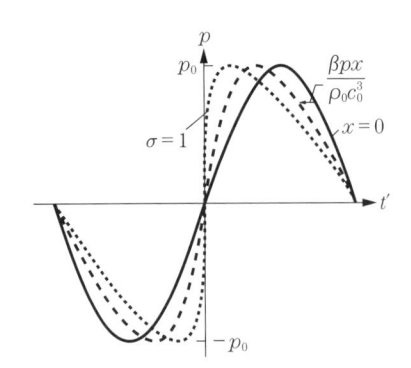

図 **2.4**　ひずみ波形とショックパラメータ σ の関係

しかし，瞬時音速が音波の振幅に依存する効果が無視できないような有限振幅音波のとき，先に知ったように，音波の各位相で音速が異なるために波形が変化する．距離 x 伝搬した後には，音圧 p の t' 軸上での位置は，図の破線のように

$$\frac{x}{c_0} - \frac{x}{c_0 + \beta\{p/(\rho_0 c_0)\}} \approx \frac{\beta p}{\rho_0 c_0^3} x \tag{2.41}$$

の時間だけ $-t'$ 方向（p が負であれば $+t'$ 方向）に移動する．このときピーク位置の移動量 $\beta p_0 x/(\rho_0 c_0^3)$ を，元の正弦波1周期を 2π とした位相量に換算した無次元変数を σ とおく．

$$\sigma = \frac{\beta \omega p_0 x}{\rho_0 c_0^3} \tag{2.42}$$

t' と σ の変数を用いれば，式 (2.39) は式 (2.41) の近似が成り立つ範囲において

$$\bar{p} = \sin(\omega t' + \sigma \bar{p}) \tag{2.43}$$

と表される．

さて，波の伝搬に伴うその波形の変化に注目する．伝搬するにつれて σ が大きくなり，$p > 0$ の時間領域では位相が進み，逆に $p < 0$ の時間領域では位相が遅れ，音圧のピーク波面は前かがみになって波形ひずみが増加する．この $t' = 0$ の位置での波面の傾きは，式 (2.43) の逆関数 $\omega t' + \sigma \bar{p} = \sin^{-1} \bar{p}$ を用い，また $t' = 0$ で $\bar{p} = 0$ であることに気付くことで

$$\left.\frac{\partial \bar{p}}{\partial t'}\right|_{t'=0} = \left.\frac{\omega}{1/\sqrt{1-\bar{p}^2} - \sigma}\right|_{t'=0} = \frac{\omega}{1-\sigma} \tag{2.44}$$

を得る．これより $\sigma = 1$ において，$t' = 0$ での音圧傾斜が無限大になり，このときの音波は図 2.4 の点線のような波面をもつ**衝撃波**（shock wave）になる．σ はどれだけ衝撃波に近づいたかを表す無次元の指標であり，**ショックパラメータ**（shock parameter）と呼ばれる．さらに音波が伝搬し続け，$\sigma > 1$ となった場合の波形については，2.1.5 項で述べる．

$\bar{p}$ はフーリエ級数に展開できる．原波形の零交差の波面でひずみ波形も必ず零交差するため，展開項のうち余弦成分は現れず，正弦成分のみ現れる．すなわち，

2. 音波の非線形伝搬

$\bar{p} = \sum_{n=1}^{\infty} b_n \sin n\omega t'$ と展開され,このときのフーリエ係数 b_n は,$\omega t' + \sigma \bar{p} = x$ とおくことで

$$\begin{aligned} b_n &= \frac{2}{\pi} \int_0^{\pi} \sin(\omega t' + \sigma \bar{p}) \sin n\omega t' d\omega t' \\ &= \frac{2}{\pi} \int_0^{\pi} \sin x \sin(nx - n\sigma \sin x)(1 - \sigma \cos x) dx \end{aligned} \quad (2.45)$$

である。三角関数の積を和・差公式などを適用すると

$$\begin{aligned} b_n = &-\frac{1}{\pi} \int_0^{\pi} \{\cos[(n+1)x - n\sigma \sin x] - \cos[(n-1)x - n\sigma \sin x]\} dx \\ &+ \frac{\sigma}{2\pi} \int_0^{\pi} \{\cos[(n+2)x - n\sigma \sin x] - \cos[(n-2)x - n\sigma \sin x]\} dx \end{aligned}$$

となる。これにベッセル関数の積分表示

$$J_n(z) = \frac{1}{\pi} \int_0^{\pi} \cos(nx - z \sin x) dx \quad (2.46)$$

を利用して

$$b_n = J_{n-1}(n\sigma) - J_{n+1}(n\sigma) - \frac{\sigma}{2} \{J_{n-2}(n\sigma) - J_{n+2}(n\sigma)\}$$

として,さらに漸化式

$$\frac{2n}{z} J_n(z) = J_{n-1}(z) + J_{n+1}(z) \quad (2.47)$$

を利用すると b_n の表示は簡単になり,結局

$$\bar{p} = \sum_{n=1}^{\infty} \frac{2 J_n(n\sigma)}{n\sigma} \sin n\omega t' \quad (2.48)$$

を得る。式 (2.48) を **Fubini の解**(Fubini's solution)という。波形がひずむことによって,周波数 2ω, 3ω, 4ω, $\cdots$ のいわゆる高調波が発生する。このときの n 次高調波の振幅は,$p_n = 2p_0 J_n(n\sigma)/(n\sigma)$ である。$n = 1$ の基本波成分を

1 次波(primary wave), $n \geq 2$ の高調波成分をまとめて **2 次波**(secondary wave) という。

$n = 4$ までの p_n/p_0 を図 **2.5** に示す。伝搬(σ の増加)につれて高調波の振幅が大きくなるが,低次高調波から高次高調波へエネルギーが移動するため,低次の高調波の振幅の増大傾向は弱まる。$\sigma \ll 1$ の小ひずみ範囲では $p_n/p_0 \propto \sigma^{n-1} \propto (p_0 x)^{n-1}$,すなわち $p_n \propto p_0^n x^{n-1}$ となる。ある距離まで伝搬した音波がさらに伝搬すると,前よりもひずむから,ひずみには**蓄積効果** (accumulation effect) がある。

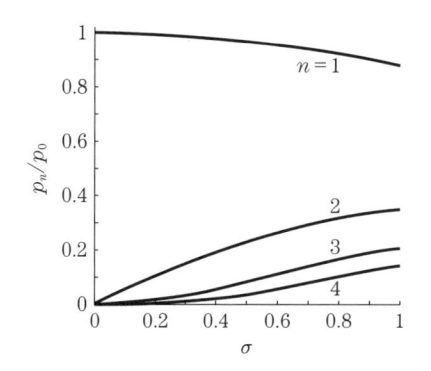

図 **2.5** ショックパラメータ σ と高調波振幅の関係

高調波のなかで最も卓越する第 2 高調波の振幅に注目すると,$\sigma \ll 1$ のひずみが小さい範囲で $J_2(2\sigma) \approx \sigma^2/2$ だから

$$p_2 = \frac{\beta \omega x}{2\rho_0 c_0^3} p_0^2 \qquad (2.49)$$

である。なお,高調波が発生して波形がひずんでも,$\sigma < 1$ の領域内では波全体がもつパワーは変わらない。

2.1.5 衝 撃 波

2.1.4 項で述べたように $\sigma = 1$,すなわち式 (2.42) から

$$x_s = \frac{\rho_0 c_0^3}{\omega \beta p_0} \qquad (2.50)$$

の距離で,初期正弦音波は衝撃波になる。この距離 x_s を平面波の**衝撃波形成距**

離 (shock formation distance) という。例えば,水中で周波数 1 MHz, 1 気圧の振幅の超音波では $x_s = 1.5$ m,また空中で周波数 40 kHz,120 dB の超音波では $x_s = 5$ m となる。周波数のみが 10 倍高くなれば x_s は 1/10 倍になり,音圧のみが 1/10 倍に小さくなれば x_s は 10 倍長くなる。これまでの議論から予想されるように,どんなに微小な振幅の音波でも,最終的に衝撃波面が形成されることになる。しかし,現実には,媒質のもつ粘性や熱伝導性によって音波は伝搬とともに減衰するので,小振幅の音波では衝撃波面が形成される前に波自体が消滅し,衝撃波面が観測されない。

衝撃波形成距離を超えて伝搬すると $\sigma > 1$ となり,図式的にひずみ波形を求めると,**図 2.6** の実線のように波頭が前にせり出す。音圧が同じ時間に多値をとることになり,物理的にはありえない波形である。この場合,図の二つのせり出した斜線部がいわゆる砕け波になって除去され,破線の衝撃波面が形成される。この場合,衝撃波面の伝搬速度 c_s は,その波面の前後の粒子速度 u_1 と u_2 の平均をもって

$$c_s = c_0 + \frac{\beta}{2}(u_1 + u_2) \tag{2.51}$$

で伝搬すること,また,この式が成り立つときに,衝撃波面前後で切り取られる二つの領域が等面積であることが知られている。このような波面の伝搬を取り扱う体系および概念を,**弱い衝撃波理論** (weak shock theory) という。弱い衝撃波理論が適用できる音圧範囲は,音響マッハ数 ε でせいぜい 0.07〜0.1 とされている。マッハ数 0.1 は,空中での音圧レベルに換算すると 174 dB である。したがって,このレベルよりも大きな音波に対しては弱い衝撃波理論が適

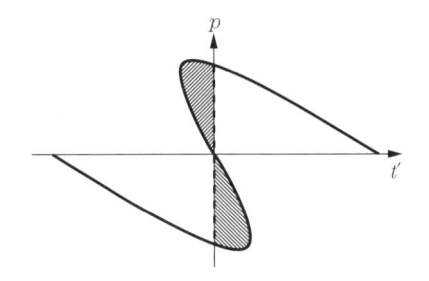

図 2.6 $\sigma > 1$ で図式的に求めたひずみ波形から得られる衝撃波の波形

2.1 非線形伝搬による波形ひずみ

用できなくなる。

図 2.6 からも予想できるように，のこぎり波に近い衝撃波面の形成の結果，振幅および波のもつエネルギーは伝搬につれて著しく小さくなる。$t' = 0$ における $\bar{p}$ を $\bar{p}_m$ とすれば，式 (2.43) から $\bar{p}_m = \sin(\sigma \bar{p}_m)$ である。$\sigma = \pi/2 \approx 1.57$ のときに，$\bar{p}_m = 1$ になる。すなわち，$\sigma = 0$ $(x = 0)$ の初期位置において振幅 p_0 の波面は $\omega t' = \pi/2$ の位置にあるが，伝搬とともにその波面は $-t'$ 方向に移動し，$\sigma = \pi/2$ の位置まで振幅 p_0 を保つ。この距離を超えると，衝撃波面の振幅は p_0 よりも小さくなる。

いま，σ が 1 より十分大きい場合の衝撃波面の振幅を求めることとし，$\sigma \bar{p}_m = \xi$ とおき，$\bar{p}_m = \sin(\sigma \bar{p}_m)$ を $\xi/\sigma = \sin \xi$ と書き換える。$\sigma \gg 1$ においては ξ が π 付近に一つの解をもつから，$\sin \xi$ を π のまわりでテイラー級数に展開して $\sin \xi \approx \sin \pi + (\xi - \pi) \cos \pi = \pi - \xi$ と近似し，解 ξ を求めると $\sigma \pi/(1+\sigma)$ になる。あるいは，$\bar{p}_m$ に戻して

$$\bar{p}_m \approx \frac{\pi}{1+\sigma}, \quad \sigma \gtrapprox 3 \tag{2.52}$$

を得る。このような場合，波形は図 **2.7** に示すのこぎり波に近似でき

$$\bar{p} = \frac{\bar{p}_m}{\pi} \times \begin{cases} -\omega t' - \pi, & -\pi < \omega t' < 0 \\ -\omega t' + \pi, & 0 < \omega t' < \pi \end{cases} \tag{2.53}$$

に表すことができる。$\bar{p}_m$ として式 (2.52) を用い，のこぎり波をフーリエ級数に展開する。そして，実次元の音圧に戻すと次式になる。

$$p = \frac{p_0 \bar{p}_m}{\pi} \times 2 \sum_{n=1}^{\infty} \frac{\sin n\omega t'}{n} = \frac{2p_0}{1+\sigma} \sum_{n=1}^{\infty} \frac{\sin n\omega t'}{n} \tag{2.54}$$

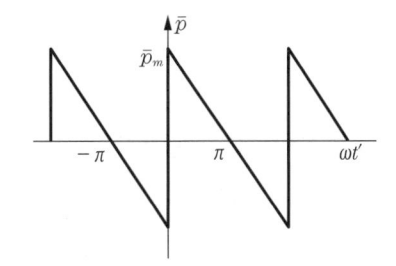

図 **2.7** $\sigma \gtrapprox 3$ におけるのこぎり波

したがって，高調波の振幅は基本波の振幅に比べて第2高調波は1/2に，第3高調波は1/3…のように，次数nに逆比例して小さくなる．このときの波のパワーは，$0 < \sigma < 1$の領域と異なりσの増加とともに減少し，衝撃波面の形成で波のエネルギーは著しく失われる．基本波成分のみについて注目したとき，$\sigma < 1$の領域で高調波にエネルギーが移動することによりその振幅は減るものの，波のもつ全体のエネルギーは不変である．しかし，衝撃波面ができると基本波成分はもちろんのこと，波のエネルギー全体も伝搬とともに急激に減少する．このような波の減衰を**非線形吸収**（nonlinear absorption）と称している．波動の非線形伝搬の様子を詳細に知るには，エネルギー散逸の主因になる粘性と熱伝導性を考慮して解析する必要がある．

ところで，式(2.52)において，$\sigma = \beta \omega x p_0/(\rho_0 c_0^3)$を代入して実次元の振幅$p_m = p_0 \bar{p}_m$に戻すならば

$$p_m \approx \frac{\pi p_0}{1+\sigma} = \frac{\pi p_0}{1 + \beta \omega x p_0 /(\rho_0 c_0^3)} \tag{2.55}$$

を導く．ここで，初期音圧の振幅p_0を大きくして∞にすればp_mは

$$p_m \approx \frac{\pi \rho_0 c_0^3}{\beta \omega x} \tag{2.56}$$

になって初期振幅p_0を含まない．これは初期音圧を上げても受波音圧が式(2.56)で与えられる値p_mよりも上がらないことを示し，**飽和**（saturation）現象の発生を意味する．飽和は非線形波動の特徴の一つである．飽和振幅は周波数ωと距離xに反比例することに注目したい．

2.1.6 微小ひずみ

非線形性が弱く，衝撃波形成距離以内の$x < x_s$の領域における音場解析では，**逐次近似**（successive approximation）に基づく解析的解法が有効である．すでに述べたように，音の存在による密度の変化量ρ'と音圧pは，静圧（平衡）のときのそれぞれの値ρ_0，P_0に比べて音響マッハ数ε（p.36の脚注参照）のオーダーの微小量であった．そこで，ρ，P，$\boldsymbol{u}$をεのべき級数で展開し

$$\rho - \rho_0 = \rho_1{}'\varepsilon + \rho_2{}'\varepsilon^2 + \cdots, \quad P - P_0 = p_1{}'\varepsilon + p_2{}'\varepsilon^2 + \cdots,$$
$$\boldsymbol{u} = \boldsymbol{u}_1{}'\varepsilon + \boldsymbol{u}_2{}'\varepsilon^2 + \cdots \tag{2.57}$$

とおく．ここで，添字の 0 は平衡のときにおけるオーダー $O(1)$ の量を，添字の 1 はマッハ数の 1 次のオーダー量 $O(\varepsilon)$ で線形場を示す物理量である．添字の 2 以降は 2 次以上のオーダーの微小量で，非線形性の存在で発生する．粒子速度には，ここでは，P_0 や ρ_0 に対応する直流成分はないとする†．式 (2.56) を，連続の式 (2.3) と運動方程式 (2.7) に代入して，まず $O(1)$ の量を集めると $\partial \rho_0 / \partial t = 0$, $\nabla \rho_0 = 0$ になるので，ρ_0 は時間および空間の変数には依存しない定数である．つぎに，$O(\varepsilon)$ の値を集めると

$$\frac{1}{\rho_0 c_0^2}\frac{\partial p_1}{\partial t} + \nabla \cdot \boldsymbol{u}_1 = 0 \tag{2.58}$$

$$\nabla p_1 + \rho_0 \frac{\partial \boldsymbol{u}_1}{\partial t} = 0 \tag{2.59}$$

になる．なお，$\varepsilon p_1{}' = p_1$, $\varepsilon \boldsymbol{u}_1{}' = \boldsymbol{u}_1$ とおき直し，また式 (2.16) から得る $p_1 = c_0{}^2 \rho_1{}'$ を式 (2.58) の誘導の際に利用した．式 (2.58)，(2.59) の関係式は 2.1.2 項で述べた線形化の式に対応し，1 次波の速度ポテンシャル ϕ_1 を導入して $\boldsymbol{u}_1 = -\nabla \phi_1$ とおくと，ϕ_1 は式 (2.24) と同形の波動方程式

$$\nabla^2 \phi_1 - \frac{1}{c_0^2}\frac{\partial^2 \phi_1}{\partial t^2} = 0 \tag{2.60}$$

を得る．

さらに，2 次のオーダー $O(\varepsilon^2)$ の微小量を集めると

$$\frac{1}{\rho_0 c_0^2}\frac{\partial p_2}{\partial t} + \nabla \cdot \boldsymbol{u}_2 = \frac{1}{\rho_0 c_0^2}\frac{\partial}{\partial t}(\gamma U + K) \tag{2.61}$$

$$\nabla p_2 + \rho_0 \frac{\partial \boldsymbol{u}_2}{\partial t} = \nabla (U - K) \tag{2.62}$$

になる．ここでもやはり，$\varepsilon^2 p_2{}' = p_2$, $\varepsilon^2 \boldsymbol{u}_2{}' = \boldsymbol{u}_2$ とおき，また状態方程式から導かれる関係式

---

† 現実には，音波の存在で，2 次的に微小ではあるが直流成分が現れる．音響流がそれである．音響流については 6 章を参照のこと．

2. 音波の非線形伝搬

$$p_2 = c_0^2 \rho_2' + \frac{c_0^2(\gamma-1)}{2\rho_0}\rho_1'^2 = c_0^2\rho_2' + \frac{\gamma-1}{2\rho_0 c_0^2}p_1^2 \tag{2.63}$$

を式 (2.61) の誘導の際に用いた．式 (2.61)，(2.62) の式中の U，K はそれぞれ単位体積当りの音波の位置，運動エネルギー密度

$$U = \frac{1}{2}\frac{p_1^2}{\rho_0 c_0^2}, \qquad K = \frac{1}{2}\rho_0 \boldsymbol{u}_1 \cdot \boldsymbol{u}_1 \tag{2.64}$$

である．このエネルギー密度はともに 2 次の微小量であり，線形音場の解析においては式 (2.61)，(2.62) の右辺の項はともに無視できる大きさになり，境界条件としてこの量に相当する微小量が存在しない限り，$p_2 = 0$，$\boldsymbol{u}_2 = 0$ としてもよい．しかし，有限振幅音波になると U も K も無視できない大きさになり，これらを考慮した解析が必要になる．2 次量 p_2，$\boldsymbol{u}_2$ に対して式 (2.61)，(2.62) の右辺はそれぞれ速度音源密度，圧力音源密度であって [2)]，この仮想的な音源の空間分布で 2 次波の音場特性が定まる．

$\boldsymbol{u}_2$ に対する速度ポテンシャルを ϕ_2 とおく．$\boldsymbol{u}_2 = -\nabla\phi_2$ と式 (2.62) により

$$p_2 = \rho_0 \frac{\partial \phi_2}{\partial t} - \mathcal{L} \tag{2.65}$$

を導く．ここで，エネルギー密度の $\mathcal{L}$ はラグランジアン（Lagrangian）で

$$\mathcal{L} = K - U = \frac{\rho_0}{2}\boldsymbol{u_1}\cdot\boldsymbol{u_1} - \frac{p_1^2}{2\rho_0 c_0^2} \tag{2.66}$$

と表される．平面進行波では $p_1 = \rho_0 c_0 u_1$ が成り立つので $U = K$ になり，ラグランジアン $\mathcal{L}$ は 0 になる．したがって，式 (2.62) の右辺は消えることから，運動方程式には 2 次の微小量は現れない．

さらに，$\boldsymbol{u}_2$，p_2 を式 (2.61) に代入して ϕ_2 に対する関係式

$$\nabla^2 \phi_2 - \frac{1}{c_0^2}\frac{\partial^2 \phi_2}{\partial t^2} = -\frac{1}{\rho_0 c_0^2}\frac{\partial}{\partial t}\{(\gamma+1)U + 2\mathcal{L}\} \tag{2.67}$$

または，2 次音圧 p_2 をもって表せば

$$\nabla^2 p_2 - \frac{1}{c_0^2}\frac{\partial^2 p_2}{\partial t^2} = -\nabla^2 \mathcal{L} - \frac{1}{c_0^2}\frac{\partial^2 \mathcal{L}}{\partial t^2} - \frac{\beta}{\rho_0 c_0^4}\frac{\partial^2 p_1^2}{\partial t^2} \tag{2.68}$$

を誘導する．ϕ_2，p_2，$\boldsymbol{u}_2$ の 2 次量を得るには，線形な波動方程式 (2.60) を所

与の境界条件で解き，その解 ϕ_1, p_1 を式 (2.67) または式 (2.68) の右辺に代入し，そして2次量に対する境界条件を考慮して非同次波動方程式を解けばよい。この近似解法は非線形方程式を線形化して解析を容易にするが，あくまでも非線形性が弱く，べき展開の収束条件が満たされ，$|\phi_2/\phi_1| \ll 1$ が成立する範囲で近似の精度がよい。ϕ_2 が ϕ_1 と同程度の大きさに近づくとその解の信頼性はなくなり，線形化しないで方程式を解かなければならない。

さて，定常場を対象に p_1, p_2 の時間平均をとってみる。$\langle \partial \phi_{1,2}/\partial t \rangle = 0$ であるから

$$\langle p_1 \rangle = 0, \qquad \langle p_2 \rangle = -\langle \mathcal{L} \rangle \tag{2.69}$$

を導く。ここで，記号 $\langle \ \rangle$ は時間平均操作を意味する。球面波，円筒波に限ることなく自由空間内の進行波は，音源から十分離れればその振る舞いが平面波に似るので，$K = U$ になり，式 (2.69) のラグランジアン $\mathcal{L}$ は消える。したがって，2次の微小量まで含めても音圧に直流分は現れない。しかし，音波ビーム内に，例えば散乱体があり音場が乱れ平面進行波場と異なると，空間内にエネルギー密度差が現れ $\mathcal{L} \neq 0$ になり，この密度差が単位面積当りの力として物体に作用する。この力は一般に微小であるが，物体を浮揚させたり移動させたりする力として利用できる。この直流的な圧力や力については，5章の音響放射力のところで論じる。

ラグランジアン $\mathcal{L}$ が 0 でないことは，他方では交流成分として高調波が発生し，波形ひずみの原因にもなる。このひずみは，いままで議論してきた伝搬とともに "蓄積効果で大きさを増す伝搬ひずみ" と発生機構が異なり，また媒質の非線形性とは関係なく，"局所に発生するひずみ" でもある。この局所ひずみは蓄積効果を伴う "蓄積ひずみ" と比べて一般に弱いが，有限振幅の定在波問題や波による波の散乱問題を対処するような場合は無視できない。また，局所ひずみは異なる周波数の二つの音波が相互作用することで発生する差音（パラメトリック差音，詳細は 3.2 節参照）の計測において，**擬音**（pseudo-sound）として観測されることがある[3]。

2.1.7 非線形伝搬の定式化

本項では，音波は $+x$ 方向のみの方向に進む進行波を対象に，図 2.3 の非線形ひずみを次のように定式化する．x 方向に微小距離 Δx だけ伝搬した後には，式 (2.41) より，音圧 p の t' 軸上での位置が $\beta p \Delta x/(\rho_0 c_0^3)$ だけ $-t'$ 方向に移動する．これを $\Delta t'$ とおくと，Δx が十分に小さい条件において，微分形式で

$$\frac{\partial t'}{\partial x} = -\frac{\beta p}{\rho_0 c_0^3} \tag{2.70}$$

と書ける．遅延時間 $t' = t - x/c_0$ の定義に基づく偏微分の関係 $\partial t'/\partial x = -(\partial p/\partial x)/(\partial p/\partial t')$ を適用すると

$$\frac{\partial p}{\partial x} = \frac{\beta p}{\rho_0 c_0^3}\frac{\partial p}{\partial t'} \quad \text{あるいは} \quad \frac{\partial p}{\partial x} = \frac{\beta}{2\rho_0 c_0^3}\frac{\partial p^2}{\partial t'} \tag{2.71}$$

が得られる．これは，伝搬に伴う t' 軸上での音圧の変化量 $\partial p/\partial x$ を与え，非線形ひずみの過程を表す方程式となる．右辺の仮想的で 2 次的な音源により音圧 p が空間的に変化していくという見方もできる．この意味から，式 (2.71) の右辺の非線形項を**仮想音源**（virtual source）と呼ぶことがある．この仮想音源項は，非線形波動方程式 (2.68) に立ち戻れば，右辺第 3 項に対応する．

ここで，式 (2.71) を用いて，高調波のなかで最も卓越する第 2 高調波を求めてみよう．基本波および第 2 高調波の複素振幅を $P_1(x)$，$P_2(x)$ とし，正弦成分

$$p = \frac{1}{2j}\left(P_1 e^{j\omega t'} + P_2 e^{j2\omega t'}\right) + \text{c.c.} = \text{Im}\left(P_1 e^{j\omega t'} + P_2 e^{j2\omega t'}\right) \tag{2.72}$$

とおく．ここで，c.c. は右辺第 1 項の共役複素数を示す．また，$\text{Im}(Z)$ は，複素数 Z の虚数部を取り出す記号である．式 (2.72) を式 (2.71) の両辺に代入する．$x \ll x_\text{s}$ のひずみが小さい範囲では $|P_2| \ll |P_1|$ だから，両辺の $e^{j\omega t'}$，$e^{j2\omega t'}$ の各係数を比較することで複素振幅の方程式

$$\frac{dP_1}{dx} = 0 \tag{2.73}$$

$$\frac{dP_2}{dx} = \frac{\beta \omega P_1^2}{2\rho_0 c_0^3} \tag{2.74}$$

を得る．$x = 0$ の初期波は，音圧振幅 p_0 で角周波数 ω の正弦波 $p = p_0 \sin \omega t$

として，$P_1 = p_0$，$P_2 = 0$ とすると，式 (2.73) の解は $P_1 = p_0$ に，また，式 (2.74) の解は $P_2 = \beta\omega x p_0^2/(2\rho_0 c_0^3)$ で，式 (2.49) と一致する．

2.2 実在の流体中の音波

2.2.1 波動のモデル式

実在の流体には多かれ少なかれ粘性や熱伝導性があるから，音波がもつ運動エネルギーはこれらの性質によって熱となって散逸し，したがって音波の振幅は減衰する．これは粒子の振動が摩擦熱になったり，断熱変化に伴う局所的温度変化が熱移動で散逸するためである．このような**散逸性流体**（dissipative fluid）の運動を記述するには完全流体に対する式では不完全で，いくつかの項を付け加えなければならない．散逸性流体であっても連続の式はそのまま成り立つ．

$$\frac{\partial \rho}{\partial t} + \nabla \cdot (\rho \boldsymbol{u}) = 0 \qquad 再掲 (2.3)$$

しかし，オイラーの運動方程式は粘性，熱伝導性による力の項が加わり，**ナヴィエ-ストークスの式**（Navier-Stokes equations）

$$\rho \left[\frac{\partial \boldsymbol{u}}{\partial t} + (\boldsymbol{u} \cdot \nabla)\boldsymbol{u} \right] = -\nabla P + \eta \nabla^2 \boldsymbol{u} + \left(\frac{\eta}{3} + \eta_\mathrm{B} \right) \nabla \nabla \cdot \boldsymbol{u} \qquad (2.75)$$

になる．ここで η，η_B はともに粘性係数であるが，η は流体粒子のずり変形と力の関係を，また η_B は微小体積の圧縮性と力の関係を表す物質定数であって，それぞれ**ずり粘性**（shear viscosity），**体積粘性**（bulk viscosity）という．気体論によると単原子分子では η_B はほぼ 0 である．それ以外の身近な流体については一般に η と同じオーダーの大きさをもつが，音の分散，吸収と密接な関係があり，場合によっては大きな値をとることもある．

流体の運動中に生じるエネルギー損失はエントロピーの増大をもたらすから，状態方程式は

$$P = P(\rho, S) \qquad (2.76)$$

となる．さらに，温度変化と粒子運動によってエネルギー散逸が発生し，次の

エネルギー保存則

$$\rho T \left(\frac{\partial S}{\partial t} + \boldsymbol{u} \cdot \nabla S \right)$$
$$= \kappa \nabla^2 T + \frac{\eta}{2} \left(\frac{\partial u_i}{\partial x_j} + \frac{\partial u_j}{\partial x_i} - \frac{2}{3} \delta_{ij} \frac{\partial u_l}{\partial x_l} \right)^2 + \eta_{\mathrm{B}} (\nabla \cdot \boldsymbol{u})^2 \qquad (2.77)$$

が成り立つ．ここで，T は温度，κ は熱伝導係数．右辺第2項の括弧内はテンソル表示に従った．この式の右辺が示すように，物質定数 κ, η, η_{B} は独立してエネルギー損失をもたらす．右辺の第2項のテンソル表示で対角和（縮約）をとると

$$\mathrm{Tr} \left(\frac{\partial u_i}{\partial x_j} + \frac{\partial u_j}{\partial x_i} - \frac{2}{3} \delta_{ij} \frac{\partial u_l}{\partial x_l} \right) = 0 \qquad (2.78)$$

であるから，流体の圧縮性の寄与は第3項である．

2.1.2項で行ったと同様に，式(2.78)を線形化しよう．音圧を p, そして ρ, T, S の平衡値からの微小変化量を ρ', T', S', つまり $\rho' = \rho - \rho_0$, $T' = T - T_0$, $S' = S - S_0$ とする．これらをそれぞれ式(2.3)，(2.75)，(2.76)に代入して2次以上の微小項を無視すると

$$\frac{\partial \rho'}{\partial t} + \rho_0 \nabla \cdot \boldsymbol{u} = 0 \qquad (2.79)$$

$$\rho_0 \frac{\partial \boldsymbol{u}}{\partial t} = -\nabla p + \eta \nabla^2 \boldsymbol{u} + \left(\eta_{\mathrm{B}} + \frac{\eta}{3} \right) \nabla \nabla \cdot \boldsymbol{u} \qquad (2.80)$$

$$p = \left(\frac{\partial p}{\partial \rho} \right)_S \rho' + \left(\frac{\partial p}{\partial S} \right)_\rho S' = c_0^2 \rho' + \left(\frac{\partial p}{\partial S} \right)_\rho S' \qquad (2.81)$$

$$\rho_0 T_0 \frac{\partial S'}{\partial t} = \kappa \nabla^2 T' \qquad (2.82)$$

を得る．そもそも熱損失は2次的な微小の過程で発生するとしているから，温度の変動は第1近似として断熱変化で伝わるとした $\nabla^2 T' - (1/c_0^2) \partial^2 T'/\partial t^2 = 0$ を満たすものとみてよい．この式と式(2.82)を用いると $S' = (\kappa/\rho_0 T_0 c_0^2) \partial T'/\partial t$ を導く．さらに，熱力学の諸関係式[4]を用いると近似的に

$$\left(\frac{\partial p}{\partial S} \right)_\rho S' = -\kappa \left(\frac{1}{c_{\mathrm{v}}} - \frac{1}{c_{\mathrm{p}}} \right) \nabla \cdot \boldsymbol{u} \qquad (2.83)$$

になる．ここで，c_{p}, c_{v} は定圧，定積比熱である．式(2.83)を式(2.81)に代入して

$$p = c_0^2 \rho' - \kappa \left(\frac{1}{c_\mathrm{v}} - \frac{1}{c_\mathrm{p}} \right) \nabla \cdot \boldsymbol{u} \tag{2.84}$$

を得る。この式 (2.84) と，式 (2.79), (2.80), さらにベクトルの関係式 $\nabla^2 \boldsymbol{u} = \nabla(\nabla \cdot \boldsymbol{u}) - \nabla \times \nabla \times \boldsymbol{u}$ を利用すると，$\boldsymbol{u}$ に関する次式を得る。

$$\nabla(\nabla \cdot \boldsymbol{u}) + \frac{\delta}{c_0^2} \nabla \left(\nabla \cdot \frac{\partial \boldsymbol{u}}{\partial t} \right) - \frac{\nu}{c_0^2} \nabla \times \nabla \times \frac{\partial \boldsymbol{u}}{\partial t} = \frac{1}{c_0^2} \frac{\partial^2 \boldsymbol{u}}{\partial t^2} \tag{2.85}$$

ここで，$\nu = \eta/\rho_0$ は**動粘性係数**（dynamic coefficient of viscosity）である。また

$$\delta = \frac{(4/3)\eta + \eta_\mathrm{B} + \kappa(1/c_\mathrm{v} - 1/c_\mathrm{p})}{\rho_0} = \nu \left(\frac{4}{3} + \frac{\eta_\mathrm{B}}{\eta} + \frac{\gamma - 1}{\mathrm{P_r}} \right) \tag{2.86}$$

は，後に示されるように，音波の吸収に関わる物質量である。なお，この式中の $\mathrm{P_r} = \eta c_\mathrm{p}/\kappa$ はプラントル（Prandtl）数である。

さて，粒子速度 $\boldsymbol{u}$ は非回転的な渦なし（irrotational）の成分 $\boldsymbol{u}_i$ と，回転的なソレノイド（solenoidal）成分 $\boldsymbol{u}_r$ に分けることができる。

$$\boldsymbol{u} = \boldsymbol{u}_i + \boldsymbol{u}_r, \quad \nabla \times \boldsymbol{u}_i = 0, \quad \nabla \cdot \boldsymbol{u}_r = 0 \tag{2.87}$$

これらの成分を式 (2.85) に代入すれば，$\boldsymbol{u}_i$ および $\boldsymbol{u}_r$ はそれぞれ

$$\nabla \left[\nabla \cdot \boldsymbol{u}_i + \frac{\delta}{c_0^2} \left(\nabla \cdot \frac{\partial \boldsymbol{u}_i}{\partial t} \right) \right] = \frac{1}{c_0^2} \frac{\partial^2 \boldsymbol{u}_i}{\partial t^2} \tag{2.88}$$

$$\nabla \times \nabla \times \boldsymbol{u}_r = -\nabla^2 \boldsymbol{u}_r = -\frac{1}{\nu} \frac{\partial \boldsymbol{u}_r}{\partial t} \tag{2.89}$$

を満たす。渦なしの $\boldsymbol{u}_i$ は速度ポテンシャル ϕ をもって $\boldsymbol{u}_i = -\nabla \phi$ と表すことができるので，式 (2.88) から波動方程式 (2.90) を導く。

$$\left(1 + \frac{\delta}{c_0^2} \frac{\partial}{\partial t} \right) \nabla^2 \phi - \frac{1}{c_0^2} \frac{\partial^2 \phi}{\partial t^2} = 0 \tag{2.90}$$

ここで，式 (2.86) で得た物質量 δ の物理的な意味を知るために，角周波数 ω の正弦音波の伝搬問題を考えてみる。複素ポテンシャル $\Phi(\boldsymbol{r})$ を用いて $\phi(t, \boldsymbol{r})$ を $\Phi e^{j\omega t}$ とおき，式 (2.90) に代入する。その結果

$$\nabla\Phi + k^2\Phi = 0 \tag{2.91}$$

のヘルムホルツ方程式 (Helmholtz equation) を得る。ここで, 波数 k は複素数となり

$$k^2 = \left(\frac{\omega}{c_0}\right)^2 \frac{1}{1+j\delta\omega/c_0^2} \tag{2.92}$$

である。ふつう, $\delta\omega/c_0^2 \ll 1$ であるので近似的に

$$k = \pm\frac{\omega}{c_0}\left(1 - j\frac{\delta\omega}{2c_0^2}\right) \tag{2.93}$$

になり, 平面波で $+x$ 方向に進む波 $e^{j(\omega t - kx)}$ においては, k の二つの解のうち $+$ 符号成分を取り出し

$$e^{-jkx} = e^{-\alpha x}e^{-j\omega x/c_0}, \quad \alpha = \frac{\delta\omega^2}{2c_0^3} \tag{2.94}$$

を得る。式 (2.94) から, 伝搬につれて波の位相が $\omega x/c_0$ の割合で遅れるが, それに加えて振幅も指数関数 $e^{-\alpha x}$ で減少する。α を音波の**吸収係数**(absorption coefficient)という。この表示式から, 吸収係数は周波数の 2 乗に比例するが, 一般には周波数の複雑な関係式で表されることが多い。

2.2.2 有限振幅音波のモデル式

$\rho = \rho_0 + \rho'$, $P = P_0 + p$ とおき, p と $\boldsymbol{u}$ について, 2 次の微小量まで含めてまとめてみる。散逸項に関わる項もすべて 2 次の微小量とみてよいので, 式 (2.76), (2.83) を参考に

$$p = \left(\frac{\partial p}{\partial \rho}\right)_S \rho' + \frac{1}{2}\left(\frac{\partial^2 p}{\partial \rho^2}\right)_S \rho'^2 - \kappa\left(\frac{1}{c_{\mathrm{v}}} - \frac{1}{c_{\mathrm{p}}}\right)\nabla \cdot \boldsymbol{u} \tag{2.95}$$

また, $(\partial p/\partial \rho)_S = c_0^2$ であり, 式 (2.95) を ρ' について求めると, 近似的に

$$\rho' = \frac{1}{c_0^2}p - \frac{1}{2c_0^6}\left(\frac{\partial^2 p}{\partial \rho^2}\right)_S p^2 + \frac{\kappa}{c_0^2}\left(\frac{1}{c_{\mathrm{v}}} - \frac{1}{c_{\mathrm{p}}}\right)\nabla \cdot \boldsymbol{u} \tag{2.96}$$

となる。自由空間内を伝わる音波の場合, 音場は渦なしで粒子速度 $\boldsymbol{u}$ は $\boldsymbol{u}_i$ 成分だけとみてよい。よって, $\nabla \times \boldsymbol{u} = 0$ とし, ナヴィエ-ストークスの式を利用して

$$\rho_0 \frac{\partial \boldsymbol{u}}{\partial t} + \nabla p = -\left\{ \rho' \frac{\partial \boldsymbol{u}}{\partial t} + \frac{\rho_0}{2}\nabla(\boldsymbol{u}\cdot\boldsymbol{u}) \right\} + \left(\eta_{\mathrm{B}} + \frac{4}{3}\eta\right)\nabla^2 \boldsymbol{u}$$

$$= -\nabla \mathcal{L} + \left(\eta_{\mathrm{B}} + \frac{4}{3}\eta\right)\nabla^2 \boldsymbol{u} \tag{2.97}$$

を，また連続の式と式 (2.96) から

$$\frac{\partial p}{\partial t} + \rho_0 c_0^2 \nabla \cdot \boldsymbol{u}$$

$$= \frac{1}{2c_0^4}\left(\frac{\partial^2 p}{\partial \rho^2}\right)_S \frac{\partial p^2}{\partial t} - c_0^2 \nabla \cdot (\rho' \boldsymbol{u}) - \kappa\left(\frac{1}{c_\mathrm{v}} - \frac{1}{c_\mathrm{p}}\right)\nabla \cdot \frac{\partial \boldsymbol{u}}{\partial t}$$

$$= \frac{1}{2c_0^4}\left(\frac{\partial^2 p}{\partial \rho^2}\right)_S \frac{\partial p^2}{\partial t} + \frac{\kappa}{\rho_0 c_0^2}\left(\frac{1}{c_\mathrm{v}} - \frac{1}{c_\mathrm{p}}\right)\frac{\partial^2 p}{\partial t^2} + \frac{1}{2}\frac{\partial}{\partial t}\left(\rho_0 \boldsymbol{u}\cdot\boldsymbol{u} + \frac{p^2}{\rho_0 c_0^2}\right)$$

$$= \frac{\beta}{\rho_0 c_0^2}\frac{\partial p^2}{\partial t} + \frac{\kappa}{\rho_0 c_0^2}\left(\frac{1}{c_\mathrm{v}} - \frac{1}{c_\mathrm{p}}\right)\frac{\partial^2 p}{\partial t^2} + \frac{\partial \mathcal{L}}{\partial t} \tag{2.98}$$

を得る．なお，式 (2.97), (2.98) の右辺の 2 次量の誘導に際し，線形音場の関係式 $\nabla\cdot\boldsymbol{u} = -(\rho_0 c_0^2)^{-1}\partial p/\partial t$, $\partial\boldsymbol{u}/\partial t = -\rho_0^{-1}\nabla p$, $\rho' = c_0^{-2}p$ を，また非線形係数として $\beta = 1 + \{\rho_0/(2c_0^2)\}(\partial^2 p/\partial \rho^2)_{\rho=\rho_0}$ を用いた．また，式中の $\mathcal{L}$ は $K = \rho_0 \boldsymbol{u}\cdot\boldsymbol{u}/2$ と $U = p^2/(2\rho_0 c_0^2)$ の差を表すラグランジアン $\mathcal{L} = K - U$ である．

次に，式 (2.97) の両辺の発散をとり，右辺の $\nabla\cdot\boldsymbol{u}$ のかわりに $-(\rho_0 c_0^2)^{-1}\partial p/\partial t$ を代入すると

$$\nabla^2 p + \rho_0 \frac{\partial}{\partial t}\nabla\cdot\boldsymbol{u} = -\nabla^2 \mathcal{L} - \frac{\eta_{\mathrm{B}} + 4\eta/3}{\rho_0 c_0^2}\frac{\partial}{\partial t}\nabla^2 p \tag{2.99}$$

となる．さらに，式 (2.98) の両辺に $c_0^{-2}\partial/\partial t$ の演算を施し，$\boldsymbol{u}$ を消すため式 (2.99) と辺々差し引くと，2 次の非線形性を有する次の波動方程式を得る．

$$\nabla^2 p - \frac{1}{c_0^2}\left(1 - \frac{\delta}{c_0^2}\frac{\partial}{\partial t}\right)\frac{\partial^2 p}{\partial t^2} = -\frac{\beta}{\rho_0 c_0^4}\frac{\partial^2 p^2}{\partial t^2} - \nabla^2 \mathcal{L} - \frac{1}{c_0^2}\frac{\partial^2 \mathcal{L}}{\partial t^2} \tag{2.100}$$

ここで，δ はすでに式 (2.86) で与えた，粘性や熱伝導性を含む係数である．また，式 (2.100) の右辺の 2 次項を導く際に，線形音場に対する演算子関係 $\nabla^2 = (1/c_0^2)\partial^2/\partial t^2$ を用いた．なお，境界条件の設定においては，音圧 p よりも速度ポテンシャル ϕ でまとめたほうが便利な場合がある．この場合は，$\boldsymbol{u} = -\nabla\phi$ を式 (2.97) に代入して

$$p = \rho_0 \frac{\partial \phi}{\partial t} - \mathcal{L} - \left(\eta_\mathrm{B} + \frac{4}{3}\eta\right)\nabla^2 \phi \tag{2.101}$$

を求め，これを式 (2.98) に代入してまとめると，以下の式を導く．

$$\nabla^2 \phi - \frac{1}{c_0^2}\left(1 - \frac{\delta}{c_0^2}\frac{\partial}{\partial t}\right)\frac{\partial^2 \phi}{\partial t^2} = -\frac{1}{c_0^2}\frac{\partial}{\partial t}\left[\nabla \phi \cdot \nabla \phi + \frac{B}{2A}\frac{1}{c_0^2}\left(\frac{\partial \phi}{\partial t}\right)^2\right] \tag{2.102}$$

以上，煩雑な演算操作を用いて粘性流体中の非線形波動方程式を導出したが，結局，粘性のない完全流体中で逐次近似法を用いて得た波動方程式 (2.67) または式 (2.68) に，音波吸収項の $(\delta/c_0^4)\partial^3 p/\partial t^3$ を付け加えた式になっていることに気付く．これは，もともと音波吸収効果が 2 次の微小量であることを前提として解析した結果である．

進行波で平面波領域では，音圧 p と粒子速度 u の間に $p = \rho_0 c_0 u$ の関係が成り立つので，ラグランジアン $\mathcal{L}$ は 0 と近似してもよく，波動方程式として

$$\nabla^2 p - \frac{1}{c_0^2}\left(1 - \frac{\delta}{c_0^2}\frac{\partial}{\partial t}\right)\frac{\partial^2 p}{\partial t^2} = -\frac{\beta}{\rho_0 c_0^4}\frac{\partial^2 p^2}{\partial t^2} \tag{2.103}$$

を得る．この式を **Westervelt 方程式**（Westervelt equation）といい，音波の非線形伝搬を計算する出発式として用いることが多い†．

2.2.3 吸収の影響

再び，$+x$ 軸方向に進む有限振幅の平面波に注目する．式 (2.103) から

$$\frac{\partial^2 p}{\partial x^2} - \frac{1}{c_0^2}\frac{\partial^2 p}{\partial t^2} = -\frac{\delta}{c_0^4}\frac{\partial^3 p}{\partial t^3} - \frac{\beta}{\rho_0 c_0^4}\frac{\partial^2 p^2}{\partial t^2} \tag{2.104}$$

を得る．ここで，2.1.4 項で導入した遅延時間を利用して

$$t' = t - \frac{x}{c_0}, \quad x' = x \tag{2.105}$$

とおき，式 (2.104) をこの新しい座標系 (t', x') で観測する．偏微分関係の $\partial/\partial t =$

---

† 本来，Westervelt 方程式は非散逸媒質内での非線形波動方程式，つまり式 (2.103) で $\delta = 0$ としたときの式をいう．

$\partial/\partial t'$, $\partial/\partial x = \partial/\partial x' - (1/c_0)\partial/\partial t'$ を繰り返し，また遅延時間上でみた波形変化に比べて伝搬 $x'(=x)$ 軸上に伴う波形変化は緩やか，つまり $|\partial p/\partial t'| \gg |\partial p/\partial x|$ を考慮すると

$$\frac{\partial^2 p}{\partial x^2} - \frac{1}{c_0^2}\frac{\partial^2 p}{\partial t^2} \approx -\frac{2}{c_0}\frac{\partial^2 p}{\partial t'\partial x} \tag{2.106}$$

に近似できる．ここで，x' は x に置き換えている．この結果を式 (2.104) に代入し，t' に関して 1 回積分を行うことで，有限振幅の平面進行波のモデル式として

$$\frac{\partial p}{\partial x} = \frac{\delta}{2c_0^3}\frac{\partial^2 p}{\partial t'^2} + \frac{\beta}{2\rho_0 c_0^3}\frac{\partial p^2}{\partial t'} \tag{2.107}$$

を得る．式 (2.107) は，式 (2.71) の右辺に音波吸収項の $(\delta/2c_0^3)\partial^2 p/\partial t'^2$ を付け加えたことにほかならない．式 (2.107) の波動モデル式を**バーガース方程式**という．

初期（音源）音圧の振幅を p_0 として，音圧を $\bar{p} = p/p_0$ に，距離を $\sigma = x/x_\mathrm{s}$ 〔x_s は衝撃波形成距離で，式 (2.50) で与えた〕に，さらに代表的な角周波数を ω として，$\tau = \omega t'$, $\Gamma = 2c_0^3/(\delta\omega^2 x_\mathrm{s}) = 2\beta p_0/(\delta\rho_0\omega)$ とおくと，バーガース方程式は

$$\frac{\partial \bar{p}}{\partial \sigma} = \frac{1}{\Gamma}\frac{\partial^2 \bar{p}}{\partial \tau^2} + \frac{1}{2}\frac{\partial \bar{p}^2}{\partial \tau} \tag{2.108}$$

に無次元化できる．ここで，Γ は非線形（βp_0 に対応）と吸収（$\delta\rho_0\omega$ に対応）の大小関係を表し，**Gol'dberg 数**（Gol'dberg number）と呼ばれる．非線形性が音波吸収よりも音場に与える影響が支配的な場合は $\Gamma \gg 1$ であり，逆に音波吸収が強い場合は $\Gamma \ll 1$ になる．バーガース方程式は，新しい関数 ψ と $\bar{p}$ とに非線形な**コール-ホップ変換**

$$\bar{p} = \frac{2}{\Gamma}\frac{\partial \ln \psi}{\partial \tau} \tag{2.109}$$

を施すと，ψ に関して線形な熱伝導方程式

$$\frac{\partial \psi}{\partial \sigma} = \frac{1}{\Gamma}\frac{\partial^2 \psi}{\partial \tau^2} \tag{2.110}$$

が得られ，解析的に解ける。

ところで，$\Gamma \gg 1$ が満たされる条件に対し，近似の **Fay の解**（Fay solution）

$$\bar{p} = \frac{2}{\Gamma} \sum_{n=1}^{\infty} \frac{\sin n\tau}{\sinh[n(1+\sigma)/\Gamma]} \tag{2.111}$$

が利用できる。この Fay の解を用いると，$\sigma \gg 1$ においては，第 n 次高調波の振幅は $e^{-n\alpha x}$ に比例し，粘性や熱伝導性に基づく線形吸収 $e^{-n^2\alpha x}$ と比べて距離減衰が少ないことが予想される。また，$\sigma \gg \Gamma \gg 1$ が満たされる領域では基本波成分のみが生き残り，その大きさは $p \approx \{4\alpha\rho_0 c_0{}^3/(\beta\omega)\}e^{-\alpha x}\sin\omega t'$ であって，初期振幅 p_0 を含まなくなる。これは飽和現象の発生を意味する[5),6)]。

ここで，バーガース方程式の解を，周波数領域で数値的に求める手法を紹介する。式 (2.108) を解くために，解をフーリエ級数に展開し

$$\bar{p} = \frac{1}{2j}\left(\sum_{n=1}^{\infty} \bar{P}_n e^{jn\tau}\right) + \text{c.c.} \tag{2.112}$$

とおいて式 (2.108) に代入する。その結果，$P_n(\sigma)$ は第 n 次高調波の複素振幅で，n 次のフーリエ係数に対して次の方程式を得る。

$$\frac{d\bar{P}_n}{d\sigma} = -\frac{n^2}{\Gamma}\bar{P}_n + \frac{n}{4}\left(\sum_{m=1}^{n-1} \bar{P}_m \bar{P}_{n-m} - 2\sum_{m=n+1}^{\infty} \bar{P}_m \bar{P}^*_{m-n}\right) \tag{2.113}$$

ここで，記号 $*$ は複素数共役を意味する。式 (2.113) の右辺括弧内で，第 1 項の $\sum_{m=1}^{n-1}\bar{P}_m\bar{P}_{n-m}$ は注目する次数 n よりも低い次数の周波数成分どうしの相互作用から発生する和周波数成分であり，第 2 項の $-2\sum_{m=n+1}^{\infty}\bar{P}_m\bar{P}^*_{m-n}$ は n よりも高次の成分どうし，あるいは高次と低次の成分の相互作用から発生する差周波数成分である。例えば，注目する次数を $n=5$ としたとき，前者の組合せは 2 通りで，$m=1$ の基本波と $m=4$ の第 4 高調波の相互作用，および $m=2$ の第 2 高調波と $m=3$ の第 3 高調波の相互作用から発生する成分を示し，したがって低次成分から $n=5$ 成分に流れ込むエネルギーを示す。一方，後者は，$m=6$ と $m=1$，$m=7$ と $m=2$，$\cdots$，$m=10$ と $m=5$，$m=11$ と $m=6$，$\cdots$ というように，基本的には無数の組合せから発生する成分で，

$n = 5$ の成分から他の成分に流れ出るエネルギーを示す。

ところで，音圧 $\bar{P}_n$ を決定するためには境界条件が必要となる。いまの場合は，$\sigma = 0$ で初期音圧 $\sin\tau$ を与える，すなわち $\bar{P}_1 = 1$，それ以外のすべての $\bar{P}_n$ を 0 とする条件である。この条件から式 (2.113) の右辺第 2 項は実数になり，したがって $\bar{P}_n$ $(n \geqq 2)$ も実数になり，第 n 次高調波に $\cos n\tau$ は現れず，$\sin n\tau$ のみが残る。すなわち

$$\bar{p} = \sum_{n=1}^{\infty} \bar{P}_n \sin n\tau \tag{2.114}$$

となる。これより $\bar{p}$ は τ に関する奇関数であり，吸収のない場合と同様に，波形は上下で反対称となる。

式 (2.113) を差分化して音圧 $\bar{P}_n$ を求めるのに，本来，総和項 $\sum_{m=n+1}^{\infty} \bar{P}_m \bar{P}_{m-n}^*$ は m の無限次数まで考慮して計算しなければならない。しかし，実際は，これ以上次数を含めても計算結果に変化ない時点で次数を打ち切る。すなわち，無限を有限次数 M に置き換えて，$\sum_{m=n+1}^{M} \bar{P}_m \bar{P}_{m-n}^*$ で代用する。

図 2.8 は，n を第 20 高調波まで考慮した，つまり $M = 20$ としての数値計算により $\bar{P}_n$ $(n = 1 \sim 4)$ を求めた結果である[†]。ここで，$\Gamma = 10$ としている。点線の吸収がない場合は図 2.5 の結果と同じであって，そのときよりも基本波，高調波の振幅が小さくなっている。音波吸収が存在すると，吸収がないときに

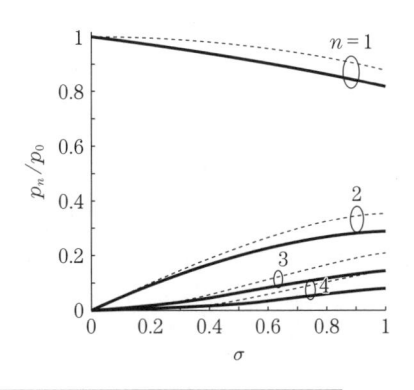

図 2.8 吸収減衰がある場合（$\Gamma = 10$：実線）とない場合（点線）の高調波波形。点線のデータは図 2.5 の実線と同じ。

[†] 式 (2.108) の数値計算法の詳細については，4 章 4.1.2 項で述べる。

比べて音波のエネルギーが減ることから非線形性が弱くなり,伝搬に伴う高調波の発生は弱まる。それに加えて,発生した高調波の振幅は吸収によっても減る。したがって,吸収がないときよりも各周波数成分の振幅は全体的に小さくなる。

2.2.4 回折のひずみ波形への影響

現実に利用される超音波は平面波でなく,横方向に有限の幅をもつビームである。音響ビームは,その伝搬方向を z 軸としたときに,回折効果により,x 軸,y 軸方向に拡がったり,逆に集束したりする。3 次元の非線形モデル式は,Westervelt 方程式として,式 (2.103) で与えられている。

$$\nabla^2 p - \frac{1}{c_0^2}\left(1 - \frac{\delta}{c_0^2}\frac{\partial}{\partial t}\right)\frac{\partial^2 p}{\partial t^2} = -\frac{\beta}{\rho_0 c_0^4}\frac{\partial^2 p^2}{\partial t^2} \qquad 再掲 (2.103)$$

$+z$ のみに進むビームに注目して遅延時間 $t' = t - z/c_0$ を導入し,Westervelt 方程式を t' で書き表す。そして,2.2.3 項で行ったと同様な近似

$$\frac{\partial^2 p}{\partial z^2} - \frac{1}{c_0^2}\frac{\partial^2 p}{\partial t^2} \approx -\frac{2}{c_0}\frac{\partial^2 p}{\partial t' \partial z} \qquad (2.115)$$

を利用すると

$$\frac{\partial^2 p}{\partial t' \partial z} - \frac{c_0}{2}\nabla_\perp^2 p - \frac{\delta}{2c_0^3}\frac{\partial^3 p}{\partial t'^3} = \frac{\beta}{2\rho_0 c_0^3}\frac{\partial^2 p^2}{\partial t'^2} \qquad (2.116)$$

を得る。ここで,$\nabla_\perp^2 = \partial^2/\partial x^2 + \partial^2/\partial y^2$ は x,y 平面での 2 次元ラプラシアンである。式 (2.116) は,左辺第 2 項が伝搬に伴う波の拡がり,すなわち回折を,第 3 項は音波吸収を,また右辺は非線形性を表し,波のこれら三つの基本特性を簡潔にまとめた表示となっている。式 (2.116) を **KZK 方程式**(Khokhlov-Zabolotskaya-Kuznetsov equation)といい,超音波ビームの非線形伝搬を解析する際によく利用するモデル式である。なお,吸収項は周波数 2 乗則を満たす吸収減衰を表すが,より一般的に周波数の n 乗(n は正の非整数)に比例する場合の表現も提案されている [7]。

円形開口のピストン音源のように,z 軸(音軸)に対称な音場では,式 (2.116)

は円筒座標系 (r,z) $(r=\sqrt{x^2+y^2})$ をもって表すと解析に便利である。$\nabla_\perp^2 = \partial^2/\partial r^2 + (1/r)\partial/\partial r = (1/r)(\partial/\partial r)(r\partial/\partial r)$ なので，以下の式を導く。

$$\frac{\partial^2 p}{\partial t' \partial z} - \frac{c_0}{2r}\frac{\partial}{\partial r}\left(r\frac{\partial p}{\partial r}\right) - \frac{\delta}{2c_0^3}\frac{\partial^3 p}{\partial t'^3} = \frac{\beta}{2\rho_0 c_0^3}\frac{\partial^2 p^2}{\partial t'^2} \qquad (2.117)$$

KZK 方程式は，z に関する 2 階の微分項 $\partial^2 p/\partial z^2$ を無視することで導かれており，この誘導過程は**放物近似**（parabolic approximation），あるいは**近軸近似**（paraxial approximation）に対応する。よって，$ka \gg 1$ を満たす半径 a のピストン円板において，$z \gtrsim (ka)^{1/3}a$ の，音軸を中心にビーム角（半開口角）15° 程度以内の円すい内が適用領域となる [8]。

回折はビームの形状（指向性や集束度など）を決める重要な物理現象であって，非線形伝搬にも大きな影響を与える。ここではその一例を示す。**図 2.9** は，焦点距離 85 mm，周波数 1.9 MHz の集束音波を焦点で観測した例である。波形は山が鋭く，谷が緩やかなもので，上下で反対称な波形ではなく非対称となる。これは，回折がない場合に，sin 波によって sin 波だけが生じるのと異なり，cos 波も生じることに起因している。それは sin 波が伝搬途上で徐々に cos 波に移行していくためであり，その原因は高調波での見掛けの伝搬速度の違いによって生じる位相シフトにある。回折は周波数が高くなるほど弱くなるという周波数依存性があるため，このような波形の非対称性が起こる。媒質の速度分散によっても波の非対称性は起こる。2.2.3 項までの議論では，伝搬速度は周波数に依存しないとしたため，波形ひずみが徐々に大きくなる蓄積効果があった。しかし，回折や速度分散の影響で，必ずしも単調にひずみが蓄積せず，ある距離から伝搬とともにひずみが，むしろ小さくなることもある [9]。

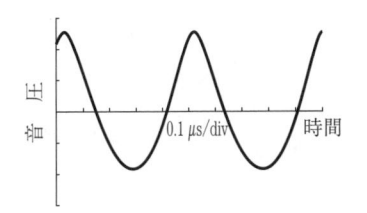

図 2.9 集束音波における波形ひずみの観測例

2.3 N 波および不規則音

2.3.1 N 波の伝搬

音速を超えて飛行する旅客機の開発でいつも話題になるのが，ソニックブーム（sonic boom）である[10),11)]。ソニックブームとは，超音速の飛翔体から発生する衝撃波で，その飛翔体のまわりの空気が急激に圧縮されることに起因している。その衝撃波の波形はアルファベットのN字に似ていることから，**N 波**（N wave）と呼ばれることもある。N 波はソニックブームばかりでなく，放電やマッハ数が数十を超えるような隕石の大気圏突入の際にもみられる。

図 **2.10** にソニックブームの典型的な波形を示す。ソニックブームは，大気中の温度不均質内を透過する際に，また気流の影響に起因して，N 形状から崩れて観測されることが多い。ソニックブームの一つの特徴は，波の始まりと終わりに現れる衝撃波面であって，その厚さは気体分子運動の平均自由行程の数倍程度まで薄くなることがあるといわれている。その波面できわめて短時間に音圧が急上昇することから，家屋の窓ガラスを大きく揺すり，最悪には破損する物理的なダメージを与える。それに並行して，騒音としての心理的ダメージも大きい。代表値として，音圧の上昇量（ブーム強度）p_0 は 30 ～ 200 Pa，継続時間 T は 100 ～ 300 ms，立ち上がり時間 τ_r は 2 ～ 10 ms 程度である[12)]。

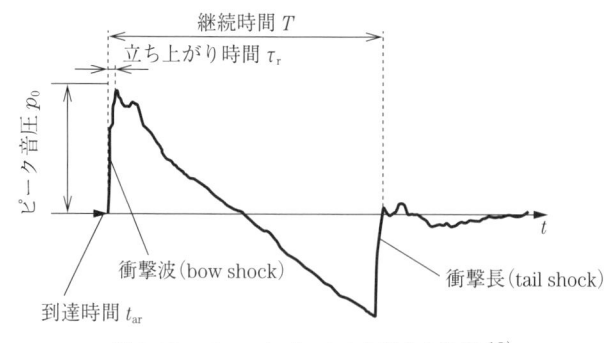

図 **2.10** ソニックブームの典型的な波形[12)]

2.3 N 波および不規則音

　N 波のもう一つの特徴は，波のもつ音響エネルギーが伝搬に伴い全体的に低周波側に移動し，図 2.7 に示すのこぎり波に比較して，波の振幅の減衰が少なくなるということである．これについては，以下のように説明される．解析を容易にするため，音波吸収のない 1 次元の有限振幅音波の伝搬を対象とする．そして，音源での波形は図 **2.11** のように 1 周期の正弦波パルスの半周期だけ取り出し，三角波 ABC で近似する．ここで，横軸は先の $\tau = \omega(t - x/c_0)$ で，c_0 で動く座標でみた無次元の時間を示す．この場合の ω は $2\overline{\mathrm{CA}}$ を 1 周期としての角周波数である．

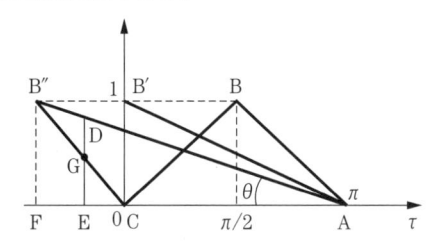

図 2.11 N 波のモデル図で，正の音圧領域のみを表示

　さて，伝搬につれ波面が前かがみにひずみ，$\sigma = \pi/2$ のときに完全な衝撃波面 $\overline{\mathrm{B'C}}$ になるが（2.1.5 項参照），それ以降は等面積の理論に従って波面が進む．すなわち，$\triangle \mathrm{ABC} = \triangle \mathrm{AB'C} = \triangle \mathrm{AB''C}$ が成り立つ．また，$\tan\theta = 1/\overline{\mathrm{AF}}$，$\sigma > \pi/2$ では $\overline{\mathrm{AF}} = \pi + (\sigma - \pi/2) = \pi/2 + \sigma$ なので，$\triangle \mathrm{B''GD} = \triangle \mathrm{GEC}$ から $\pi/2 = (\overline{\mathrm{AE}}^2 \tan\theta)/2 = \overline{\mathrm{AE}}^2/[2(\sigma + \pi/2)]$ になる．以上より，$\overline{\mathrm{AE}} = \pi\sqrt{1/2 + \sigma/\pi}$ に，$\tan\theta = 1/(\sigma + \pi/2)$ から不連続波面の振幅 $\overline{\mathrm{DE}} = \overline{\mathrm{AE}}\tan\theta$ は $1/\sqrt{1/2 + \sigma/\pi}$ になる．結局，三角波のエネルギー W はその波形を 2 乗して時間幅 $\overline{\mathrm{AE}}$ 内で積分すればよく

$$W = \frac{W_0}{\sqrt{1/2 + \sigma/\pi}}, \quad \sigma > \pi/2 \tag{2.118}$$

を得る．ここで，W_0 は初期のエネルギーである．このように N 波のエネルギーは，距離 σ の平方根に反比例して減少する．一方，図 2.7 に示したのこぎり波にあっては，式 (2.54) から

$$W = \frac{W_0}{(1 + \sigma)^2} \tag{2.119}$$

になる。よって、距離 σ の2乗に反比例し、N 波に比べてエネルギーの減衰は大きい[13]。現実の3次元空間では、球面拡散や空中の音波吸収効果が重畳し、エネルギー距離減衰は式 (2.118) で予想されるよりも大きくなる。特に、大気中の不均質な温度分布や乱流などで音速が変化し、それが起因して局所的に振幅が大きくなる（幾何音響の分野では caustic として取り扱われる）場合もある。平均として、乱流を通過するソニックブームの立ち上がり時間 τ_r は、乱流がない場合と比較して長くなり、振幅も減少するが、全体の 10 % 程度はそれらの逆の効果として現れるとのモデル実験報告がある[12]。なお、図 2.11 において、波面 $\overline{\mathrm{DE}}$ が $\overline{\mathrm{B'C}}$ よりも τ 軸上で左に存在するので、衝撃波面は微小振幅の波よりも時間的に早く到達することになる。

2.3.2 不規則音の伝搬

N 波を例とするパルス状の波形以外に、不規則に変動する有限振幅音波も日常遭遇することがある。その端的な例は航空機騒音である。場所は限定されるが、ロケットの発射に伴う轟音もこの例に当てはまる[14]。ところで、有限振幅の正弦波は伝搬につれて波形がのこぎり波状にひずんで高調波が発生し、また二つの周波数成分から構成される波にあっては、それらの高調波のほかに差音や和音の結合成分の発生も予想される（結合音の詳細な取扱いは、3章で述べる）。このことは、スペクトルの広帯域化を意味する。すなわち、不規則に振幅や周波数（あるいは位相）が変動する有限振幅音波では多くの周波数成分間で相互作用が起こり、スペクトルは拡がる。この種の騒音では、伝搬距離とともに高周波および低周波側にスペクトルが拡がり、騒音源の近くで狭帯域なスペクトルであっても、音源から離れた位置では広帯域なスペクトルとして観測される。したがって、対象とする周波数成分によっては、音波吸収や球面拡散に基づく線形予想の距離減衰量よりも実質上少なく観測されることがある。

図 **2.12** は、四つのジェットエンジンを有する航空機から放射される広帯域騒音のスペクトルを、1/3 オクターブバンドのフィルタで分析した実験結果である[15]。航空機から $R_1 = 262$ m 離れた位置から $R_2 = 345$ m、R_2 から

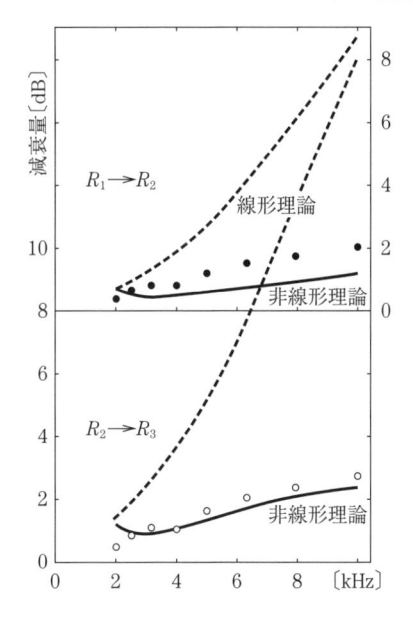

図 2.12 ジェットエンジン騒音のスペクトル[15]

$R_3 = 501$ m 離れた位置との距離減衰を，破線の線形理論とともに描いている。例えば，8 kHz の周波数成分に注目すると，$R_2 \to R_3$ の 156 m の距離において，線形伝搬が仮定されるならば 12 dB 減衰するはずの予測値が，観測データでは 2 dB 減衰するにとどまっている。このように，明らかに線形理論で予測されるよりも減衰は少なく，特に高周波成分においてこの効果は顕著である。

周波数成分の移動は高周波側のみならず低周波側にも起こる。図 2.13 はその結果である[16]。音響管内に，初期音圧レベルとして 160 dB の有限振幅の不規則音波を放射し，スピーカ近傍と 25.9 m 離れた位置で測定した時間波形を (a) に示す。伝搬につれて衝撃波が現れて波面が急峻になるが，これは高周波成分が新たに現れ，全体的に高周波のスペクトルが上昇する。一方，不規則に変化する振幅のうち振幅の大きな波は衝撃波面を形成して c_0 よりも速く伝搬し，小さな振幅の波を"飲み込む"。したがって，単位時間当りのゼロクロス回数が減り，低周波の周波数成分が全体的に増す。このように，本来もっている不規則音のエネルギーは減って振幅は減少するものの，全体的にスペクトルの広帯域化が起きる。この現象は，有限振幅の不規則音波の大きな特徴である。不規

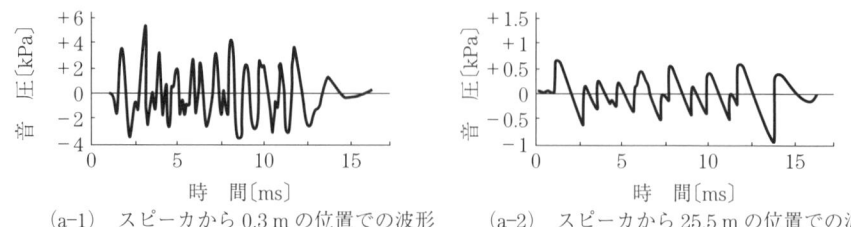

(a-1) スピーカから 0.3 m の位置での波形　　(a-2) スピーカから 25.5 m の位置での波形

(a) 時間波形（初期音圧 160 dB）

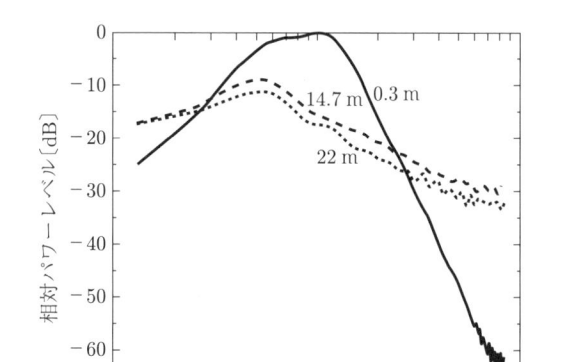

(b) 初期パルスの音圧レベル

図 **2.13** 音響管を利用した不規則音波の非線形伝搬 [16]

則音の非線形伝搬に対する数値シミュレーションについては4章に譲る。また，不規則信号を特徴付ける各種統計量についての議論は，文献 17) に詳しい。

　ところで，対流圏においては高度 1 km につきおよそ 6.5°C の割合で温度が低下する。また，その圏内では雲や気流が発生し，同時に時間的にも空間的にもめまぐるしく変化するので，大気中の音伝搬を議論することは思いのほか複雑になる。大気を非均質媒質としてとらえて理論解析が試みられており，いくつかのモデル式が提案されている [18]～[20]。このような理論的な側面ばかりでなく，衝撃波やN波の精密な測定には高周波まで受音できるマイクロホンの開発，特に超音波領域の音圧校正など，実験面の整備も必要になってくる。

引用・参考文献

1) エリ・ランダウ,イエ・リフシッツ,竹内 均 訳:流体力学 2, 94 節,東京図書 (1972)
2) 畑岡 宏:分布している音源からの放射音場,日本音響学会誌, **24**, pp. 126-133 (1968)
3) J. L. S. Bellin ans R. T. Beyer : Experimental investigation of an end-fire array, J. Acoust. Soc. Am., **34**, pp. 1051-1054 (1962)
4) 押田勇雄,藤城敏幸:熱力学,裳華房 (1972)
5) D. A. Webster and D. T. Blackstock : Finite-amplitude saturation of plane sound waves in air, J. Acoust. Soc. Am., **62**, pp. 518-523 (1977)
6) L. Gaete-Garreton and J. A. Gallego-Juarez : Propagation of finite-amplitude ultrasonic waves in air–II. Plane waves in air, J. Acoust. Soc. Am., **73**, pp. 768-773 (1983)
7) F. Prieu and S. Holm : Nonlinear acoustic wave equations with fractional loss operator, J. Acoust. Soc. Am., **130**, pp. 1125-1132 (2011)
8) F. B. Jensen, W. A. Kuperman, M. B. Porter and H. Schmidt : Computational Ocean Acoustics, Chap. 6, Springer (2000)
9) 斎藤繁実:集束音波の波形ひずみの特性と計測への応用,電子情報通信学会論文誌 A. **J91-A**, pp. 108-1115 (2008)
10) 河村龍馬:ソニックブーム,日本音響学会誌, **28**, pp. 432-437 (1972)
11) 五十嵐寿一:ソニックブームの影響,日本音響学会誌, **29**, pp. 734-737(1973)
12) B. Lipkens and D. T. Blackstock : Model experiment to study sonic boom propagation through turbulence. Part I: General results, J. Acoust. Soc. Am., **103**, pp. 148-158 (1998)
13) A. Nakamura : Comparison of energy dissipation between N and repeated sawtooth waves with finite amplitude, J. Acoust. Soc. Jpn. (E), **4**, pp. 1-4 (1983)
14) S. A. Mclnerny and S. M. Ölçmen : High-intensity rocket noise: Nonlinear propagation, atmospheric absorption, and characterization, J. Acoust. Soc. Am., **117**, pp. 578-591 (2005)
15) C. L. Morfey : Aperiodic signal propagation at finite amplitudes: Some practical applications, in Proc. of 10th International Symposium on Nonlin-

ear Acoustics, edited by A. Nakamura, pp. 199-206, Teikohsha Press (1984)
16) F. M. Pestorius : Propagation of plane acoustic noise of finite amplitude, ART-TR-73-23, Applied Research Laboratories, The University of Texas at Austin (1973)
17) S. N. Gurbatov and O. V. Rudenko : Statistical Phenomena, in Nonlinear Acoustics, edited by M. F. Hamiton and D. T. Blackstock, Chap. 13, Academic Press (1998)
18) R. O. Cleveland, J. P. Chambers, H. E. Bass, R. Raspet, D. T. Blackstock and M. F. Hamilton : Comparison of computer codes for the propagation of sonic boom waveforms through isothermal atmospheres, J. Acoust. Soc. Am. **100**, pp. 3017-3027 (1996)
19) M. V. Averiyanov, V. A. Khokhlova, Ph. Blanc-Beron and R. O. Cleveland : Diffraction of nonlinear acoustic waves in inhomogeneous moving media, Proc. of Forum Acusticum in Budapest, pp. 1403-1408 (2005)
20) F. Coulouvrat : Sources and propagation of atmospherical acoustic shock waves, in Proc. of 19th International Symposium on Nonlinear Acoustics, edited by T. Kamakura and N. Sugimoto, AIP, pp. 19-28 (2012)

3 非線形音波の応用

非線形音響の応用は，二つに大別できる。その一つは，単一周波数駆動のときに発生する高調波や，多周波数駆動のときに発生する差周波数成分など結合音を利用する場合である。もう一つは，非線形効果によって発生する直流的な圧力や媒質の流れを利用する場合である。後者については，音響放射圧，音響流が対象であり，これらに対応する各章で紹介する。したがって，本章では，高調波や結合音の応用に絞って述べる。

3.1 非線形パラメータ B/A

3.1.1 非線形パラメータの測定法

2章 2.1.1 項で述べたように，媒質の弾性的非線形性の大きさを表す非線形パラメータ B/A は，音波のひずみの度合いを決める重要な媒質定数である。また，ρ_0，c_0 や吸収係数 α などの線形的な音響パラメータによって材料の差異を識別したり，材料の種類を推定するとき，B/A に注目すれば，より確実な材料の同定，識別が可能となる。生体組織の B/A 測定や，それによる病変の診断技術の開発も試みられている。非線形パラメータ B/A の測定方法は次の2通りに大別される。

〔1〕 **熱力学的方法**

エントロピー S を一定としたときの圧力 P と密度 ρ の関係式 (2.13) から

$$\frac{B}{A} = \frac{\rho_0}{c_0^2}\left(\frac{\partial^2 P}{\partial \rho^2}\right)_S \tag{3.1}$$

を得るが，音速が $c^2 = (\partial P/\partial \rho)_S$ で与えられ，$(\partial c/\partial \rho)_S = (\partial c/\partial P)_S (\partial P/\partial \rho)_S = c_0^2 (\partial c/\partial P)_S$ の関係から，式 (3.1) は

$$\frac{B}{A} = 2\rho_0 c_0 \left(\frac{\partial c}{\partial P}\right)_S \tag{3.2}$$

とも書き換えられ，音速の圧力依存性の測定結果から B/A が算出できる．式 (3.2) の添字 S は断熱変化を意味する等エントロピー条件を表す．断熱状態では，圧力 P を変えると温度 T も変わるから，音速は圧力と温度に依存して

$$dc = \left(\frac{\partial c}{\partial P}\right)_T dP + \left(\frac{\partial c}{\partial T}\right)_P dT \tag{3.3}$$

である．エントロピー $S(P,T)$ が一定の条件において体積 V の液体については

$$\frac{dT}{dP} = \left(\frac{\partial T}{\partial P}\right)_S = -\frac{(\partial S/\partial P)_T}{(\partial S/\partial T)_P} = \frac{(\partial V/\partial T)_P}{\rho_0 V c_{\mathrm{p}}/T} \tag{3.4}$$

の関係が成り立つ[1]．式 (3.4) を式 (3.3) に代入して

$$\left(\frac{\partial c}{\partial P}\right)_S = \left(\frac{\partial c}{\partial P}\right)_T + \frac{T}{\rho_0 c_{\mathrm{p}} V}\left(\frac{\partial V}{\partial T}\right)_P \left(\frac{\partial c}{\partial T}\right)_P \tag{3.5}$$

を得る．これと式 (3.2) から

$$\frac{B}{A} = 2\rho_0 c_0 \left(\frac{\partial c}{\partial P}\right)_T + \frac{2c_0 T}{c_{\mathrm{p}} V}\left(\frac{\partial V}{\partial T}\right)_P \left(\frac{\partial c}{\partial T}\right)_P = \left(\frac{B}{A}\right)' + \left(\frac{B}{A}\right)'' \tag{3.6}$$

と書ける．ここで，T は絶対温度，c_{p} は定圧比熱，$(\partial V/\partial T)_P/V$ は体積熱膨張係数である．断熱変化の途上での音速変化を測定することの技術的困難のため，式 (3.2) のかわりに，式 (3.6) により，音速の圧力依存性，温度依存性を測定データとして得て，さらに ρ_0, c_0, T, c_{p} および膨張係数の測定値から B/A を算出する方法がとられる[2]．この方法を**熱力学的方法**（thermodynamic method）という．

本方法で多くの液体の B/A 値が求められている．あらゆる均一な液体のなかで水の B/A 値が最も小さく 5 程度であり，B/A 値の大きいものは 12 程度に達

する。式 (3.6) の第 1 項 $(B/A)'$ と第 2 項 $(B/A)''$ の絶対値を比べると $(B/A)'$ が圧倒的に大きい。$(B/A)''$ は負であることもある。

一方，断熱変化を実現できれば，式 (3.2) より，音速の圧力依存性からただちに B/A が求められ，測定が簡便になる。$(B/A)'$ が卓越する場合，断熱変化の制約は最重要でない。図 **3.1** のように，圧力容器に封入した試料をあらかじめ数気圧に加圧し，急激（数秒以内）に圧力を開放して，開放の前後での音速変化を測定する[3),4)]。仮に，3 気圧だけ加圧した水を開放したときの音速変化 Δc を式 (3.2) で試算すると，$\Delta c = -(B/A)\Delta P/(2\rho_0 c_0) = -0.5$ m/s で，音速 1500 m/s に比べてわずかである。したがって，音波の位相シフトを測定したり，受波信号の位相が常に一定になるよう PLL 制御した送波信号の周波数を測定するなど，高感度に音速の変化を測定する方法がとられる。この程度の音速変化は音速の温度依存性（水では，室温において 1°C でおよそ 4 m/s の音速変化がある）に紛れてしまう量なので，温度ドリフトが影響しないように測定系を温度制御することが最重要となる。

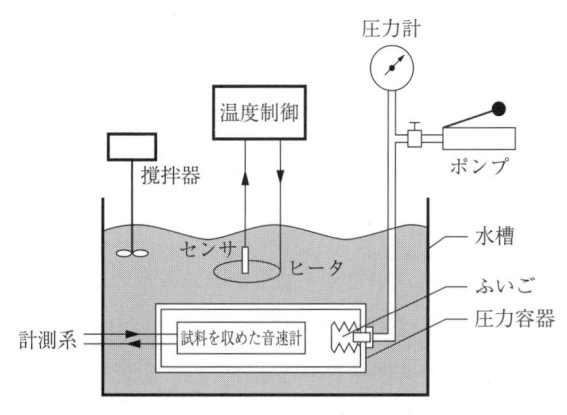

図 **3.1** 等エントロピー位相法の加圧装置

本方法は，広義には熱力学的方法に含まれるが，**等エントロピー位相法**（isentropic phase method）あるいは**位相比較法**（phase comparative method）とも呼ばれる。

〔2〕 有 限 振 幅 法

減衰と回折を無視すると，2章の式 (2.49) から第 2 高調波の振幅は，$x \ll x_{\mathrm{s}}$ のひずみが小さい領域で，音源から $x = l$ の位置において

$$p_2 = \frac{\beta \omega l}{2\rho_0 c_0^3} p_0^2 \tag{3.7}$$

である。したがって，音波の伝搬途上で p_2，l を測定すると，ω，p_0，ρ_0，c_0 が既知であれば，$\beta = 1 + B/(2A)$ が求まる。この原理で，有限振幅の正弦波音波を送波したときの伝搬音波の第 2 高調波成分から，非線形パラメータ B/A の大きさを求めるのが**有限振幅法**（finite-amplitude method）である [5]。図 **3.2** (a-1)，(a-2) に測定系の構成を示す。(a-1) は液体の場合，(a-2) は生体軟組織のような半固体の場合である。実際の音源，媒質では回折，減衰の影響を受けるので，それを考慮したデータ処理が必要である。この点で，有限振幅法は上述の熱力学法よりも測定精度が低くなる欠点がある。しかし，加圧装置や厳しい温度制御を必要としない簡便性という利点がある。

| (a-1) | (a-2) | (b) 挿入置換法 |

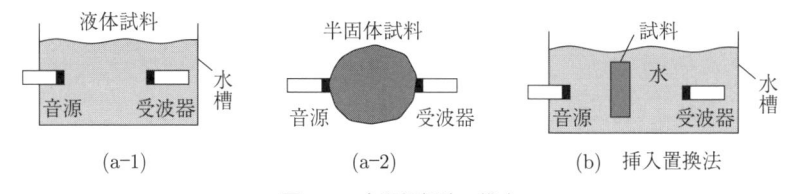

図 **3.2** 有限振幅法の構成

p_0 が既知でなければならないため，感度が既知の音源または受波器が必要である。しかし，図 3.2 (b) のような挿入置換法では，p_0 の測定は不要になる。ここでは，音響定数が既知の基準媒質（例えば，水）を音響カプラとする測定系を構成して，一度基準データを収集した後に，一部の伝搬路を測定媒質で置き換えて測定する [6]。この挿入置換法の一つに，集束音波の焦点近傍だけを測定媒質に置き換えて 0.1 ml 程度の小体積で B/A 値を測定する方法が実現されている [7],[8]。

β が負値 (-5.79) である石英で挟んだ液体試料に透過させる零位法がある。$\beta > 0$ の試料中と，石英中で発生した第 2 高調波が相殺し，第 2 高調波振幅が 0 となる試料長から B/A を算出する[9]。有限振幅音波では，波形ひずみに伴い，基本波振幅が低下する。そこで，微小振幅と有限振幅の 2 通りの送波レベルで基本波成分の減衰を測定し，その差から B/A を算出する方法もある[10]。これらの方法は，波形ひずみを用いている点において，広義には有限振幅法に含まれる。

3.1.2 非線形パラメータの特性

液体における B/A 測定値の例を，表 **3.1** に示す。空気の $B/A = (\gamma - 1)/2$

表 **3.1** 各種液体における非線形パラメータ B/A の測定例

試料	B/A	備考
空気	0.4	$20°C$
水	4.16	$0°C$
	4.96	$20°C$
	5.38	$40°C$
	5.67	$60°C$
	5.96	$80°C$
メタノール	8.6	CH_3OH
エタノール	9.3	C_2H_5OH
n-プロパノール	9.5	C_3H_7OH
n-オクタノール	10.7	$C_8H_{17}OH$
n-デシルアルコール	10.7	$C_{10}H_{21}OH$
アセトン	8.0	$(CH_3)_2CO$
メチルエチルケトン	8.8	$C_2H_5COCH_3$
メチルブチルケトン	9.0	$CH_3CO(CH_2)_3CH_3$
メチルペンチルケトン	9.0	$CH_3CO(CH_2)_4CH_3$
酢酸エチル	8.7	$CH_3COOCH_2CH_3$
酢酸ブチル	9.2	$CH_3COOCH_2(CH_2)_2CH_3$
酢酸ヘキシル	9.9	$CH_3COO(CH_2)_5CH_3$
コーン油	10.7	$20°C$
オリーブ油	11.1	$20°C$
ひまし油	11.3	$20°C$
シリコーン油	11.4	$20°C$

[出典] J. Banchet and J. D. N. Cheeke: J. Acoust. Soc. Am. **108**, pp. 2754-2758 (2000)

も併せて示す。他の液体に比べ，水の B/A は温度変化が著しいという特徴がある。水には，分子内の原子がイオン化して他の分子と結合している結合水と，他と結合しないで自由に動ける自由水の2通りがある。結合水では分子間の結合が強く，これを非線形領域まで振動させるには，強い音圧が必要で，したがって，非線形性が小さい。一方，自由水の自由な分子は小さな圧力で大きく振動するので，非線形性が大きい。結合水で $B/A = 0.4$，自由水で $B/A = 8.0$ と推定されている。結合水と自由水の混合物である通常の水では，温度の上昇により水の分子運動が激しくなるため，水分子間の水素結合が壊れ，結合水の割合が減少する。このため，水では温度上昇とともに B/A が大きくなると考えられる[11]。

水は純粋な液体のなかでは，B/A 値が最も低い。アルコール類の B/A 値は全般的に大きい。そのなかでも炭素量が多く，したがって鎖長が大きいほど B/A が大きくなる。炭素結合の非線形性が大きいためと考えられる。炭素鎖がより長い油や脂肪などの油脂では，さらに大きな B/A 値となる。このように B/A 値は物質の分子構造を顕著に反映する。

3.1.3　生体関連試料の非線形パラメータ

生体組織における B/A 値の測定例を表 **3.2** に示す。

人体の 70 %は水分であるが，タンパク質や脂肪が加わることによって水の B/A 値より大きくなる。また，組織の部位や，病変の有無によって B/A 値に差異が生じる。脂肪の B/A 値が大きいので，脂肪肝の B/A 値が大きくなっている。肝硬変のような病変でも，組織中の水分が減少したり，自由水の割合が増したりするため，B/A 値が増加する。生体組織を模擬する試料として，タンパク質を構成するアミノ酸の水溶液における B/A 値が測定された[12),13]。アミノ酸の添加により B/A 値が増加し，その増加率はアミノ酸の種類によって異なる。

図 **3.3** は，水溶液のモル濃度の増加に対する B/A 値の増加率が，側鎖の炭素数とともに小さくなることを示している。また，同じ炭素数では，側鎖の構

表 3.2 非線形パラメータ B/A の測定例（生体試料）

試料	温度 [°C]	B/A	方法	備考
血液 *1	26	6.1	有限振幅法	
	〃	7.3	〃	凝固
肝臓 *2	37	6.75	等エントロピー位相法	健常
	〃	7.46	〃	軽度の脂肪肝
	〃	9.12	〃	重度の脂肪肝
豚肝臓 *1	26	6.9	有限振幅法	健常
	〃	7.8	〃	軽度の肝硬変
	〃	8.5	〃	重度の肝硬変
	〃	8.8	〃	肝懐死
胸脂肪 *3	30	9.9	等エントロピー位相法	
	37	9.6	〃	

[出典] *1 X. Gong: Acoust. Imaging **20**, pp. 453-458 (1993)
　　　*2 C. M. Sehgal *et al.*: Ultrasound Med. Biol. **12**, pp. 865-874 (1986)
　　　*3 C. M. Sehgal *et al.*: J. Acoust. Soc. Am. **76**, pp. 1023-1029 (1984)

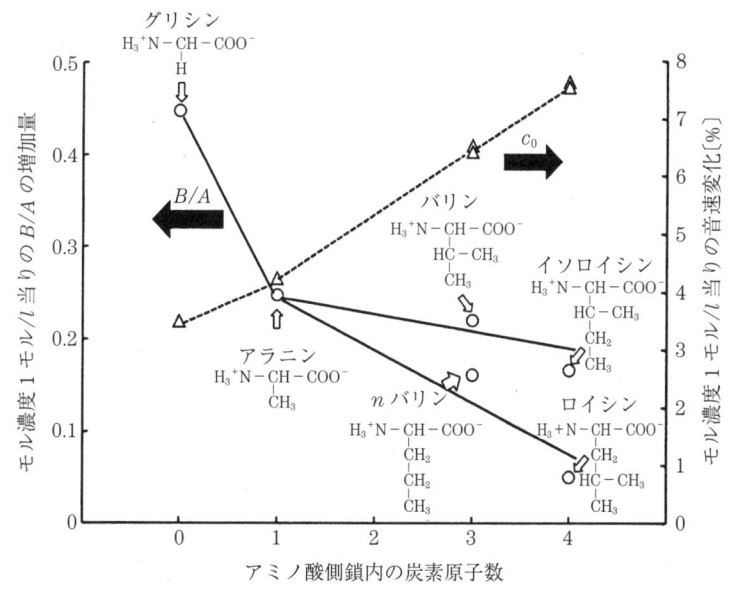

図 3.3 アミノ酸水溶液における音速と B/A の変化量

造により B/A 値が異なる。これは，図 3.3 に点線で示した，ほぼ炭素数のみに依存する音速変化と異なる。このことから，B/A が分子の構造に依存すること

が明白である。

3.1.4 非線形パラメータの混合則

密度，音速，非線形パラメータがそれぞれ ρ_i, c_i, $(B/A)_i$ の媒質が，体積比 X_i の割合で複数種類，溶け合わないで混合されたとき，非線形パラメータには次式の**混合則**（mixture rule）[14]が成り立つ．

$$\frac{1+B/(2A)}{\rho_0^2 c_0^4} = \sum_i \frac{1+(1/2)(B/A)_i}{\rho_i^2 c_i^4} \tag{3.8}$$

これは，以下のようにして証明される．密度 ρ_1, 音速 c_1, 非線形パラメータ $(B/A)_1$, 体積 V_1 の液体 I と，それぞれが ρ_2, c_2, $(B/A)_2$, 体積 V_2 の液体 II を混ぜて，ρ, c, B/A で，体積が $V = V_1 + V_2$ になるとする．質量不変により，$\rho V = \rho_1 V_1 + \rho_2 V_2$ が成り立つ．したがって

$$\frac{1}{\rho} = \frac{V}{\rho_1 V_1 + \rho_2 V_2} = \frac{C_1}{\rho_1} + \frac{C_2}{\rho_2} \tag{3.9}$$

となる．ここで，$C_1 = \rho_1 V_1/\rho V$, $C_2 = \rho_2 V_2/\rho V$ は I, II の重量比であり，圧縮，膨張では不変とする．式 (3.9) の両辺を p で微分すると，$\partial(1/\rho)/\partial p = -(\partial \rho/\partial p)/\rho^2 = -1/(\rho c)^2$ だから

$$\frac{1}{(\rho c)^2} = \frac{C_1}{(\rho_1 c_1)^2} + \frac{C_2}{(\rho_2 c_2)^2} \tag{3.10}$$

を得る．式 (3.10) の両辺に ρ を掛けて $1/\rho c^2 = (V_1/V)/(\rho_1 c_1^2) + (V_2/V)/(\rho_2 c_2^2)$ になり，これは音速の混合則である．式 (3.10) をさらに p で微分し，式 (3.2) を利用して，$\partial[1/(\rho c)^2]/\partial p = -\{2/(\rho^3 c^2)\}\partial \rho/\partial p - \{2/(\rho^2 c^3)\}\partial c/\partial p = -\{2/(\rho^3 c^4)\}\{1+B/(2A)\}$ になる．したがって，$\{1+B/(2A)\}/(\rho^3 c^4) = C_1\{1+(B/A)_1/2\}/(\rho_1^3 c_1^4) + C_2\{1+(B/A)_2/2\}/(\rho_2^3 c_2^4)$ を得る．両辺に ρ を掛けることで，$\{1+B/(2A)\}/(\rho^2 c^4) = V_1\{1+(B/A)_1/2\}/(V\rho_1^2 c_1^4) + V_2\{1+(B/A)_2/2\}/(V\rho_2^2 c_2^4)$ を導く．これが B/A の混合則である．式 (3.9), (3.10) の C_1, C_2 を，C_1, C_2, $\cdots$, C_n と増やせば n 種液体についての混合則が得られる．

本混合則を応用して，生体組織の識別が提案されている[15]．生体組織は，水

を含んだ数〜数十 μm の細胞が結合した集合体で，複雑な構造をしているが，これを水，タンパク質，脂肪の混合物とみなす．密度，音速，非線形パラメータの実測データに密度，音速，非線形パラメータの混合則を適用し，未知数である水，タンパク質，脂肪の体積比 X_i ($i = 1 \sim 3$) を連立 1 次方程式の解として求めるという方法である．しかし，構造の影響も少なからずあるので，このようにして生体組織の組成を決定する精密な方法は今後の課題である．

3.1.5 非線形パラメータの画像化

B/A 値はほぼ $5 \sim 12$ の広範囲にあって物質の分子構造に関連し，生体では病変により変化する．そのため，生体中の B/A の分布を画像化する手法が種々提案されている．代表的な方法を図 **3.4** にまとめた．熱力学法や有限振幅法の原理に基づいている．

熱力学法に基づく図 (a)〜(c) の方法では，大振幅の音波の**ポンプ波**（pump wave）で媒質の音速を変化させ，そこを同時に通過する小振幅の音波の**プローブ波**（probe wave）が，ポンプ波の大きさに応じて位相変調あるいは周波数変調されることを利用する．

微小振幅のプローブ波 $\sin \omega t$ に，大振幅で瞬時音圧 $P \sin \omega_\mathrm{p} t$ のポンプ波が角度 θ で交差するとき，プローブ波の音速は $c = c_0 + \{B/(2A) + \cos\theta\}\{P/(\rho_0 c_0)\} \sin \omega_\mathrm{p} t$ となる†．したがって，$P > 0$ では，プローブ波が距離 Δx を伝搬するのに要する時間が $\Delta t = \Delta x/c_0 - \Delta x/c \approx \{B/(2A) + \cos\theta\}\{P\Delta x/(\rho_0 c_0^3)\} \sin \omega_\mathrm{p} t$ だけ短くなる．そのとき，プローブ波は $\sin[\omega(t - \Delta t)]$ となり，$\omega\{B/(2A) + \cos\theta\}\{P\Delta x/(\rho_0 c_0^3)\} \sin \omega_\mathrm{p} t$ だけ位相が進み，ポンプ波により位相変調されることになる．あるいは，位相を時間微分した $\omega \omega_\mathrm{p}\{(B/(2A) + \cos\theta\}\{P\Delta x/(\rho_0 c_0^3)\} \cos \omega_\mathrm{p} t$ だけ，周波数変調されるともみなせる．

(a) では $\theta = \pi/2$, (b) では $\theta = \pi$ でポンプ波が交差する．交差位置が，信号波伝搬路の直線上に分布することから，音波の伝搬路に沿った $(B/A)/(\rho_0 c_0^3)$ あるいは $\{B/(2A) - 1\}/(\rho_0 c_0^3)$ の分布が計測される．一方，(c) ではポンプ波

---
† 音波が交差するときの非線形パラメータについては，3.2.1 項を参照のこと．

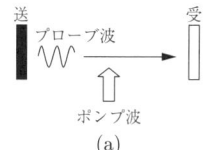

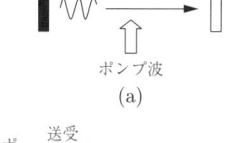

3. 非線形音波の応用

図	説明	文献
(a) 送ブローブ波受 / ポンプ波	$\theta=\pi/2$ で交差するポンプ波パルスによるプローブ波の位相変調を検出。フーリエ逆変換により1次元分布を走査して断層像を得る。非線形パラメータトモグラフィ(nonlinear parameter tomography)の先駆的研究。	市田，佐藤：音学誌，**39**, 521(1983)
(b) ポンプ波 / 送受ブローブ波 / 反射板	ポンプ波パルスと反射プローブ波との $\theta=\pi$ での相互作用による位相変調を検出して1次元分布を，走査して断層像を得る。	C. A. Cain：J.A.S.A., **80**, 28 (1986)
(c) ポンプ波 / 送受ブローブ波 / 散乱	$\theta=0$ での相互作用による散乱プローブ波の周波数変調を検出して1次元分布を，走査して断層像を得る。	福喜多，古谷，植野，屋野：音学誌，**46**, 947(1990)
(d) 送(ω) / 受(2ω) / 散乱	散乱波の第2高調波成分から蓄積効果を考慮して1次元分布を，走査して断層像を得る。	秋山，中島，油田：信学誌，**J68-C**, 588(1985)
(e) 送(ω) / 試料(回転・移動) / 受(2ω)	透過波の第2高調波成分を投影データとして，超音波CTの手法で画像を再構成する。	D. Zhang, X. Gong and S. Ye：J.A.S.A., **99**, 2397 (1996)
(f) 送(ω_1,ω_2) / 試料(回転・移動) / 受($\omega_1-\omega_2$)	透過波のパラメトリック差音成分を投影データとする超音波CT。	中川，中川，米山，菊地：信学誌，**J69-D**, 1215 (1986)，D. Zhang, X. Gong and X. Chen：Ultrasound Med. Biol., **27**, 1359(2001)
(g) 送(ω_1,ω_2) / 試料 / 受($\omega_1-\omega_2$)アレイ	パラメトリック差音成分の回折分布をデータとする回折CT。	A. Cai, J. Sun and G. Wade：IEEE Trans. U.F.F.C., **39**, 708(1992)
(h) 送(ω) / 散乱	大小2通りの音源振幅での散乱波から，非線形性に関連した減衰の差異を求め，走査して断層像を得る。	M. Fatemi and J. F. Greenleaf：Ultrasound Med. Biol., **22**, 1215(1996)

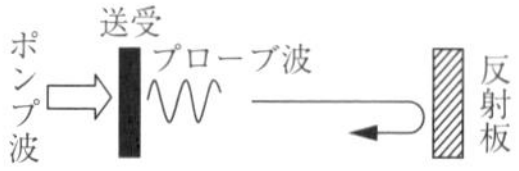

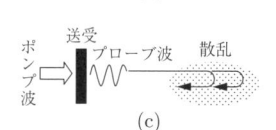

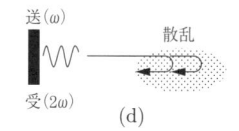

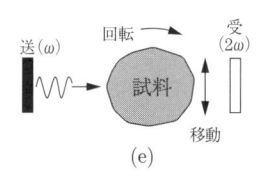

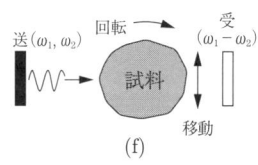

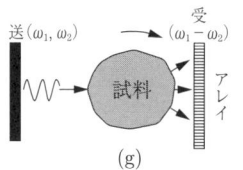

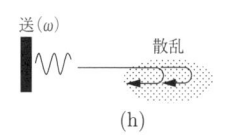

図 **3.4** 種々の B/A 映像化法

と信号波を同時に放射し，従来のパルスエコー法と同様，生体内での散乱波を受信する．ポンプ波に重畳した信号波が周波数変調され，その変調の度合いがB/Aの分布に依存して散乱位置によって異なる．これを利用して音波の伝搬路に沿ったB/Aの分布を計測する．ただし，蓄積効果を考慮する必要がある．さらに，ビームを走査することによって，2次元の画像を得る．

有限振幅法に基づく方法では，第2高調波ひずみや，パラメトリック相互作用によって発生する差音を利用する．2章の式(2.71)に示されたように，非線形性による仮想音源$\beta(\partial p^2/\partial t')/(2\rho_0 c_0^3)$が空間中に分布するので，これを検出して$\{B/(2A)+1\}/(\rho_0 c_0^3)$の分布を計測しようとする方法である．(d)は(c)と同様に，散乱波を検出し，第2高調波成分の距離変化からB/A分布を計算する．(e)は試料の透過音波の第2高調波を測定し，伝搬路に沿った第2高調波の仮想音源の総和を求める．水中に置いた試料の回転と移動によってビームを走査し，多経路での第2高調波成分の投影データによって，超音波CTの手法[16]で$\{B/(2A)+1\}/(\rho_0 c_0^3)$を画像再構成する．(f)は，3.2節に述べるパラメトリック現象によって得られる差音を利用するCT法である．(e)と同様に，試料を水中で回転，移動させてCT走査する．差音は第2高調波に比べて近距離場での回折，干渉の影響が少なく，滑らかに成長するので，(e)より測定精度が高いとされる．(g)は(f)と同様にパラメトリック差音を利用するが，回折波を受信して回折CTの手法[16]により$\{B/(2A)+1\}/(\rho_0 c_0^3)$画像を再構成する．(h)は広義には有限振幅法に分類されるが，音波の非線形伝搬による減衰の見掛け上の増加を利用する．(d)と同様に散乱波を検出する．送信を小振幅と大振幅の2通りで行い，減衰の差から非線形性の強さを推定する．送・受ともに基本波成分であり，従来の線形パルスエコー法との共用が意図されている．

医用診断の目的では，絶対値の測定精度はともかくとして，生体を切り取らないで *in vivo* に測定できる必要がある．診断装置に反射板は一般になじまないし，送受波器の配置に制約もある．したがって，条件を選んで実用化する必要がある．

3.2 パラメトリックアレイ

3.2.1 音波と音波の相互作用

1960 年に,Westervelt は,接近した二つの異なる周波数の有限振幅音波を同方向に放射し,それらの音波の相互作用によって発生する差周波音のビーム特性について理論報告した[17]。その理論によれば,差音は低周波でありながら線形理論で予測されるよりもビーム幅がかなり狭く,しかも広帯域音源が得られるという。この音源を**パラメトリック音源**(parametric source)あるいは**パラメトリックアレイ**(parametric array)と呼び,海洋への応用では**パラメトリックソーナ**(parametric sonar)ともいう。また,3.2.6 項で述べるパラメトリック受波アレイと区別するために,パラメトリック送波アレイと呼ぶこともある。パラメトリック音源は,これまでに多くの研究によって実用化され,また,さまざまな応用が考えられている。

音源から周波数が f_1, f_2 (ただし,$f_1 > f_2$ とする)の二つの有限振幅の 1 次波が同方向に放射されているとする。このとき,これまでの議論と同様に,各音波の高調波 mf_1, nf_2 ($m, n = 2, 3, 4, \cdots$) の波が発生する。しかし,それだけでなく,二つの周波数の和の $f_+ = f_1 + f_2$ をもつ和音 p_+,差の $f_- = f_1 - f_2$ をもつ差音 p_- などの結合波に対応する 2 次波も同時に発生することは,式 (2.71) の右辺の 2 次的な音源項 p^2 の存在から明らかである。

いま,1 次波は平面波として,$p = p_1 + p_2 = p_{10} \sin \omega_1 t' + p_{20} \sin \omega_2 t'$ ($\omega_i = 2\pi f_i$, $i = 1, 2$) とすると,音源からの伝搬距離 x が衝撃波形成距離 x_{s} よりも小さい範囲 $x \ll x_{\mathrm{s}}$ で

$$p_\pm = \pm \frac{\beta \omega_\pm x}{2\rho_0 c_0^3} p_{10} p_{20} \sin \omega_\pm t' \tag{3.11}$$

となる。これにより,和音,差音の振幅は伝搬距離 x とともに蓄積的に増すと同時に,それぞれの角周波数 $\omega_\pm$ に比例することがわかる。このような,入力周波数の整数倍とは異なる和および差の周波数が現れる現象を**パラメトリック**

(parametric) 現象という．この現象は，音波 ω_1 で変化したパラメータ（ここでは音速）によって音波 ω_2 が変調されているとみなせるからである．f_1 と f_2 が接近して f_- が低いとき，式 (3.11) の p_- は小さな値になるが，3.2.3 項で述べるように特長的な音響特性を示す．

次に，二つの平面波が角度 θ で交差するに際して発生する 2 次波について，ここで定式化する．それぞれの波の波数ベクトルを $\boldsymbol{k}_1$，$\boldsymbol{k}_2$ とすると，1 次波は

$$p_1 = p_{01} \sin(\omega_1 t - \boldsymbol{k}_1 \cdot \boldsymbol{r}) + p_{02} \sin(\omega_2 t - \boldsymbol{k}_2 \cdot \boldsymbol{r}),$$

$$\boldsymbol{u}_1 = u_{01} \frac{\boldsymbol{k}_1}{k_1} \sin(\omega_1 t - \boldsymbol{k}_1 \cdot \boldsymbol{r}) + u_{02} \frac{\boldsymbol{k}_2}{k_2} \sin(\omega_2 t - \boldsymbol{k}_2 \cdot \boldsymbol{r}) \quad (3.12)$$

で表される．ここで，$k_i = |\boldsymbol{k}_i|$，$u_{0i} = p_{0i}/\rho_0 c_0$ $(i=1,2)$，また波数ベクトルと交差角 θ に

$$\cos\theta = \frac{\boldsymbol{k}_1 \cdot \boldsymbol{k}_2}{k_1 k_2} \quad (3.13)$$

の関係がある．和音，差音は式 (3.12) を式 (2.100) に代入し，まとめることで

$$\nabla^2 p_\pm - \frac{1}{c_0^2} \frac{\partial^2 p_\pm}{\partial t^2} = \mp \left(\frac{\omega_\pm^2 p_{01} p_{02}}{\rho_0 c_0^4} \right) \beta_\pm(\theta) \cos[\omega_\pm t - (\boldsymbol{k}_1 \pm \boldsymbol{k}_2) \cdot \boldsymbol{r}] \quad (3.14)$$

を得る．ここで，音波吸収はなく $\delta = 0$ としている．また

$$\beta_\pm(\theta) = \cos\theta \pm \frac{4\omega_1 \omega_2}{\omega_\pm^2} \sin^4\left(\frac{\theta}{2}\right) + \frac{B}{2A} \quad (3.15)$$

であり，波の交差角と周波数に依存する変数になる[18]．$\theta \neq 0$ においては $\mathcal{L} \neq 0$ なので，運動方程式からも 2 次の微小量が現れる．式 (3.15) の右辺第 1，第 2 項は連続の式と運動方程式を介して現れる非線形性で，角度 θ に依存するからベクトル的な成分 (粒子速度) である．一方，第 3 項は状態方程式を介して現れる非線形性で，角度を含まないからスカラー的な成分 (音圧) である．式 (3.14) の右辺の仮想音源は，二つの波の波数ベクトルの和および差 $\boldsymbol{k}_1 \pm \boldsymbol{k}_2$ の成分をもち，空間分布する．速度分散を有する媒質を除けば，その波数ベクトルの大きさ $|\boldsymbol{k}_1 \pm \boldsymbol{k}_2|$ と，式 (3.14) の左辺が示す波数 $k_1 \pm k_2$ は，$\theta \neq 0$ では等しく

ならない。このような場合には、$p_\pm$ は伝搬距離とともに周期的に増減を繰り返す[19]。特に、二つの波の進む方向が平行の $\theta = 0$ のときに

$$\beta_\pm(\theta)|_{\theta=0} = 1 + \frac{B}{2A} \tag{3.16}$$

を導く。この表示は 2 章 2.1.3 項で定義した非線形係数 β そのものであって、このときに限り式 (3.14) の両辺の波数は一致し、$p_\pm$ はひずみの蓄積効果で伝搬に比例して増加する。

$\omega_1 \gg \omega_2$ ならば $\omega_\pm \approx \omega_1$ なので、式 (3.15) の第 2 項は微小な値になって

$$\beta_\pm(\theta) = \cos\theta + \frac{B}{2A} \tag{3.17}$$

を得る。交差角に依存して $\beta_\pm$ の値が変わることは、2 次量 $p_\pm$ の振幅も角度に依存する。気体のように $B/(2A) < 1$ で、θ がちょうど $\cos^{-1}[-B/(2A)]$ のときに $\beta_\pm = 0$ で式 (3.14) の非同次項は 0 になり、$p_\pm$ は発生しないことになる[20]。具体的に差音、和音の 2 次音圧を正確に見積もるには、交差ビームの境界条件や初期条件を設定し、式 (3.14) を解くことが重要な課題になる。

3.2.2 Westervelt のモデル

接近した二つの周波数 f_1, f_2 の 1 次波が伝搬する途上で差周波数 $f = f_1 - f_2$ の音波が発生する†。これは、2 章 2.1.7 項で述べた 2 次的仮想音源によって伝搬途上のあらゆる場所で発生し、1 次波に重畳して伝搬する。差音にのみ注目すると、**図 3.5** のように 2 次音源が伝搬途上に多数、配列されたのと同じになる。図では、模式のため、仮想音源を間引いて離散的に配列しているが、実際は、連続的に配列する。仮想音源の一つひとつが低周波 f の音源として動作する。各音源はほぼ無指向性であるが、これが多数配列されると、正面方向に放

図 3.5 パラメトリック音源の模式図

音源　仮想音源の縦形アレイ

---

† 本節以降では、差音を表す添字 − は省略する。

射される差音は位相が揃うので振幅が蓄積されるが，正面から逸れた方向では位相が揃わないため蓄積されない．そのため，結果として，アレイ前方の正面方向にのみ差音が形成されることになる．これが，狭ビームの発生メカニズムである．

Westervelt のパラメトリック音源の提案では，図 **3.6** のように，音源から平面波状に，拡散せずに吸収減衰しながら伝搬する 1 次波がモデルとなっている．このような簡単化は，1 次波周波数が非常に高い場合にほぼ成り立つので，この条件を KZK 方程式に適用して，差音音場の近似解を求めてみよう．音源は，$z=0$ に置かれた半径 a のピストン円板である．音圧 p を

$$p = \frac{1}{2j}\left(p_{10}e^{j\omega_1 t' - \alpha_1 z} + p_{20}e^{j\omega_2 t' - \alpha_2 z} + Pe^{j\omega t'}\right) + \text{c.c.} \tag{3.18}$$

とおく．ただし，1 次波のビームは前提条件から $r > a$ で $p_{10} = p_{20} = 0$ である．また，α_1, α_2 は 1 次波の吸収係数で，具体的には $\alpha = \delta\omega^2/(2c_0^2)$ の関係式から導かれる．式 (3.18) の p を 2 章の式 (2.117) に代入し，1 次波の非線形性は弱く，KZK 方程式に逐次近似法を適用する．すなわち，式 (3.18) の右辺の括弧内の第 1 項と第 2 項は 1 次波を指すが，この 1 次波の相互作用のみから差音 P が発生し，差音と 1 次波から発生する高次周波数成分は小さくて無視できることを条件とする．この結果，差音に対応する周波数 ω の項をまとめると

$$\frac{\partial P}{\partial z} + \frac{j}{2kr}\frac{\partial}{\partial r}\left(r\frac{\partial P}{\partial r}\right) + \alpha P = -\frac{\beta k p_{10} p_{20}^*}{2\rho_0 c_0^2}e^{-(\alpha_1 + \alpha_2)z} \tag{3.19}$$

となる．ただし，$k = \omega/c_0$ は差音の波数，また，α は差周波数での吸収係数である．また，記号 $*$ は複素共役を示す．式 (3.19) を解くために，ハンケル（Hankel）変換対

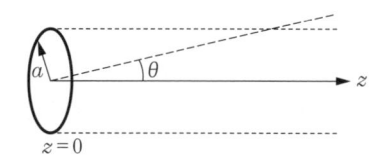

図 **3.6** Westervelt のモデル

$$\tilde{P}(s,z) = \int_0^\infty P(r,z) J_0(sr) r dr, \quad P(r,z) = \int_0^\infty \tilde{P}(s,z) J_0(rs) s ds \tag{3.20}$$

を利用する. すなわち, P のハンケル変換 $\tilde{P}$ は

$$\frac{d\tilde{P}}{dz} - \frac{js^2}{2k}\tilde{P} + \alpha\tilde{P} = -\frac{\beta k p_{10} p_{20}^*}{2\rho_0 c_0^2} e^{-(\alpha_1+\alpha_2)z} \int_0^a J_0(sr') r' dr' \tag{3.21}$$

を満たさなければならない. 式 (3.21) において, $z=0$ で $P=0$ ($\tilde{P}=0$ ともいえる) の境界条件を満たす解は

$$\tilde{P} = -\frac{\beta k}{2\rho_0 c_0^2} p_{10} p_{20}^* e^{-\alpha z + js^2 z/(2k)}$$
$$\times \int_0^a \int_0^z J_0(sr') e^{-\{js^2/(2k)+\alpha_\mathrm{T}\}z'} dz' r' dr' \tag{3.22}$$

となる. ここで, $\alpha_\mathrm{T} = \alpha_1 + \alpha_2 - \alpha$ である. 式 (3.22) に逆ハンケル変換を施して差音 P に戻すと, 次式を得る.

$$P = -\frac{\beta k}{2\rho_0 c_0^2} p_{10} p_{20}^* e^{-\alpha z} \int_0^a \int_0^z e^{-\alpha_\mathrm{T} z'}$$
$$\times \int_0^\infty J_0(r's) J_0(rs) e^{js^2(z-z')/(2k)} s ds dz' r' dr' \tag{3.23}$$

さらに, 積分公式

$$\int_0^\infty J_0(ax) J_0(bx) e^{jcx^2} x dx = \frac{j}{2c} \exp\left(-j \frac{a^2+b^2}{4c}\right) J_0\left(\frac{ab}{2c}\right) \tag{3.24}$$

により, 式 (3.23) は簡単化され

$$P = -j \frac{\beta k^2 p_{10} p_{20}^*}{2\rho_0 c_0^2} e^{-\alpha z} \int_0^a \int_0^z \frac{e^{-\alpha_\mathrm{T} z'}}{z-z'} \exp\left[-j \frac{k(r^2+r'^2)}{2(z-z')}\right]$$
$$\times J_0\left(\frac{krr'}{z-z'}\right) dz' r' dr' \tag{3.25}$$

となる. これが, 与えられた 1 次波音場の条件における KZK 方程式の逐次近似解である. 式 (3.25) は, 1 次波の非線形相互作用によって生成される仮想音源からの放射音圧の総和を求めていることになる.

ここで，実用性を考えて観測距離 z は十分遠方にあるとする．このとき，$r/z \approx \sin\theta$，$r/(z-z') \approx \sin\theta$，$z^2/(z-z') \approx (z+z')$ の近似が成り立つ．また，$\exp[-jkr'^2/\{2(z-z')\}]$ の r' に関する積分結果に与える影響は小さく無視できるとして

$$P \approx -j\frac{\beta k^2 p_{10} p_{20}^*}{2\rho_0 c_0^2}\frac{e^{-\alpha z}}{z}\int_0^a \int_0^\infty \exp\left[-\alpha_T z' - j\frac{k}{2}(z+z')\sin^2\theta\right]$$
$$\times J_0(kr'\sin\theta)dz'r'dr' \qquad (3.26)$$

となり，r' に関する積分と z' に関する積分が分離され，簡単化される．r' についての積分にはベッセル関数の漸化式 $d[xJ_1(x)]/dx = xJ_0(x)$ を用いる．最終的に，Westervelt が示した遠距離での差音音場と同様の式

$$P \approx -j\frac{\beta\omega^2 a^2 p_{10} p_{20}^*}{4\rho_0 c_0^4 \alpha_T}\frac{e^{-\alpha z}}{z}D_W(\theta)D_A(\theta)\exp\left(-j\frac{kz}{2}\sin^2\theta\right) \quad (3.27)$$

が求められる．ただし

$$D_W(\theta) = \frac{1}{1+j\{k/(2\alpha_T)\}\sin^2\theta}, \quad D_A(\theta) = \frac{2J_1(ka\sin\theta)}{ka\sin\theta} \quad (3.28)$$

である．

$D_A(\theta)$ は開口半径が a の送波音源の指向性だから，パラメトリックアレイの効果によって指向性が関数 $D_W(\theta)$ だけ重み付けされることを表す．$ka < 1$ を満たすような低周波では送波音源は無指向性に近く，$D_A(\theta)$ は θ によらずほぼ 1 になり，結局，パラメトリック音源の指向性は $D_W(\theta)$ で与えられる．$D_W(\theta)$ は θ の増加とともに単調に減少し，-3 dB 角が次式で与えられる．

$$\theta_{HP} = \sin^{-1}\sqrt{\frac{2\alpha_T}{k}} \approx \sqrt{\frac{2\alpha_T}{k}}, \quad \theta_{HP} \ll 1 \qquad (3.29)$$

一例として，$f_1 = 482$ kHz, $f_2 = 418$ kHz で差周波数 $f = 64$ kHz のとき，水中で $\alpha/f^2 = 25 \times 10^{-15}$ s^2/m を仮定すると $\theta_{HP} = 0.5°$ と小さくなり，やや非現実的な値である．これは，図 3.6 のモデルが非現実的なためである．

3.2.3 モデルの一般化

Westervelt のモデルにおいて，1 次波は伝搬とともに減衰はするが拡散しな

いという理想ビームであった．1次波が高周波で音源開口が大きいと1次波は拡散しないうちに減衰するので，この仮定が成り立つ．このモデルを吸収制限形（absorption limited）パラメトリック音源という．

高周波で大開口の音源は一般的でない．小開口でも狭ビームが得られるパラメトリック音源の特長を活かすため，小開口音源の選択が一般的である．この場合，回折による1次波の拡散が必然的に生じ，仮想音源は主に1次波の拡散によって弱まるので，差音出力は拡散減衰で制限される．このモデルは拡散損失制限形（spreading-loss limited）パラメトリック音源と呼ばれる．

音源から放射された1次波は伝搬とともに徐々に拡散するが，図 **3.7** のように，音源近傍では平面波と同様に拡散せずに伝搬し，音源からの距離 $z = R_0$ で回折により拡がり始めるものとモデル化する．より一般化したモデルが動作の理解に役立つ．半径 a のピストン円板では，波数 k の音波で $R_0 = ka^2/2$ と与えられ，この距離 R_0 を**レイリー長**（Rayleigh length あるいは Rayleigh distance）という．角周波数 ω_1, ω_2 の1次波では，それぞれの波数の平均 $(k_1 + k_2)/2 = (\omega_1 + \omega_2)/(2c_0)$ をもってレイリー長を定義する．レイリー長はピストン円板音場の近距離場と遠距離場の境界を示す目安距離と解釈してもよい．

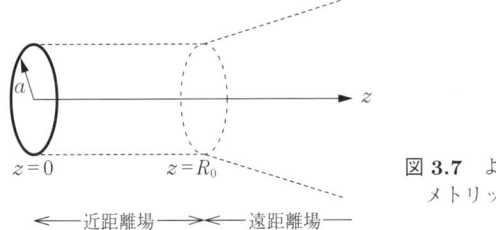

図 **3.7** より一般化したパラメトリック音源のモデル

式 (3.25) からわかるように，差音の音圧は1次波音圧の積に比例するので，1次波音圧をおのおの2倍すれば差音音圧は4倍になる．そこで，差音を大きくするため1次波を大きくしたとしても，2章 2.1.4, 2.1.5 項で述べた衝撃波形成距離がレイリー長以内で達し，非線形吸収のため仮想音源の振幅は飽和してしまう．このため，期待されるほどには差音は大きくならない．このモデルは，飽和制限形（saturation limited）パラメトリック音源と呼ばれる．

以上のいずれの形のパラメトリック音源に対しても KZK 方程式が解析に有力な手段である。いま、音源における 1 次波の複素音圧が p_{10}, p_{20} で与えられ、非線形性が弱く、KZK 方程式の解法に逐次近似法が適用できるとする。3.2.2 項と同様な方法で、音源が放射する 1 次波の音圧 P_i ($i = 1, 2$) と差音の音圧 P を式 (2.117) から求めると

$$P_i = j\frac{k_i p_{i0}}{z} \exp\left(-\alpha_i z - j\frac{k_i r^2}{2z}\right) \int_0^a \exp\left(-j\frac{k_i r'^2}{2z}\right) \times J_0\left(\frac{k_i r r'}{z}\right) r' dr' \tag{3.30}$$

$$\begin{aligned}P = &-\frac{\beta k_1 k_2 k p_{10} p_{20}^*}{2\pi \rho_0 c_0^2 z} \exp\left(-\alpha z - j\frac{kr^2}{2z}\right) \\ &\times \int_0^z \int_0^\pi \int_0^a \int_0^a \exp\left(-j\frac{k_1 r_1^2 - k_2 r_2^2}{2z}\right) \exp\left[-\alpha_T z' - jG\left(\frac{1}{z} - \frac{1}{z'}\right)\right] \\ &\times J_0\left(\frac{r}{z}\sqrt{F}\right) \frac{r_1 r_2}{z'} dr_2 dr_1 d\varphi dz' \end{aligned} \tag{3.31}$$

のようになる。ただし、$F = (k_1 r_1)^2 + (k_2 r_2)^2 - 2k_1 k_2 r_1 r_2 \cos\varphi$, $G = k_1 k_2 (r_1^2 + r_2^2 - 2r_1 r_2 \cos\varphi)/(2k)$ である。また、式 (3.31) の導出には、3.2.2 項で用いた積分公式のほかに次式も用いている。

$$\int_0^\pi J_0\left(\sqrt{a^2 + b^2 - 2ab\cos\varphi}\right) d\varphi = \pi J_0(a) J_0(b)$$

減衰が小さい場合、あるいは近距離においては $\alpha_T z' = 0$, $\alpha z = 0$ とおくことによって簡単化され

$$\begin{aligned}P = &-\frac{\beta k_1 k_2 k p_{10} p_{20}^*}{2\pi \rho_0 c_0^2 z} e^{-jkr^2/(2z)} \int_0^\pi \int_0^a \int_0^a \exp\left(-j\frac{G}{z} - j\frac{k_1 r_1^2 - k_2 r_2^2}{2z}\right) \\ &\times E_1^*\left(j\frac{G}{z}\right) J_0\left(\frac{r}{z}\sqrt{F}\right) r_1 r_2 dr_1 dr_2 d\varphi \end{aligned} \tag{3.32}$$

を得る。ここで、$E_1(x)$ は指数積分関数で表される $\int_x^\infty \frac{e^{-t}}{t} dt$ であり、$E_1(jx) = \int_x^\infty \left(\frac{\cos t - j\sin t}{t}\right) dt$ の関係がある。

半径 3.8 cm の円板音源から $f_1 = 482$ kHz, $f_2 = 418$ kHz の 1 次波を放射して、$f = 64$ kHz の差音を得る実験を湖で行った結果[21]を例にとる。距離 $z = 37.5$ m で測定した 1 次波（482 kHz）と 2 次波の指向特性を図 **3.8** (a),

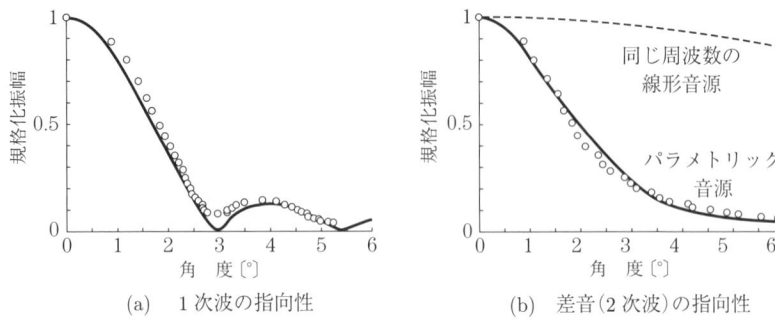

(a) 1次波の指向性　　(b) 差音(2次波)の指向性

図 **3.8** パラメトリック音源の1次波，2次波の指向性

(b) に○印で示す．実線は式 (3.30)，(3.31) による計算結果で，実験とよく一致する．差音の $\theta_{\mathrm{HP}} = 1.3°$ は，Westervelt モデルから予測される値 $0.5°$ よりも大きい．1次波のレイリー長 R_0 は 1.3 m で，拡散を無視した場合の減衰長 $1/\alpha_\mathrm{T} = 100$ m よりずっと短い．また，観測点はレイリー長に比べて十分遠方にあるので，$3°$ や $5.4°$ 付近に存在する1次波のビームパターンのメインローブとサイドローブの境界ははっきりしている．

一般に，R_0 以遠では1次波が拡散し，したがって仮想音源が弱くなるため，Westervelt のモデルよりも指向性が広くなる．しかし，破線で示した同一寸法のピストン円板から放射される同一周波数の音波の指向性に比べ，格段の狭ビームである．また，(a) の1次波と異なり，差音にはサイドローブが現れないことも，パラメトリック音源の重要な特徴である．

一方，軸上の1次波，2次波差音の音圧を測定した結果を**図 3.9** に丸印で示す．実線は計算結果で，実験とよく一致する．差音は低域通過形フィルタによって1次波から分離して観測している．差音の大きさは音源の位置 $z = 0$ では，当然 0 であるが，近距離場で伝搬とともに徐々に大きくなる．しかし，1次波の球面拡散への移行のため，差音の成長の度合いは伝搬につれて緩やかになり，やがて最大値に達する．最大値は普通，レイリー長 R_0 近傍に現れる．その後，なお差音が生成されているため，差音の減衰は緩やかである．

十分遠方では，1次波の拡散，吸収による減衰のため，図の破線のように，通

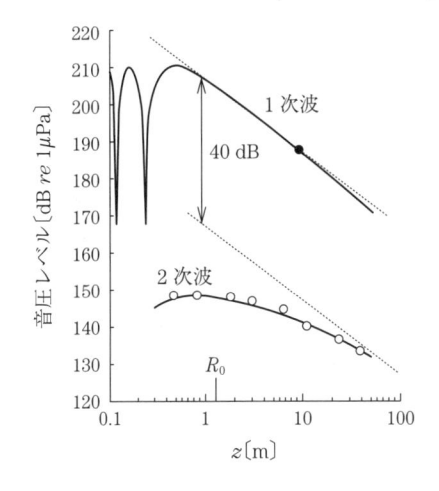

図 3.9 パラメトリック音源の 1 次波, 2 次波の軸上音圧。丸印は実験値, 実線は理論値, 点線は球面拡散の -6 dB/d.d.

常の球面拡散と同じ -6 dB/d.d.（d.d. は double distance の略）の減衰を示す。この破線からパラメトリック差音の送波レベル（距離 1 m に換算した音圧）を読み取ると, 167 dB re 1 μPa である。1 次波のレベル 207 dB と比較すると, その差は 40 dB あり, 1 次波音圧から差音音圧への変換効率が 1% ときわめて低いことがわかる。低効率はパラメトリック音源の最大の欠点であるが, 向上のための実用的な方法はまだ見つかっていない。

図 3.9 において, ピストン音源から放射される 1 次波の音軸上の伝搬特性をみると, 音源からレイリー長付近までの近距離場では, 波の回折によって音圧にピーク, ディップが現れる。音圧が小さく線形理論が適用できる条件において, この変動の最終ピーク音圧は $z = R_0/\pi \approx 0.32 R_0$ の位置で達し, その位置での音圧は音源音圧 p_{i0} の 2 倍になることが知られている。

3.2.4　パラメトリック音源における自己復調

2 周波の 1 次波は, 各周波数の送波音圧振幅が等しい場合, 図 **3.10** (a-1) のようにいわゆる平衡変調波形の連続波であり, 正弦波の全波整流波形と同じ包絡線をもつ。そのとき図 (a-2) のような 2 次波が得られる。連続波でなく, パルス的な信号でパラメトリック音源を駆動すると, 原信号とまったく異なる波

(a-1) 1次波

(a-2) 2次波

(a) 2周波

(b-1) 1次波

(b-2) 2次波

(b) バースト信号

(c-1) 1次波

(c-2) 2次波

(c) ガウス形パルス

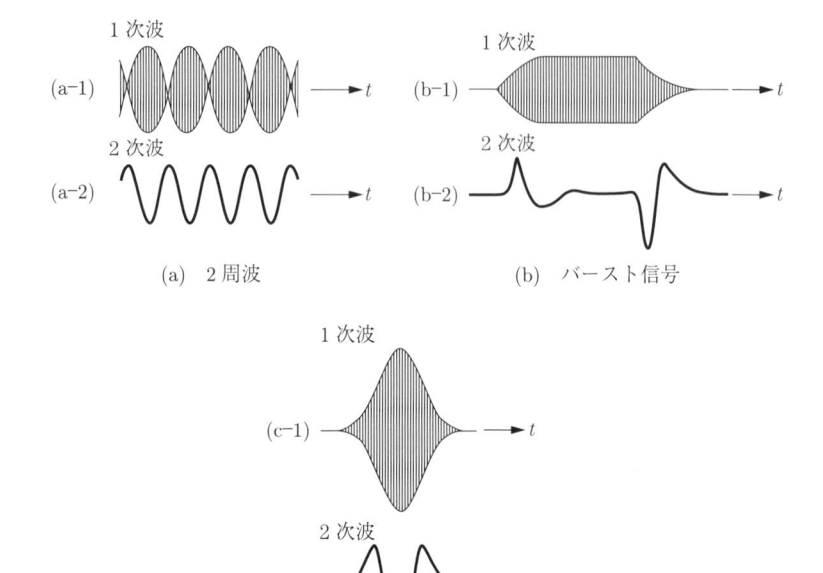

図 **3.10** パラメトリック音源の自己復調波形

形の 2 次波が得られる．面積 S の音源における 1 次波音圧が $p_0 E(t) \sin \omega t$ の波形で与えられたとき，軸上の遠距離 z において

$$p(t') = \frac{\beta p_0^2 S}{16\pi \rho_0 c_0^4 \alpha z} \frac{\partial^2 E^2(t')}{\partial t'^2} \tag{3.33}$$

の 2 次波が得られる [22]．α は 1 次波の吸収係数，$E(t)$ は包絡線関数である．式 (3.33) は，2 次波の音圧が $E(t)$ の時間に関する 2 階微分に比例することを示しているが，これは式 (3.27) で 2 次波の複素振幅が周波数の 2 乗に比例することから容易に予想できる．

例として，送波器から図 3.10 (b-1) のようなバースト信号が送波されたとき，バースト信号の立ち上がり，立ち下がりの部分で図 (b-2) のようにパルス状の 2 次波が得られる．また，図 3.10 (c-1) のようにガウス（Gauss）関数の包絡線

をもつパルスを送波すると，図 (c-2) のように地震探査の震源モデルであるリッカー (Ricker) ウェーブレットと同形のパルスが得られる。

これらはいずれも広帯域のパルスであり，非線形性による振幅変調波の**自己復調**（self demodulation）によるものである。この機能を利用したパルス音源を過渡パラメトリックアレイ，出力を自己復調パルス，パラメトリックパルスなどと呼ぶ。パラメトリックアレイの応用にはこの効果を用いることも多く，2周波のパラメトリック音源と区別しない。過渡パラメトリックアレイの出力パルスに含まれるさまざまな周波数成分は1次波パルスの周波数間で発生する差周波数成分である。また，それらの差周波数成分のビームパターンは，パラメトリックアレイの指向性が差周波数にそれほど影響されないという特長が活かされて，狭ビームの鋭いパルスが得られることになる。Westervelt モデルを仮定すると，ガウス形状の包絡線関数 $E(t) = \exp[-(t/\tau)^2]$ に対する 2 次波の -3 dB 角は

$$\theta_{\mathrm{HP}} = 2\sin^{-1}\sqrt{\frac{\alpha c_0 \tau}{2.8}} \tag{3.34}$$

と与えられる。なお，1次波のレベルを上げると非線形吸収により，1次波の実効的な包絡線が飽和するので，式 (3.33) と異なり，2次波は $|E(t)|$ の時間に関する 2 階微分波形に近づく[23]。

3.2.5 パラメトリック音源の応用

図 **3.11** はパラメトリックソーナの応用例である。1次波周波数は 88 ± 3.45 kHz

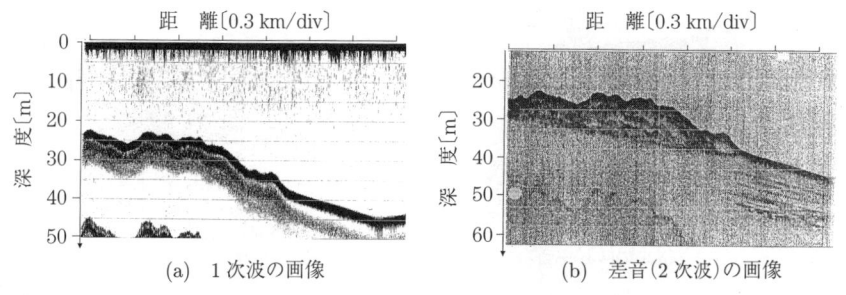

(a) 1次波の画像

(b) 差音 (2次波) の画像

図 **3.11** パラメトリック音源による海底のエコーグラム
（提供：古野電気株式会社）

で，差周波数は 6.9 kHz である．音源は，直径 8 cm の圧電振動子 7 個を組み合わせたもので，結果的に，直径 23 cm の円形音源と等価になっている．水深 25～45 m の海底からの反射波を記録した 1 次波，2 次波のエコーグラムが (a)，(b) である．縦軸は深度，横軸は船の移動距離である．1 次波のエコーグラムでは海底表面からの反射しかみえないが，2 次波では，低周波のために海底に堆積した土砂層を透過し，堆積前の本来の海底や，およそ 10 m 前後の堆積層内部の不均一が検出されている．低周波であるが 1 次波と同等のビーム幅で，横方向の分解能が高いので，堆積した土砂層の細かな構造が観測される．なお，水深の 2 倍にみえる海底と相似の像は，海面との間での多重反射によるアーチファクトである．

パラメトリック音源を利用し，空中に可聴音波の狭ビームを生成するオーディオスポットライトが最初に日本で実現された[24]．図 **3.12** は従来のダイナミック（動電形）スピーカとパラメトリックスピーカの音の拡がり分布を描いたもので，パラメトリックスピーカの指向性の鋭さがわかるであろう．このスピーカは，特定領域の人だけに音を伝えるオーディオ装置や，残響の起こりやすい環境での PA 装置，アクティブノイズコントロール用スピーカとして，音環境の改善に実用化が進められている[25]．これらの応用では，1 次波の超音波キャリアが音声や楽音で変調され，3.2.4 項の自己復調によって，可聴音の音声や楽音が鋭い

(a) 従来のスピーカ (b) パラメトリックスピーカ

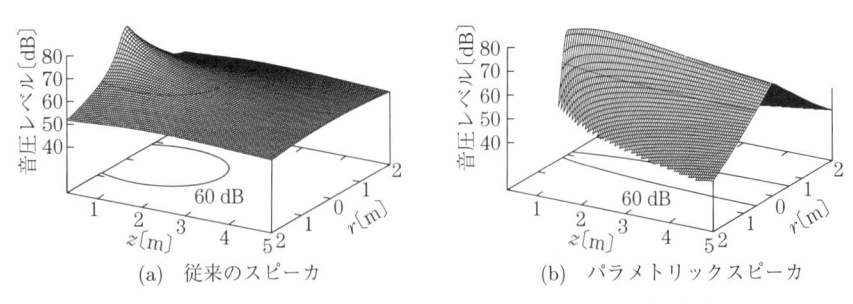

図 **3.12** 音の拡がりの比較．スピーカの開口半径は 10 cm，周波数は 2 kHz

指向性のビームとなる。変調波の包絡線関数を $E(t) \propto 1 + ms(t)$ 〔m：変調度，$s(t)$：信号〕と与える通常の両側波帯振幅変調に代えて，$E(t) \propto \sqrt{1 + ms(t)}$ となる変調をすると，ひずみの小さい復調信号が得られる[26]。ひずみや消費電力の低減化にさまざまな工夫や変調方式が提案されている[27]。

パラメトリック音源では，単一音源で広範囲の周波数を発生でき，また通常の圧電振動子では得られないパルス音波が容易に得られる。この広帯域特性を利用して，海底堆積物の低周波特性[28),29)]や海水中の気泡径分布[30]が測定されている。また，狭ビームを利用した計測への応用として，比較的小さな試料における低周波での音響特性測定も試みられている[31]。

3.2.6 パラメトリック受波アレイ

3.2.1項で述べた音波と音波の相互作用の問題において，二つの波の周波数が接近していて，特に同方向に伝搬している場合がパラメトリック音源であった。次に，図 **3.13** のように，一方の高周波の超音波ビームに，もう一つの低周波の音波がある角度 θ で入射するような場合を想定する。この場合，前者 p_1 は有限振幅音波でポンプ波とする。一方，後者は微小振幅の p_2 であって，外部領域からポンプ波のビームに向かって入射する信号波である。このような場合，ポンプ波と信号波が相互作用，より厳密にはポンプ波が信号波の存在で位相変調されることで，ポンプ波の周波数付近に信号波の情報をもった両側波帯信号が発生する。この両側波帯信号をポンプ変換器から l の距離で音軸上に対向して設置した検出器で忠実に取り出せば，信号波の情報，すなわち信号波の周波数と振幅が得られる。この原理は**パラメトリック受波アレイ**（parametric receiving

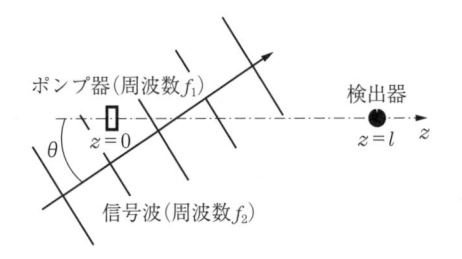

図 **3.13** パラメトリック受波アレイの原理図。ポンプ周波数 f_1 は，周波数 f_2 の入力信号波に角度 θ で交差

array）として知られており，Westervelt や，Berktay と Shooter によって理論的な解析が行われ[17),32]，指向性の受波器（ハイドロホン，マイクロホン）としての実用化研究がなされている。ここで，3.2.1 項で紹介した音波と音波の相互作用の関係式から，パラメトリック受波アレイの理論をまとめる。

いま，ポンプ波および信号波の角周波数をそれぞれ $\omega_1(=2\pi f_1)$，$\omega_2(=2\pi f_2)$ ($\omega_1 \gg \omega_2$)，また音圧振幅をそれぞれ p_{10}，p_{20} とおく。ポンプ周波数は十分高くて平行ビームとし，信号波は平面波として，ポンプ波に対して θ の角度で入射（交差）するとして取り扱う。これらの前提のもと，音波吸収は小さいとして無視すると，式 (3.14) の結果を用いて和音 p_+，差音 p_- は，ポンプ波の進行する z 軸に沿って

$$\frac{\partial^2 p_\pm}{\partial z^2} - \frac{1}{c_0^2}\frac{\partial^2 p_\pm}{\partial t^2} = \mp \left(\frac{\omega_\pm^2 p_{10} p_{20}}{\rho_0 c_0^4}\right)\beta_\pm(\theta)\cos[\omega_\pm t - (k_1 \pm k_2 \cos\theta)z] \tag{3.35}$$

を満たすことになる。ここで，$k_1 = \omega_1/c_0$，$k_2 = \omega_2/c_0$ はポンプ波および信号波の波数である。$z=0$ で $p_\pm = 0$ を境界条件として式 (3.35) を解く。特に，θ が大きくないとき，$\beta_\pm(\theta) \approx \beta$ で近似でき，$z=l$ の位置で $p_\pm$ は次式となる。

$$p_\pm = \pm\frac{p_{10}p_{20}}{2\rho_0 c_0^3}\beta\omega_\pm \frac{\sin M}{M} l \sin\left[\omega_\pm t - \frac{k_\pm + (k_1 \pm k_2 \cos\theta)}{2}l\right] \tag{3.36}$$

ここで，M は入射角 θ を含む関数

$$M = k_2 l \times \frac{(1-\cos\theta)}{2} = k_2 l \sin^2\left(\frac{\theta}{2}\right) \tag{3.37}$$

である。式 (3.36) からわかるように，入射角 θ に対する和音および差音の振幅依存性は，sinc 関数 $\sin M/M$ のパターンで表されることになる。

さて，$z=l$ の位置に置かれた検出器の周波数特性が ω_1 を中心に $\omega_1 \pm \omega_2$ を含む帯域で平坦であるならば，これによって受波される音圧信号 p は，ポンプ波，和音，差音の総和となる。したがって，$\omega_1 \gg \omega_2$ の範囲で

$$p = p_{10}\sin(\omega_1 t - k_1 l) + \frac{m}{2}p_{10}[\sin(\omega_+ t - k_+ l + M)$$

$$-\sin(\omega_- t - k_- l - M)] \tag{3.38}$$

と近似できる.ここで

$$m = \frac{\beta \omega_1 l p_{20}}{\rho_0 c_0^3} \frac{\sin M}{M} \tag{3.39}$$

は信号波の振幅 p_{20} を含む.空中アレイを例にして,$l = 1$ m,ポンプ周波数 $\omega_1/(2\pi) = 40$ kHz,信号波の音圧 $p_{20} = 1$ Pa (91 dB) とすると,入射角 $\theta = 0$ において $m = 6.4 \times 10^{-4}$ になり,1 に比べて十分小さい.したがって,一般に $|m| \ll 1$ の条件を満たす.いま,$X = \omega_1 t - k_1 l$, $Y = \omega_2 t - k_2 l + M$ とおくと,式 (3.38) は簡略式

$$\begin{aligned} p &= p_{10} \left[\sin X + \frac{m}{2} \{\sin(X+Y) - \sin(X-Y)\} \right] \\ &= p_{10}(\sin X + m \sin Y \cos X) \approx p_{10} \sin(X + m \sin Y) \end{aligned} \tag{3.40}$$

に変換できるので,結局,ポンプ波は信号波の存在で,m を変調指数として位相変調されることになる.この式 (3.40) を得るのに,ポンプ波は平行ビームであることを条件としたが,球面波状に拡散する場合にも,検出器の指向角 (−6 dB 半値幅) を ϕ_0,信号波の波長を λ_2 として,ポンプ器から十分離れ,さらに $l(1 - \cos\phi_0) < \lambda_2/2$ が満たされるとき,同様な式を導くことができる[33]).

この受波器の原理は,差音,和音の仮想音源が縦形アレイとして空間分布することで実現できていることから,鋭い指向性のパラメトリック受波アレイを得るためには,式 (3.37) から $k_2 l > 1$,すなわち l を信号波の波長 λ_2 に比べて長くすることが重要となる.また,信号波の検出感度を上げるためには極力 m を大きくする必要があり,そのためにポンプ波の周波数 ω_1 を高くすることが一つの条件になる.ただし,周波数を高くすると,海水の流れや風などの媒質の揺らぎの影響を受けて,再生される検出信号が時間的に大きく揺らぐ.このような欠点はあるものの,変調指数 m を精度よく忠実に検出できれば,ポンプ変換器と信号検出器の最小 2 個と少ないトランスデューサで,$\sin M/M$ の指向性を有する受波器が実現できることになる[33]).

図 **3.14** は，水中において，$l = 14.4$ m，ポンプ周波数 $f_1 = 90$ kHz，入射信号波 $f_2 = 5$ kHz，ポンプ器は半径 5 cm の円形開口トランスデューサから構成される受波アレイの特性である．実験値と理論値はよく一致している．ディップはおよそ 12°であるが，これは式 (3.37) から予想される $\theta = 2\sqrt{\pi/(k_2 l)} \approx 11.7°$ にほぼ等しい．なお，二つの音波が交差する場合，結合音の非線形係数は本来は定数ではなく，3.2.1 項で述べたように，交差角 θ に依存して変化する．パラメトリック受波アレイにおいても，特に交差角 θ が大きいときには非線形係数 β の角度依存性を考慮する必要がある[20]．

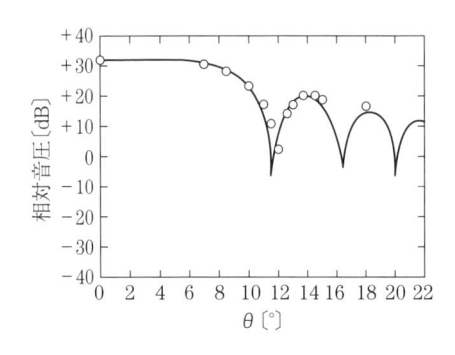

図 **3.14** 水中におけるパラメトリック受波アレイの指向特性 $\sin M/M$ の一例[32]．○は実験値，実線は理論値．

3.3 第 2 高調波の応用

3.3.1 第 2 高調波ビームの特徴

1980 年代になって，従来の超音波医用診断装置でも非線形伝搬による波形ひずみが起こっていることが指摘された[34]．そのため，3.1 節で述べた B/A 値の医用診断への利用が研究目標の一つとなると同時に，高調波ひずみの生体計測への応用が考えられた．一方で超音波診断装置では，超音波造影剤（コントラスト剤）の研究が盛んであった．造影剤は超音波の強い散乱体となる粒径数〜数十 μm の多数の微小気泡[35]を発生するもので，血中に投与することにより，血管，血流を強いコントラストで描像できるようにするものである．気泡は共振周波数近傍での励振によって顕著な非線形振動をするため，その放射音

3.3 第2高調波の応用

波（散乱波）には，照射超音波の高調波や分周波を多く含む．そこで，散乱波の第2高調波によって断層像をつくる**コントラストハーモニックイメージング**（contrast harmonic imaging, CHI）が研究され，実用されている．その研究過程で，造影剤を投与しないでも，非線形伝搬で自然に発生した第2高調波の散乱波によって画像を生成すると，従来の線形のパルスエコー画像よりも鮮明な画像が得られることが見いだされた[36],[37]．この手法を**ティッシュハーモニックイメージング**（tissue harmonic imaging, THI）という．

超音波の非線形伝搬によって発生する第2高調波ビームも，KZK方程式を利用して解析できる．一例として，半径 a，焦点距離 d の円形集束音源における第2高調波について，逐次近似解を求めてみよう．$p = [P_1 \exp(j\omega t') + P_2 \exp(j2\omega t')]/(2j) + \text{c.c.}$ を2章の式 (2.117) に代入し，$|P_1| \gg |P_2|$ の仮定のもとに両辺の ω, 2ω 項をそれぞれ等しいとおくと

$$\frac{\partial P_1}{\partial z} + \frac{j}{2kr}\frac{\partial}{\partial r}\left(r\frac{\partial P_1}{\partial r}\right) + \alpha_1 P_1 = 0 \tag{3.41}$$

$$\frac{\partial P_2}{\partial z} + \frac{j}{4kr}\frac{\partial}{\partial r}\left(r\frac{\partial P_2}{\partial r}\right) + \alpha_2 P_2 = \frac{\beta k}{2\rho_0 c_0^2} P_1^2 \tag{3.42}$$

となる．ただし，角周波数 ω, 2ω における吸収係数 $\delta\omega^2/(2\rho_0 c_0^3)$, $2\delta\omega^2/(\rho_0 c_0^3)$ を α_1, α_2 と置き換えている．面 $z=0$ から焦点距離 d に球面波が放射されていると，$z=0$ 上の点 (r,z) では，音源の中心 $r=0$ におけるよりも焦点までの距離が $\sqrt{d^2+r^2} - d \approx r^2/(2d)$ だけ遠いので，その分だけ位相を進める．したがって，境界条件は $z=0$ で，$P_1 = p_{10}(r)\exp[jkr^2/(2d)]$ とする．なお，第2高調波成分は放射されないので $z=0$ で $P_2=0$ である．3.2.2項とほぼ同様の方法で計算し，次のような近似解が得られる．

$$\begin{aligned}P_1 &= j\frac{k}{z}e^{-\alpha_1 z - jkr^2/(2z)} \int_0^a p_{10}(r')\exp\left[-j\frac{kr'^2}{2}\left(\frac{1}{z}-\frac{1}{d}\right)\right] \\ &\quad \times J_0\left(\frac{krr'}{z}\right) r'dr' \end{aligned} \tag{3.43}$$

$$P_2 = -\frac{\beta k^3}{2\pi\rho_0 c_0^2 z} e^{-\alpha_2 z - jkr^2/z} \int_0^z \int_0^\pi \int_0^a \int_0^a p_{10}(r_1) p_{10}(r_2)$$

$$\times \exp\left[-j\frac{k(r_1^2+r_2^2)}{2}\left(\frac{1}{z'}-\frac{1}{d}\right)\right]\exp\left[\alpha' z' - j\frac{kF}{4}\left(\frac{1}{z}-\frac{1}{z'}\right)\right]$$
$$\times J_0\left(\frac{kr}{z}\sqrt{F}\right)\frac{r_1 r_2}{z'}dr_2 dr_1 d\varphi dz' \tag{3.44}$$

ただし，$\alpha' = \alpha_2 - 2\alpha_1$, $F = r_1^2 + r_2^2 - 2r_1 r_2 \cos\varphi$ である．減衰 α' が小さい場合，$\exp(\alpha' z') = 1 + \alpha' z'$ と近似できる．さらに $1/z - 1/z' = w$ とおいて，z' に関する区間 $[0,z]$ の積分を w に関する区間 $[-\infty,0]$ の積分に書き換える．その結果，式 (3.44) は簡単化され

$$P_2 = -\frac{\beta k^3}{2\pi\rho_0 c_0^2 z}e^{-\alpha_2 z - jkr^2/z}\int_0^\pi \int_0^a \int_0^a p_{10}(r_1)p_{10}(r_2)$$
$$\times \left[(1-j\alpha' S)\exp\left(j\frac{S}{z}\right)E_1\left(j\frac{S}{z}\right) + \alpha' z\right]J_0\left(\frac{kr}{z}\sqrt{F}\right)$$
$$\times \exp\left[-j\frac{k(r_1^2+r_2^2)}{2}\left(\frac{1}{z}-\frac{1}{d}\right)\right]r_1 r_2 dr_2 dr_1 d\varphi \tag{3.45}$$

となる．ここで，$S = k(r_1^2 + r_2^2 + 2r_1 r_2 \cos\varphi)/4$ である．

$a = 23.5$ mm，$d = 85$ mm で基本波周波数 1.9 MHz の水中音源について基本波，第 2 高調波の振幅を測定した結果を，式 (3.43)，(3.45) の計算結果と比較して図 **3.15** に示す．実験と実線の計算結果はよく一致している．(a) は軸上の音圧振幅分布で，焦点での最大値で規格化して示している．第 2 高調波は伝搬とともに成長するために，基本波よりも急激に焦点に集束するようにみえる．(b) は焦面 ($z = d$) 上の基本波，第 2 高調波の径方向分布を示す．第 2 高調波

(a) 軸上音圧分布

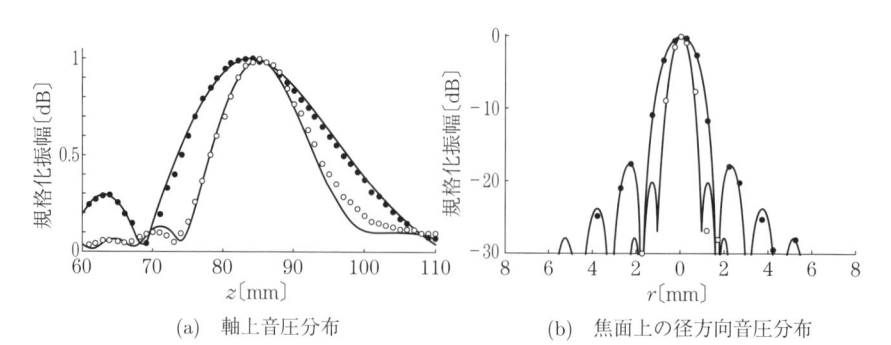

(b) 焦面上の径方向音圧分布

図 **3.15** 集束音波の基本波，第 2 高調波の振幅分布

のほうが，基本波より鋭く集束し，サイドローブが低いことがわかる。第2高調波の半値幅は，基本波の $1/\sqrt{2}$ 倍となっている。第2高調波周波数での線形伝搬ビームの半値幅は $1/2$ 倍となるので，それよりはビーム幅は広い。

3.3.2 非線形高調波の利用

散乱エコー波から第2高調波を抽出し，その振幅に応じて輝度変調を行い，部位の断層像を表示する，いわゆるBモード画像のハーモニックイメージングが，超音波診断装置に広く利用されている。図 3.16 は，心尖部から 1.8 MHz 超音波を走査して得られた心臓の断層画像であり，(a) は従来の基本波によるBモード画像，(b) は生体中を伝搬して生じた 3.6 MHz の第2高調波成分によって得た THI 画像である。画面の上方に左室，下に左房が描写され，ほぼ中央に僧帽弁が見える。無エコーの心腔部で (b) の THI のノイズが小さく，コントラストの強い鮮明な画像が得られている。高コントラストの主な原因は，基本波よりも第2高調波のサイドローブが小さく，主ビームが無エコー部に向かっている状態でサイドローブ部が強く反射されないためと考えられる。また，多重反射，多重散乱では第2高調波が成長しないという理由も考えられる。不均一性の著しい生体媒質での非線形伝搬は理論的にまだ研究段階であり，十分に解明されていない [38],[39]。THI の特性については今後も議論がありそうである。

気泡の振動によって局所的に発生する第2高調波を用いる CHI の画像例を

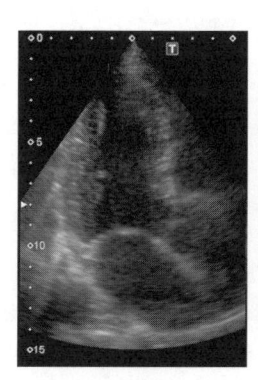

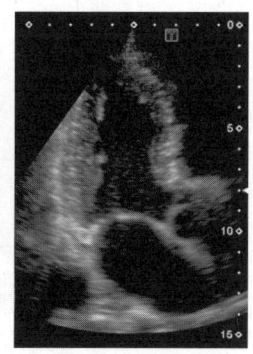

図 3.16 心臓のティッシュハーモニックイメージング（提供：東芝メディカルシステムズ株式会社）

(a) 従来形　　(b) THI

(a) 従来形　　　　(b) CHI

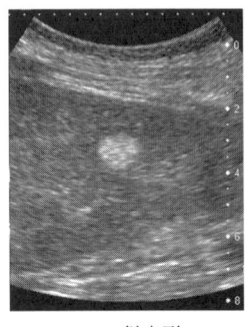

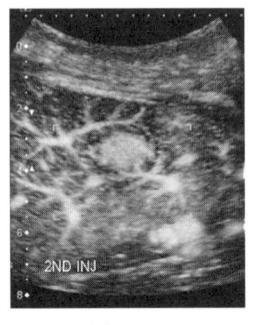

図 3.17 肝臓のコントラストハーモニックイメージング（提供：東芝メディカルシステムズ株式会社）

図 **3.17** に示す。肝臓の一部の画像である。(a) は 3.1 MHz での従来の B モード画像であり，中央に腫瘍がみえる。(b) は，周波数 1.75 MHz の超音波を送波し，散乱された 3.5 MHz 第 2 高調波成分を検出して同じ部位を描像したものである。腫瘍周辺の血管が明瞭に描写され，微小気泡の組織への取り込まれ方を観察して，鑑別診断ができる[40]。また，非線形伝搬によって生じる高調波や，パラメトリック相互作用による差音，和音を用いる多周波での B モード画像を重畳することにより，スペックルノイズを消して高画質を得る方法が提案されている[41),42)]。

　超音波の医療への応用として，診断以外に，超音波が透過するときの発熱を利用して癌細胞や腫瘍などを 60 ～ 90°C に熱して死滅させる，治療としての**強力集束超音波**（high intensity focused ultrasound, HIFU）療法の開発，普及が盛んである。非線形伝搬により高調波を発生すると，高周波では一般に媒質の吸収係数が大きくなる。生体組織では，大ざっぱにいって，周波数に比例して吸収係数が大きくなるため，発熱の効率が高くなる。焦点近傍で衝撃波となるようにすれば，非線形吸収によってさらに高効率となる。したがって，非線形現象は HIFU の加熱を助長することになる。加熱位置の制御では，不均一媒質中での有限振幅音波の集束特性の把握が重要となる。

　基本波はもちろんのこと，多数の高次高調波を同時に用いれば，実効的に広い範囲の周波数での超音波計測が行える。この考えに基づき，浅い海底からの

反射波を多周波で検出して，表面の状況や底質を精密に識別しようという試みがある[43]。

引用・参考文献

1) G. N. ルイス，M. ランドル：熱力学，p. 111, 岩波書店 (1971)
2) R. T. Beyer : Parameter of nonlinearity in fluids, J. Acoust. Soc. Am., **32**, pp. 719-721 (1960)
3) Z. Zhu, M. S. Roos, W. N. Cobb and K. Jensen : Determination of the acoustic nonlinearity parameter B/A from phase measurements, J. Acoust. Soc. Am. **74**, pp. 1518-1521 (1983)
4) E. C. Everbach and R. E. Apfel : An interferometric technique for B/A measurement, J. Acoust. Soc. Am., **98**, pp. 3428-3438 (1995)
5) W. K. Law, L. A. Frizzell and F. Dunn : Ultrasonic determination of the nonlinearity parameter B/A of biological media, J. Acoust. Soc. Am., **69**, pp. 1210-1212 (1981)
6) X. Gong, Z. Zhu, T. Shi and J. Huang : Determination of the acoustic nonlinearity parameter in biological media using FAIS and ITD methods, J. Acoust. Soc. Am., **86**, pp. 1-5 (1989)
7) S. Saito : Finite amplitude method for measuring the nonlinearity parameter B/A in small-volume samples using focused ultrasound, J. Acoust. Soc. Am., **127**, pp. 51-61 (2010)
8) S. Saito and J.-H. Kim : Two-dimensional measurement of the nonlinearity parameter B/A in excised biological samples, Rev. Sci. Instrum., **82**, 064901 (2011)
9) J. Kushibiki, M. Ishibashi, N. Akashi, T. Sannomiya, N. Chubachi and F. Dunn : Transmission line method for the measurement of the acoustic nonlinearity parameter in biological liquids at very high frequencies, J. Acoust. Soc. Am., **102**, pp. 3038-3044 (2000)
10) M. Nikoonahad and D. C. Liu : Pulse-echo single frequency acoustic nonlinearity parameter (B/A) measurement, IEEE Trans. Ultrason. Ferroelec. Freq. Contr., **37**, pp. 127-134 (1990)
11) K. Yoshizumi, T. Sato and N. Ichida : A physiochemical evaluation of the

nonlinear parameter B/A for media predominantly composed of water, J. Acoust. Soc. Am., **82**, pp. 302-305 (1987)

12) A. P. Saravazyan, T. V. Chalikian and F. Dunn : Acoustic nonlinearity parameter B/A of aqueous solutions of some amino acids and proteins, J. Acoust. Soc. Am., **88**, pp. 1555-1561 (1990)

13) T. V. Chalikian, A. P. Saravazyan, Th. Funck, V. V. Belonenko and F. Dunn : Temperature dependences of the acoustic nonlinearity parameter B/A of aqueous solutions of amino acids, J. Acoust. Soc. Am., **91**, pp. 52-58 (1991)

14) E. C. Everbach, Z. Zhu, P. Jiang, B. T. Chu and R. E. Apfel : A corrected mixture law for B/A, J. Acoust. Soc. Am., **89**, pp. 446-447 (1991)

15) C. M. Sehgal, G. M. Brown, R. C. Bahn and J. F. Greenleaf : Measurement and use of acoustic nonlinearity and sound speed to estimate composition of excised livers, Ultrasound Med. Biol., **12**, pp. 865-874 (1986)

16) 秋山いわき 編著：アコースティックイメージング, p. 43, コロナ社 (2010)

17) P. J. Westervelt : Parametric acoustic array, J. Acoust. Soc. Am., **35**, pp. 535-537 (1963)

18) M. F. Hamilton and D. T. Blackstock : On the coefficient of nonlinearity β in nonlinear acoustics, J. Acoust. Soc. Am., **83**, pp. 74-77 (1988)

19) M. F. Hamilton and J. A. TenCate : Sum and difference frequency generation due to noncollinear wave interaction in a rectangular duct, J. Acoust. Soc. Am., **81**, pp. 1703-1712 (1987)

20) T. Tsuchiya, Y. Watanabe and Y. Urabe : Measurements of non-interacting angle in the scattering of sound by sound for gases, Jpn. J. Appl. Phys., **27** Suppl., 27-1, pp. 73-75 (1988)

21) T. G. Muir and J. G. Willette : Parametric acoustic transmitting arrays, J. Acoust. Soc. Am., **52**, pp. 1481-1486 (1972)

22) H. O. Berktay : Possible exploitation of non-linear acoustics in underwater transmitting applications, J. Sound Vib., **2**, pp. 435-461 (1965)

23) H. M. Merklinger : Improved efficiency in the parametric transmitting array, J. Acoust. Sec. Am., **58**, pp. 784-787 (1975)

24) M. Yoneyama, J. Fujimoto, Y. Kawamo and S. Sasabe : The audio spotlight: An application of nonlinear interaction of sound waves to a new type of loudspeaker design, J. Acoust. Soc. Am., **73**, pp. 1532-1536 (1983)

25) 酒井新一, 鎌倉友男 : 超指向性スピーカの技術と応用, 日本機械学会誌, **111**,

pp. 432-436 (2008)
26) 鎌倉友男,米山正秀,池谷和夫：パラメトリックスピーカ実用化への検討,日本音響学会誌,**41**, pp. 378-385 (1985)
27) W-S. Gan, J. Yang and T. Kamakura : A review of parametric acoustic array in air, Appl. Acoust., **73**, pp. 1211-1219 (2012)
28) D. J. Wingham : The dispersion of sounds in sediment, J. Acoust. Soc. Am., **78**, pp. 1757-1760 (1985)
29) J. Y. Guigne, V. H. Chin and S. M. Solomon : Acoustic attenuation measurements using parametric arrays, Ultrasonics, **27**, pp. 297-301 (1989)
30) V. A. Akulichev, V. A. Bulanov and S. A. Klenin : Acoustic sensing of gas bubbles in the ocean medium, Sov. Phys. Acoust., **32**, pp. 177-180 (1986)
31) V. F. Humphrey : The measurement of acoustic properties of limited size panels by use of a parametric source, J. Sound Vib., **98**, pp. 67-81 (1985)
32) H. O. Berktay and J. A. Shooter : Parametric recievers with spherically spreading pump waves, J. Acoust. Soc. Am., **54**, pp. 1056-1061 (1973)
33) 鎌倉友男,青木茂明,周 英敏,池谷和夫：パラメトリック受波器実用化への問題 – 空中マイクロホンを通しての検討 – 日本音響学会誌,**41**, pp. 291-299 (1985)
34) T. G. Muir and E. L. Carstensen : Prediction of acoustic effects at biomedical frequencies and intensities, Ultrasound Med. Biol., **6**, pp. 345-357 (1980)
35) 崔 博坤,榎本尚也,原田久志,興津健二 編：音響バブルとソノケミストリー,p. 31,コロナ社 (2012)
36) M. A. Averkiou, D. N. Roundhill and J. E. Powers : A new imaging technique based on the nonlinear properties of tissues, IEEE Ultrasonic Symp. Toronto, pp. 1561-1566 (1997)
37) B. Ward, A. C. Baker and V. F. Humphrey : Nonlinear propagation applied to the improvement of resolution in diagnostic medical ultrasound, J. Acoust. Soc. Am., **101**, pp. 143-154 (1997)
38) Y. Jing and R. O. Cleveland : Modeling the propagation of nonlinear three-dimensional acoustic beams in inhomogeneous media, J. Acoust. Soc. Am., **122**, pp. 1352-1364 (2007)
39) B. E. Treeby, J. Jaros, A. P. Rendell, and B. T. Cox : Modeling nonlinear ultrasound propagation in heterogeneous media with power law absorption using a k-space pseudospectral method, J. Acoust. Soc. Am., **131**, pp. 4324-4336 (2012)

40) 秋山いわき 編著：アコースティックイメージング, p. 107, コロナ社 (2010)
41) I. Akiyama, A. Ohya and S. Saito : Speckle noise reduction by superposing many higher harmonic images, Jpn. J. Appl. Phys., **44**, pp. 4631-4636 (2005)
42) N. Yoshizumi, S. Saito, D. Koyama, K. Nakamura, A. Ohya and I. Akiyama : Multi-frequency ultrasonic imaging by transmitting pulsed waves of two frequencies, J. Med. Ultrasonics, **36**, pp. 53-60 (2009)
43) L. D. Marcoberardio, J. Marchal and P. Cervenka : Nonlinear multi-frequency transmitter for seafloor characterization, Acta Acustica united with Acustica, **97**, pp. 202-208 (2011)

4 非線形音場の数値解析

 3章に続き,音波ビームの非線形伝搬について理論解析を行う。非線形性が強くなると,例えばKZK方程式などのモデル式に対して,逐次近似に基づく線形化の適用が困難になる。このようなとき,コンピュータを利用した数値解析法が威力を発揮する。最も一般的で古典的な解法としてよく知られている有限差分法(単に差分法という場合が多い)を出発として,有限要素法,そしてCIP (constrained interpolation profile) 法による数値解析手法について解説する。

4.1 差分法の導入

4.1.1 放物形方程式の解法

 偏微分方程式の数値解法に**差分法**(finite difference method)がよく用いられるが,これは微分係数を差分商で近似し,微分方程式をそれよりも取り扱いやすい代数方程式に変換して解を求める方法である[1]~[4]。微分係数を差分商に変換する方法として,基本的には前進,後方,中心差分があり,使用目的に合わせ,また時として組み合わせて利用している。なお,差分近似に伴う精度の観点からすると,刻み幅(グリッド間隔)を $\Delta\zeta$ としたとき2点を利用した前進および後方差分の精度は $O(\Delta\zeta)$,3点を利用した中心差分の精度 $O((\Delta\zeta)^2)$ である。一般に,使用する点が多いほど近似度は向上するが,解を求めるにはソースコードや境界あるいは初期条件の設定が複雑となる。

 本節では,簡単のため,半径 a の円形開口ピストン音源から,初期音圧が p_0

で角周波数 ω の正弦定常音波が放射されている場合を想定し,まずは線形方程式への差分法の適用を説明する。すなわち,KZK 方程式 (2.117) で音波吸収項と非線形項を除いた

$$\frac{\partial^2 p}{\partial t' \partial z} - \frac{c_0}{2r}\frac{\partial}{\partial r}\left(r\frac{\partial p}{\partial r}\right) = \frac{\partial^2 p}{\partial t' \partial z} - \frac{c_0}{2}\left(\frac{\partial^2 p}{\partial r^2} + \frac{1}{r}\frac{\partial p}{\partial r}\right) = 0 \qquad (4.1)$$

の差分化から出発する。偏微分方程式論からすると,式 (4.1) は熱伝導や拡散を書き表す放物形方程式の範疇に含まれる。したがって,熱伝導方程式や拡散方程式を解く数値解析手法がそのまま式 (4.1) に適用できることになる[5]。

まずは

$$\bar{p} = \frac{p}{p_0}, \quad \tau = \omega t', \quad \xi = \frac{r}{a}, \quad \zeta = \frac{z}{R_0} \qquad (4.2)$$

の変数を用いて,式 (4.1) を

$$\frac{\partial^2 \bar{p}}{\partial \tau \partial \zeta} - \frac{1}{4}\left(\frac{\partial^2 \bar{p}}{\partial \xi^2} + \frac{1}{\xi}\frac{\partial \bar{p}}{\partial \xi}\right) = 0 \qquad (4.3)$$

のように無次元化する。ここで,ζ は伝搬距離 z をレイリー長 $R_0 = ka^2/2$ ($k = \omega/c_0$ は波数)で割った無次元距離 $\zeta = z/R_0$ である。また,レイリー長は近距離場と遠距離場との境界の目安距離で,$\zeta < 1$ ならば観測点が近距離場に存在すること,逆に $\zeta > 1$ ならば遠距離場に存在することになる。いま,定常問題を取り扱っているので,$\bar{p} = \mathrm{Im}[\bar{P}(\xi,\zeta)e^{j\tau}]$ を満たす複素音圧 $\bar{P}$ を導入すると†,式 (4.3) のかわりに次式を得る。

$$\frac{\partial \bar{P}}{\partial \zeta} + j\frac{1}{4}\left(\frac{\partial^2 \bar{P}}{\partial \xi^2} + \frac{1}{\xi}\frac{\partial \bar{P}}{\partial \xi}\right) = 0 \qquad (4.4)$$

図 **4.1** に示すように,ξ 方向の積分区間は $0 \sim \xi_{\max}$ で囲んだ有限長として,整数値 $i_{\max}$ で等分割すると,刻み幅 $\Delta \xi$ は $\Delta \xi = \xi_{\max}/i_{\max}$ の関係にある。ζ 方向も同様に一定幅 $\Delta \zeta$ で刻み,$0 \leq \zeta < \infty$ の開空間とする。そこで,$\zeta = l\Delta \zeta$ ($l = 1, 2, \cdots$) の l 番目の位置を基準にして,$\partial \bar{P}/\partial \zeta$ を,例えば後方差分の表示とする。

---

† 虚数単位を $j = \sqrt{-1}$ とする。変数の添字の j と混同しないこと。

4.1 差分法の導入

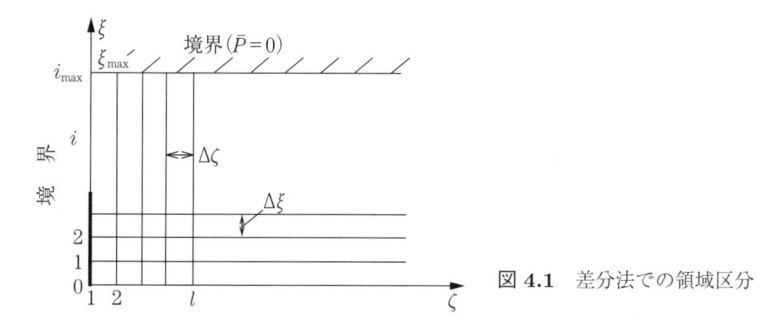

図 4.1 差分法での領域区分

$$\frac{\partial \bar{P}}{\partial \zeta} \to \frac{1}{\Delta\zeta}(\bar{P}_i^l - \bar{P}_i^{l-1}) \tag{4.5}$$

ここで，$\bar{P}_i^l$ の添字 $i\ (=0,1,\cdots,i_{\max})$，$l\ (=1,2,\cdots,\infty)$ はそれぞれ径の ξ 方向，軸の ζ 方向の位置番号を示す．ξ 方向の微分については $O((\Delta\xi)^2)$ の誤差内でまとめると

$$\begin{cases} \dfrac{\partial^2 \bar{P}}{\partial \xi^2} & \to \quad \dfrac{1}{(\Delta\xi)^2}(\bar{P}_{i+1}^l - 2\bar{P}_i^l + \bar{P}_{i-1}^l) \\ \dfrac{1}{\xi}\dfrac{\partial \bar{P}}{\partial \xi} & \to \quad \dfrac{1}{2(\Delta\xi)^2 i}(\bar{P}_{i+1}^l - \bar{P}_{i-1}^l) \end{cases} \tag{4.6}$$

になる．式 (4.5)，(4.6) の関係を式 (4.4) に代入すれば

$$\bar{P}_i^l + R\left\{\left(1-\frac{1}{2i}\right)\bar{P}_{i-1}^l - 2\bar{P}_i^l + \left(1+\frac{1}{2i}\right)\bar{P}_{i+1}^l\right\} = \bar{P}_i^{l-1} \tag{4.7}$$

を得る．ここで

$$R = j\frac{1}{4}\frac{\Delta\zeta}{(\Delta\xi)^2} \tag{4.8}$$

である．なお，式 (4.7) のままでは $i=0$，つまり音軸上で $1 \pm 1/(2i)$ は無限大に発散して解が定まらない．実際は，$\xi = 0$ のまわりのテイラー級数展開

$$\bar{P}(\xi) = \bar{P}(0) + \left.\frac{\partial \bar{P}}{\partial \xi}\right|_{\xi=0}\xi + \frac{1}{2}\left.\frac{\partial^2 \bar{P}}{\partial \xi^2}\right|_{\xi=0}\xi^2 + \cdots \tag{4.9}$$

と，音軸に対しての音場の対称性 $\partial \bar{P}/\partial \xi|_{\xi=0} = 0$ を考慮した微分関係式

$$\lim_{\xi \to 0}\frac{1}{\xi}\frac{\partial \bar{P}}{\partial \xi} = \left.\frac{\partial^2 \bar{P}}{\partial \xi^2}\right|_{\xi=0} \tag{4.10}$$

さらに，$\bar{P}_{-1}^l = \bar{P}_1^l$ から架空変数 $\bar{P}_{-1}^l$ を消し

$$\left.\frac{\partial^2 \bar{P}}{\partial \xi^2}\right|_{\xi=0} + \left.\frac{1}{\xi}\frac{\partial \bar{P}}{\partial \xi}\right|_{\xi=0} = 2 \times \left.\frac{\partial^2 \bar{P}}{\partial \xi^2}\right|_{\xi=0} \rightarrow 2 \times \frac{\bar{P}_{-1}^l - 2\bar{P}_0^l + \bar{P}_1^l}{(\Delta\xi)^2}$$
$$= 4 \times \frac{-\bar{P}_0^l + \bar{P}_1^l}{(\Delta\xi)^2} \tag{4.11}$$

から，式 (4.7) は

$$\bar{P}_0^l + R(-4\bar{P}_0^l + 4\bar{P}_1^l) = (1-4R)\bar{P}_0^l + 4R\bar{P}_1^l = \bar{P}_0^{l-1}, \quad i=0 \tag{4.12}$$

になり，音場の音軸上における軸対称性という境界条件が導出できる．また，外円周 $\xi_{\max}$ では $\bar{p}=0$ の条件を課して，次のようにおく．

$$\bar{P}_{i_{\max}}^l = 0, \quad i = i_{\max} \tag{4.13}$$

以上の差分化とその解法は，音波の伝搬方向 ζ の $l-1$ 番目のステップにおける $i_{\max}$ 個の $\bar{P}_i^{l-1}$ の値を与えて，次の l 番目のステップの $\bar{P}_i^l$ の値を決める問題，すなわち

$$(\boldsymbol{I} + R\boldsymbol{A})\bar{\boldsymbol{P}}^l = \boldsymbol{I}\bar{\boldsymbol{P}}^{l-1} \tag{4.14}$$

の連立1次方程式を解く問題に帰着する．ここで

$$\bar{\boldsymbol{P}}^l = \begin{bmatrix} \bar{P}_0^l, & \bar{P}_1^l, & \bar{P}_2^l, \cdots, \bar{P}_{i_{\max}-2}^l, & \bar{P}_{i_{\max}-1}^l \end{bmatrix}^T \tag{4.15}$$

$$\boldsymbol{A} = \begin{bmatrix} \delta_0 & \beta_0 & 0 & & & \text{\Large 0} \\ \alpha_1 & \delta_1 & \beta_1 & & & \\ & \cdots & \cdots & & & \\ & & \cdots & \cdots & & \\ & & & \alpha_{i_{\max}-2} & \delta_{i_{\max}-2} & \beta_{i_{\max}-2} \\ \text{\Large 0} & & & & \alpha_{i_{\max}-1} & \delta_{i_{\max}-1} \end{bmatrix} \tag{4.16}$$

$$\begin{cases} \alpha_i = \begin{cases} 0, & i = 0 \\ 1 - \dfrac{1}{2i}, & i = 1, 2, \cdots, i_{\max} - 1 \end{cases} \\ \beta_i = \begin{cases} 4, & i = 0 \\ 1 + \dfrac{1}{2i}, & i = 1, 2, \cdots, i_{\max} - 2 \\ 0, & i = i_{\max} - 1 \end{cases} \\ \delta_i = \begin{cases} -4, & i = 0 \\ -2, & i = 1, 2, \cdots, i_{\max} - 1 \end{cases} \end{cases} \quad (4.17)$$

である．また，$\boldsymbol{I}$ は $i_{\max} \times i_{\max}$ の単位行列であり，^{T} は転置を示す．式 (4.14) において，$\boldsymbol{I} + \boldsymbol{RA}$ は 3 重対角（tridiagonal）行列であって，LU 分解に基づく Thomas 法[4]や，反復法を基本としたガウス-ザイデル（Gauss-Seidel）法[3]が利用でき，容易に解くことができる．なお，ここで行った差分化では，ξ 方向の $i_{\max}$ 個のすべての音圧値が既知でないと，次のステップの $i_{\max}$ 個のすべての音圧値が定まらない．このようなスキームは陰（implicit）解法といわれている．一方，式 (4.5) のかわりに ζ 方向に前進差分

$$\frac{\partial \bar{P}}{\partial \zeta} \rightarrow \frac{1}{\Delta \zeta}(\bar{P}_i^{l+1} - \bar{P}_i^l) \qquad (4.18)$$

を利用すると，基本的には ξ 方向に 3 個の既知データが与えられれば，次のステップの音圧値 1 個が定められる陽（explicit）解法となる．放物形方程式を精度よく解く場合，陽解法に比べて陰解法は，同じ計算精度でも刻み幅 $\Delta \zeta$ を大きく設定することができ，数値計算の高速化が図られる．加えて，式 (4.4) の左辺第 1 項の $\partial \bar{P}/\partial \zeta$ を，ζ 方向の l と $l+1$ 番目の音圧の中点での微分として取り扱うことで，つまり中心差分として

$$\left(\boldsymbol{I} + \frac{R}{2}\boldsymbol{A}\right)\bar{\boldsymbol{P}}^l = \left(\boldsymbol{I} - \frac{R}{2}\boldsymbol{A}\right)\bar{\boldsymbol{P}}^{l-1} \qquad (4.19)$$

にまとめたクランク-ニコルソン（Crank-Nicolson）法[3]を差分化することで，刻み幅 $\Delta \zeta$ をさらに粗く設定でき，数値計算の高速化がいっそう図られる．

陽解法でも陰解法でも，任意の位置での音圧を求めるには，$\bar{\boldsymbol{P}}^0$，つまり $l=1$ に対応する音源面の音圧分布を与える必要がある。例えば，音源開口の音圧分布を $f(\xi)$ として

$$\bar{p} = \begin{cases} f(\xi)\sin\tau, & 0 \leq \xi \leq 1 \\ 0, & 1 < \xi \leq \xi_{\max} \end{cases} \tag{4.20}$$

とおいたとき，$\bar{\boldsymbol{P}}^0$ は以下のように設定できる。

$$\bar{P}_i^0 = \begin{cases} f(i\Delta\xi), & 0 \leq i \leq \left[\dfrac{1}{\Delta\xi}\right] \\ 0, & \left[\dfrac{1}{\Delta\xi}\right] < i \leq i_{\max}-1 \end{cases} \tag{4.21}$$

ここでの [ ] は整数化することを意味する。結局，式 (4.21) の音源面上の境界条件で，線形 1 次方程式 (4.14) を解くことになる。放物形方程式を解析するには，以上の基本的な数値計算以外に，多くのスキームが準備されている。この意味では，KZK 方程式は，数値解析するうえからも優れたモデル式といえる。

図 **4.2** に，差分計算で得た円形ピストン音源に対する音軸上の音圧の振幅特性を示す。実線は 3 章で示した放物形方程式の解析解の式 (3.30) を音軸 $r=0$ に設定し，ζ で書き表した

$$\bar{P} = 1 - e^{-jka^2/(2z)} = 1 - e^{-j\zeta} = 2j\sin\left(\frac{1}{2\zeta}\right)e^{-j/(2\zeta)} \tag{4.22}$$

(a) $\zeta<0.1$

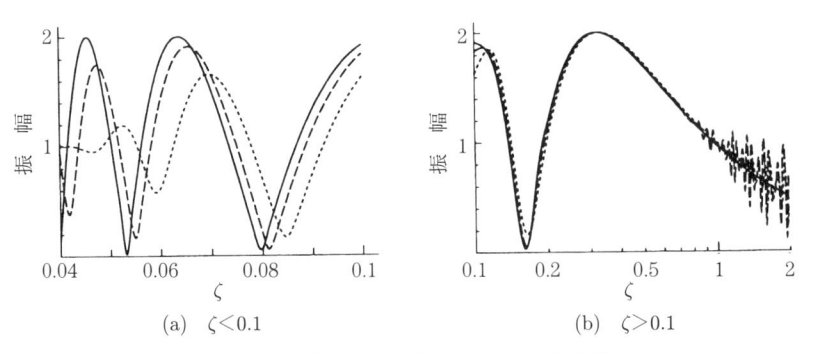

(b) $\zeta>0.1$

図 **4.2** 音軸上の音圧振幅。実線：放物形方程式の解析解で式 (4.22)，点線：$\Delta\zeta = 2.5 \times 10^{-4}$, $\Delta\xi = 0.025$, 破線：$\Delta\zeta = 0.625 \times 10^{-4}$, $\Delta\xi = 0.0125$

である。また，点線と破線はそれぞれ $\Delta\zeta = 2.5 \times 10^{-4}$，$\Delta\xi = 0.025$，および $\Delta\zeta = 0.625 \times 10^{-4}$，$\Delta\xi = 0.0125$ の刻み幅で $\xi_{\max} = 7$，つまり r 方向の積分領域を，音源開口半径の 7 倍まで考慮したときの数値差分の結果である。刻み幅が細かいほど数値解は音源に近い領域から解析解に近づき，逆に粗い刻み幅であると数値解は解析解から右側にずれていく。ところが，細かな刻み幅のときは広い刻み幅より多くの計算時間を必要とする。ちなみに，上記の二つの刻み幅では，およそ 7 倍の時間の違いが現れる。本来，音源近傍の音場の評価には放物近似は適さないことを考慮しても，式 (4.22) から導かれる，少なくとも音圧の最終ディップ位置 $\zeta = 1/(2\pi) = 0.16$ 付近において解析解に合うような刻み幅を条件として，$\Delta\zeta = 2.5 \times 10^{-4}$，$\Delta\xi = 0.025$ でよいであろう。以下の差分法に基づく数値計算は，この刻み幅を代表値として採用している[5]。

ビームは伝搬とともに拡がるので，外円周での境界条件の $\bar{P} = 0$ で波が強く反射し，直接波と干渉して音場特性に本来はありえない振動が現れる。事実，図 4.2 の $\zeta \geqq 1$ の領域においてその存在が認められ，刻み幅を細かくするほど振動の発生は音源に近づく。このような人工的に発生する反射波の大きさは外円周 $\xi_{\max}$ を拡げれば弱くなるので，遠距離まで計算するときは $\xi_{\max}$ を大きくすることで，このアーチファクトは避けられる。しかし，実際的ではない。この問題を解決するために反射波が起こらないように適切な境界条件を講じるか，あるいはビームの拡がりを考慮して波動方程式を座標変換することが考えられる。

4.1.2 非線形項の計算

媒質の非線形性に起因して波形はひずむことになるが，このことを周波数領域で考えると，初期の周波数成分以外に新たに多くの成分が発生したことを意味する。本項では波形ひずみを周波数領域で考えることにする。こうすることで，音波吸収や速度分散を含めてすべて周波数領域の問題として取り扱えることになる。計算手法がわかりやすくなるように，1 次元の平面進行波を解析の対象とする。

ところで,有限振幅音波の音圧は 2 章の式 (2.108) で与えられ,またその定常解は式 (2.113) を満たすことを知った.

$$\frac{\partial \bar{p}}{\partial \sigma} = \frac{1}{\Gamma}\frac{\partial^2 \bar{p}}{\partial \tau^2} + \frac{1}{2}\frac{\partial \bar{p}^2}{\partial \tau} \qquad \text{再掲 (2.108)}$$

$$\frac{d\bar{P}_n}{d\sigma} = -\frac{n^2}{\Gamma}\bar{P}_n + \frac{n}{4}\left(\sum_{m=1}^{n-1}\bar{P}_m\bar{P}_{n-m} - 2\sum_{m=n+1}^{\infty}\bar{P}_m\bar{P}_{m-n}^*\right) \qquad \text{再掲 (2.113)}$$

ここで,$\bar{P}_n(\sigma)$ は第 n 次高調波の複素振幅で,いまの場合は音圧 $\bar{p}\,(=p/p_0)$ がフーリエ級数

$$\bar{p} = \frac{1}{2j}\left(\sum_{n=1}^{\infty}\bar{P}_n e^{jn\tau}\right) + \text{c.c.} = \text{Im}\left(\sum_{n=1}^{\infty}\bar{P}_n e^{jn\tau}\right) \qquad (4.23)$$

で表される.なお,平面波の場合の距離変数 σ は衝撃波形成距離 x_s〔$= \rho_0 c_0^3/(\beta\omega p_0)$〕をもって無次元化された $\sigma = x/x_s$ である.

音波の相互作用に基づき新たに発生する周波数成分は,2 章の式 (2.113) の右辺第 2 項の非線形項の存在によって現れる.この非線形項も含めて,$d\bar{P}_n/d\sigma$ を次式のように後方差分する.

$$\frac{\bar{P}_n^l - \bar{P}_n^{l-1}}{\Delta\sigma} = -\frac{n^2}{\Gamma}\bar{P}_n^l + \frac{n}{4}\left(\sum_{m=1}^{n-1}\bar{P}_m^l\bar{P}_{n-m}^l - 2\sum_{m=n+1}^{\infty}\bar{P}_m^l\bar{P}_{m-n}^{l*}\right) \qquad (4.24)$$

ここで,$\bar{P}_n^l$ は l 番目の位置 $l\Delta\sigma$ における第 n 次の高調波成分を示す.式 (4.24) の各項のうち,総和項 $\sum_{m=n+1}^{\infty}\bar{P}_m^l\bar{P}_{m-n}^{l*}$ は,本来は無限項の高調波成分まで含めて計算しなければならないが,実際は有限個の次数 M で計算を打ち切り,$\bar{P}_m^l = 0\ (m > M)$ とする.$D_n = 1 + n^2\Delta\sigma/\Gamma$ とおき,式 (4.24) をまとめれば

$$D_n\bar{P}_n^l = \bar{P}_n^{l-1} + \frac{n\Delta\sigma}{4}\left(\sum_{m=1}^{n-1}\bar{P}_m^l\bar{P}_{n-m}^l - 2\sum_{m=n+1}^{M}\bar{P}_m^l\bar{P}_{m-n}^{l*}\right) \qquad (4.25)$$

となる.数値計算では $\sigma = 0$ で与えられる境界条件,例えば周波数 ω の正弦波であるならば,$\bar{P}_n^0 = 1\ (n=1)$,$= 0\ (n \neq 1)$ を式 (4.25) の右辺第 1 項に代入して,計算をスタートする.この既知の値をもとに $\Delta\sigma\ (l=2)$ の位置での $\bar{P}_n^1$ を,M 個の未知数を M 個の方程式を用いて陰解法に基づいて解く.ここで求

められた解をやはり右辺第1項に代入して同様な操作を繰り返し，所望の位置まで続ける。このような非線形項まで含めた陰解法以外に，非線形項を既知の値で置き換えることもできる。つまり，式 (4.25) の右辺第2項の $\bar{P}_n^l$ をすでに解が得られている $\bar{P}_n^{l-1}$ に置き換えて

$$D_n \bar{P}_n^l = \bar{P}_n^{l-1} + \frac{n\Delta\sigma}{4}\left(\sum_{m=1}^{n-1} \bar{P}_m^{l-1}\bar{P}_{n-m}^{l-1} - 2\sum_{m=n+1}^{M} \bar{P}_m^{l-1}\bar{P}_{m-n}^{(l-1)*}\right) \tag{4.26}$$

で近似するのである。そもそも非線形項は2次量であるから，これが微小である限りこのような近似は有効になろう。また，この表示式は陽解法を表しているからアルゴリズムは簡潔で，陰解法と比べて短い計算時間で解が求められる。

式 (4.25)，(4.26) にみられる打切り次数 M は以下のような重要な意味をもつ。高調波の発生は音圧が高くなるほど著しくなり，精度よく高調波成分を求めるにはフーリエ係数 $\bar{P}_n$ の次数 M を大きくとらなければならない。たとえ M の値を大きくとったとしても有限の次数で打ち切ることは，その次数よりも高次の高調波へのエネルギーの流れを阻止することであるから，M 次高調波の振幅は厳密解より増大すると予想される。事実，$n = M$ とおき，打切り次数の成分 $\bar{P}_M$ の大きさをみたとき，$n = M$ 次の周波数成分から他の成分へのエネルギーの流出を表す括弧内の第2項は消え，したがってエネルギーの流出がないため $\bar{P}_M$ の振幅は増大し続けることになる。また，この打切りに伴う誤差は計算のステップごとに M 以下の低次の高調波に逐次波及し，そして蓄積的に誤差が増大する。一般に，次数 M を低くとるほど，この誤差は急激に増大していく。こういった打切り誤差を最小限に抑えるためには，次数の最後の数項を強制的に減衰させ，まるで M 次を超える多くの項が含まれているように計算する手法がある[6]。このような計算の工夫を行っても不必要に次数を上げることは長時間の計算のみならず，場合によっては多くの数値演算に伴い累積誤差も無視できなくなる。考慮すべき最大の次数は，衝撃波形成距離や吸収係数から決まるパラメータ Γ の大小に依存する。一般に次数を上げると，求めようと

するフーリエ係数はある値に収束していくであろうから，この収束が確認でき，ある許容誤差範囲内の値に落ち着くようであればその次数で十分である。周波数成分間の波のエネルギーの授受は高次から低次調波よりも低次から高次調波への移行が活発であることから，高次の調波成分まで求めようとするならば M を大きな値にしなければならない。しかし，低次調波の成分の大きさは M の値にそれほど敏感ではない。非線形性が弱いときや，たとえ音源音圧や周波数が高く非線形作用が強くなっても音波吸収が大きく，発生した高調波成分が急激に減衰するようなときには，少ない次数で済むことになる。

陰解法の表示式 (4.25) は，計算スキームの観点からすると，陽解法の式 (4.26) よりも複雑になる。両解法は，数値結果に果たしてどのような差異として現れるであろうか。図 4.3 (a) は周波数成分に対する比較結果である。非線形性が比較的強い $\Gamma = 50$ を数値対象とした。ここでは代表値として，$\Delta\sigma = 2 \times 10^{-3}$, $M = 100$ に設定している。結果をみると，少なくとも第 3 高調波までは二つの解法結果に差異は見当たらない。(b) の図は同じ数値パラメータで，$\sigma = 2$ の位置における時間波形である。やはり，陽解法と陰解法の解析結果に違いが認められない。なお，計算時間に注目すると，陽解法にすることで陰解法よりもおよそ 1/3 倍の時間に短縮できた。これらの計算結果から，周波数領域で非線形項を計算する場合に，各周波数成分を伝搬軸方向の一つ手前のステップ値で代表

(a) 周波数成分に対する比較結果

(b) $\sigma = 2$ の位置における数値パラメータ

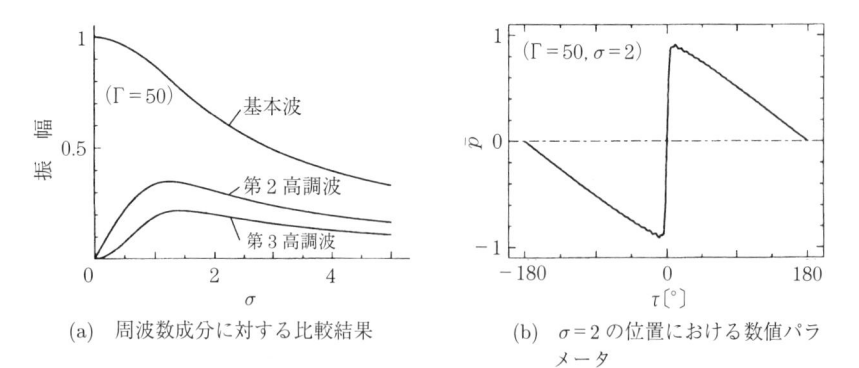

図 4.3　陰解法と陽解法。$\Gamma = 50$ で二つの結果は数値的にはほとんど一致

し,陽解法が利用できる。この結果は,2章で示した非線形方程式 (2.108) の右辺を各項ごとに分けて別々に計算する**演算分離法**(operator splitting method)の利用を保証するものである。

演算子分離法は部分段階法(fractional step method)ともいわれ

$$\frac{\partial \bar{p}}{\partial \sigma} = \frac{1}{\Gamma}\frac{\partial^2 \bar{p}}{\partial \tau^2} \tag{4.27}$$

$$\frac{\partial \bar{p}}{\partial \sigma} = \frac{1}{2}\frac{\partial \bar{p}^2}{\partial \tau} \tag{4.28}$$

のように2分割して差分化し,まずは式 (4.27) の $\Delta\sigma$ ステップ後の音圧値を求め,次にその値を利用して,それとは独立に,再度同じ区間 $\Delta\sigma$ で式 (4.28) を解くスキームである。$\Delta\sigma$ が微小な範囲においては,簡便に,しかも精度よく解が得られ,この演算分解法は有効な数値計算の手段として多用されている。

音源波形が周期関数で与えられることを前提に,ひずんだ伝搬波形をフーリエ級数展開し,周波数領域で差分化する本計算法は簡便ではあるが,音波吸収が小さい媒質内で顕著な衝撃波ができるような環境に対しては,4.2 節で述べる時間領域での計算よりも不利になる。これは,大きくひずんだ波形に対して打切り次数 M を大きくとらなければならず,その次数のほぼ2乗に比例して多くの計算時間を必要とするからである。また,不連続点付近で数値的な振動のギブス(Gibbs)現象が現れ,フーリエ級数の収束が保証できない場合がある。

4.1.3 Pestorius のアルゴリズム

ここで紹介する解析アルゴリズムは,Pestorius が発表し,平面波動とみることができる音響管中の有限振幅音波の伝搬を対象とした解析手法である[7]。この計算方法は本節で主眼とする差分法に直接関連するものではないが,有限振幅音波の数値解析法の一つとして利用されており,また 4.2 節以降の3次元の音場解析に利用するので取り上げる。

Pestorius のアルゴリズムの基本概念は,音波が微小距離伝搬するたびごとに時間領域でその波形を逐次計算するものであり,その刻み幅を適切な大きさに設定することにより,よい精度で波形の追跡が可能になる。まず,波形変化

の要因として二つのグループに分ける。その一つは非線形性による波形変化量の計算であり,もう一つは音波吸収や速度分散に起因する変化量の計算である。この計算過程に回折の効果を挿入すれば,3次元空間の波動伝搬にも拡張できる。本来はこれらの過程は同時に進行するものであるが,計算では別々に取り扱い,実際の現象を模擬している。この意味では,演算子分離法の考えに基づいているといえる。

〔1〕 **非線形性による波形変化量の計算**

入力の時系列データは図 **4.4** に示すように,微小時間 Δt で離散化した粒子速度の時間波形 $u(i)$, $(i = 1, 2, \cdots, N)$ をもって表す。それぞれの振幅値での時刻を $t(i)$ とすると,$t(i) = i\Delta t$ の関係がある。

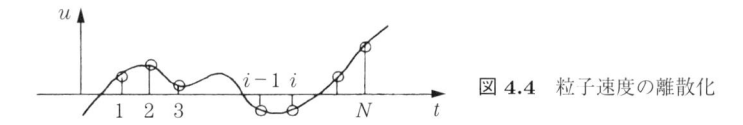

図 **4.4** 粒子速度の離散化

さて,有限振幅音波が進行するとき,ある波面が Δx だけ伝搬するに要する時間は,c_f をその波の速度として,$\Delta x/c_\mathrm{f} = \Delta x/(c_0 + \beta u)$ である。それに対して,微小振幅音波のときは $\Delta x/c_0$ である。したがって,遅延時間軸 $t' = t - x/c_0$ でみた波は

$$\Delta T = \frac{\Delta x}{c_\mathrm{f}} - \frac{\Delta x}{c_0} = -\frac{\Delta x}{c_0}\frac{\beta u}{c_0 + \beta u} \tag{4.29}$$

だけ時間移動することになる。ここで,負号が付くのは,2 章 2.1.4 項で述べたように,$u > 0$ の振幅領域で,微小振幅時の音速よりも波面が時間的に進むことを,また $u < 0$ の振幅領域では遅れることを意味する。このことから,粒子速度の各振幅点での値に応じた移動時間量を計算すると,結果として任意の Δx に対する非線形性による波形変化を求めることができる。衝撃波面が形成されている場合も同様に考える。衝撃波の波面前後の粒子速度を u_1, u_2 とおき,弱い衝撃波理論に従って,$c_\mathrm{s} = c_0 + \beta(u_1 + u_2)/2$ を利用すると

$$\Delta T = \frac{\Delta x}{c_\mathrm{s}} - \frac{\Delta x}{c_0} = -\frac{\Delta x}{c_0}\frac{\beta(u_1 + u_2)/2}{c_0 + \beta(u_1 + u_2)/2} \tag{4.30}$$

4.1 差分法の導入

移動することになる。

最初，時間幅が等間隔であった振幅列は Δx の伝搬の際に等間隔からずれ，またこの伝搬過程で新たに衝撃波面ができる場合が生じる。以上のことから，本手法は① c_f による時刻値の移動，②衝撃波面の形成の有無，③衝撃波面が形成されている場合の c_s による時刻値の移動，④時間間隔を等間隔に直すための再サンプリングの計算過程から構成されている。④の計算は，後出〔2〕で述べる，音波の吸収や速度分散効果を計算するうえで必要となる。

① c_f による時刻値の移動　　式 (4.29) に基づき，$u(i)$ に対する時刻値の移動量 ΔT_i を求め，新しい $t(i)$ の値を算出する。すなわち

$$t(i)_\mathrm{new} = t(i)_\mathrm{old} + \Delta T_i = t(i)_\mathrm{old} - \frac{\Delta x}{c_0} \frac{\beta u(i)}{c_0 + \beta u(i)} \tag{4.31}$$

を利用する。

② 衝撃波の有無の判定　　衝撃波が形成されているかどうかは次のように考える。

式 (4.31) を計算した結果，$u(i) \gg u(i-1)$ であるような場合に，$t(i)_\mathrm{new} < t(i-1)_\mathrm{new}$ となることがある。これは図 **4.5** に示すように，i 番目の点が $i-1$ 番目の点よりも前に移動した，つまり時間的に進んだことを意味し，粒子速度が同一時刻に複数個の値をとりえないという物理条件に反する。このような場合が生じたときは，時刻 $t(i)_\mathrm{new}$ と $t(i-1)_\mathrm{new}$ の間に衝撃波面ができたと判定して，次の (c) の過程に移り，計算し直す。なお，この判定は粒子速度の変化量 $\Delta u = u(i) - u(i-1)$ に対して一意的に定まるのではなく，Δt, Δx の設定の仕方によって変わりうる。

③ c_s による時刻値の移動　　衝撃波面が i 番目と $i-1$ 番目のデータ間に

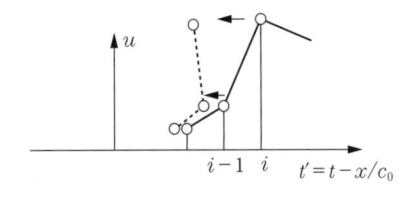

図 **4.5**　波面の整形

発生しているとみなされたときには,衝撃波面の厚みは時間領域で考えて Δt に比べて十分小さいとみなされるので,i 番目と $i-1$ 番目の新しい時刻値は一致しなければならない。この場合には,最初に $t(i)_{\text{old}}$ と $t(i-1)_{\text{old}}$ のちょうど中間に,その前後の粒子速度が $u(i)$ および $u(i-1)$ であるような衝撃波面が存在していたと仮定して処理を行う。この波面の新しい時刻位置を t_1 とすると

$$t_1 = t(i)_{\text{new}} = t(i-1)_{\text{new}} = t_{\text{m1}} - \frac{\Delta x}{c_0}\frac{\beta u_{\text{m1}}}{c_0 + \beta u_{\text{m1}}} \tag{4.32}$$

となる。ここで

$$t_{\text{m1}} = \frac{t(i)_{\text{old}} + t(i-1)_{\text{old}}}{2}, \quad u_{\text{m1}} = \frac{u(i) + u(i-1)}{2} \tag{4.33}$$

である。Δt が微小で,$t(i)$ と $t(i-1)$ の区間の振幅値を直線で近似することで中間時間 t_{m1} を採用するのである。

つぎに,i 番目と $i-1$ 番目のデータによって構成される波面の伝搬速度が依然として大きく,上式を実行した結果,$t(i)_{\text{new}} = t(i-1)_{\text{new}} < t(i-2)_{\text{new}}$ の関係が生じている場合を考える。このような判定がなされた場合にも,上式の 2 点で波面が構成される場合と同様にして,この 3 点で構成されるとみて次式に従い新しい時刻位置を決定する。

$$t_2 = t_{\text{m2}} - \frac{\Delta x}{c_0}\frac{\beta u_{\text{m2}}}{c_0 + \beta u_{\text{m2}}} \tag{4.34}$$

ただし

$$t_{\text{m2}} = \frac{t(i)_{\text{old}} + t(i-1)_{\text{old}} + t(i-2)_{\text{old}}}{3},$$

$$u_{\text{m2}} = \frac{u(i) + u(i-1) + u(i-2)}{3} \tag{4.35}$$

である。この結果,$t_2 \geqq t(i-3)_{\text{new}}$ となれば新しい時刻として

$$t(i)_{\text{new}} = t(i-1)_{\text{new}} = t(i-2)_{\text{new}} = t_2 \tag{4.36}$$

を採用する。このように処理しても $t_2 < t(i-3)$ であるならば,i 番目から $i-4$ 番目の 4 点で同様な計算を行い,条件が満たされるまで上述の手順を繰り返す。

なお，この手順がi番目から$i-n$番目のデータで行われ，その結果新しい衝撃波面の位置が決まったとすると，その衝撃波面の前後の粒子速度の値は$u(i)$，$u(i-n)$でそれぞれ表されることになる．したがって，$i \sim i-n$の時刻の間にあった$u(i)$より小さい粒子速度，また$u(i)$よりも大きな速度は，この時点で消されるため，このステップで衝撃波面の生成に起因する非線形吸収が自動的に計算されることになる．

④ 再サンプリング　以上，①～③の処理を行った後の時間軸データは不等間隔に並ぶため，データを再び等間隔に直しておく必要がある．これをデータの再サンプリングという．実際の処理は，各等間隔の新サンプリング点の前後に最も近い2点を探し出して直線補間を行う．また，この処理は次の音波吸収や速度分散の効果を音波伝搬に含めるためにも不可欠な処理である．

〔2〕 吸収と分散による波形変化量の計算

基本的には，〔1〕で説明した手法で，有限振幅音波の伝搬ひずみが追跡できる．しかし，実在の空気には粘性や熱伝導性があり，それによって音波エネルギーは減少し，また剛壁チューブ内の音波の伝搬ではその壁面でエネルギー散逸が起こり，速度分散が生じる．したがって，〔1〕での波形計算に対して補正が必要になる．本ステップでは，こういった音波吸収や速度分散が波形に与える影響について計算を行う．ただし，非線形ひずみの計算がすべて時間領域で行われたのに対し，エネルギー散逸に基づく音波の減衰と分散は周波数の複雑な関数になる場合が多く，周波数領域で計算を行う．具体的には，〔1〕の計算過程で得た波形ひずみの時系列信号$u(i)$を離散フーリエ変換して周波数スペクトル$U(i)$に分解し，それにΔx間で起こる音波減衰と位相変化量を乗じた後に，フーリエ逆変換で時間領域の波形に戻す操作を行う．式で表せば

$$U(i)_{\text{new}} = U(i)_{\text{old}} e^{-\alpha(i)\Delta x} \tag{4.37}$$

の計算を行う．なお，ここでの$\alpha(i)$には，音波吸収のみならず速度分散に関わる位相変化も含む．例えば，内径$2a$の剛壁チューブ内を伝わる音の波数kは，次のキルヒホッフ（Kirchhoff）の式[8]に従うことが知られている．

$$k^2 = \frac{\omega^2}{c_0^2} - j\frac{2\omega}{c_0}\left[\alpha_{\text{cl}} + (1+j)\alpha_{\text{wall}}\right], \quad \alpha_{\text{wall}} = \frac{1}{ac_0}\sqrt{\frac{\omega\nu}{2}}\left(1 + \frac{\gamma-1}{\sqrt{\text{P}_{\text{r}}}}\right) \tag{4.38}$$

ここで，α_{cl} は媒質の粘性や熱伝導性に起因する古典的吸収†を，α_{wall} は壁面での吸収係数である．また，この式中の P_{r} はプラントル数（空気の場合，0.72），ν は動粘性係数 μ/ρ_0（空気の場合，1.5×10^{-5} m^2/s）を示す．通常の実験条件では $\alpha_{\text{wall}} \ll \omega/c_0$ であるから，波数は

$$k = \frac{\omega}{c_0} + \alpha_{\text{wall}} - j(\alpha_{\text{wall}} + \alpha_{\text{cl}}) \tag{4.39}$$

で近似できる．この表示式の右辺第3項が壁面での音波エネルギー損失による音波吸収，第2項はその音波吸収に伴う速度分散であり，このときの波の位相速度を c_{p} とおくと

$$c_{\text{p}} = c_0\left(1 + \frac{c_0}{\omega}\alpha_{\text{wall}}\right)^{-1} \approx c_0 - \frac{c_0^2 \alpha_{\text{wall}}}{\omega} \tag{4.40}$$

になる．周波数が低いほどこの位相速度は音速 c_0 より遅い．

以上の結果を踏まえて，音響管内の有限振幅音波の伝搬を模擬するときには，波面を t' の遅延時間軸で眺めていることを考慮し，$\exp[j(\omega t - kx)] = \exp(j\omega t')\exp[-(\alpha_{\text{wall}} + \alpha_{\text{cl}} + j\alpha_{\text{wall}})x]$ に書き直す．その結果，式 (4.37) の α を $\alpha_{\text{wall}} + \alpha_{\text{cl}} + j\alpha_{\text{wall}}$ に置き換えればよいことがわかる．時間領域での波形ひずみの計算と，周波数領域での音波吸収の計算は，Δx のステップごとに交互に行わなければならず，短時間計算に有利な高速フーリエ変換（FFT）を用いる．

上述の〔1〕と〔2〕の操作で，Δx の微小伝搬距離に対する波形計算が一巡したことになる．次からはこの計算操作の繰返しである．なお，〔1〕の計算，つまり時間領域での波形の変化を先に求めるか，逆に〔2〕の周波数領域の減衰計算を先に行うかの順番は計算結果に大差ないことが知られている．**図 4.6** は，

---

† 空気を構成する分子の振動の緩和効果で音波吸収が起こり，可聴周波数帯域ではこの緩和を含めた分子的吸収が古典的吸収を上回ることが多い．

	観測結果	シミュレーション結果

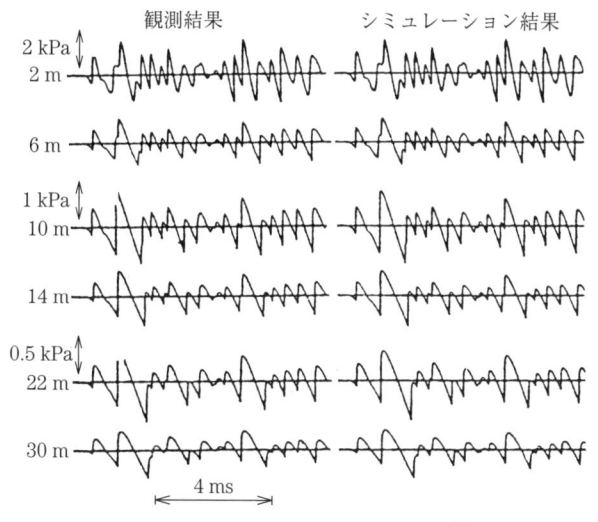

2 kPa
2 m

6 m

1 kPa
10 m

14 m

0.5 kPa
22 m

30 m

|←— 4 ms —→|

図 **4.6** 不規則な有限振幅波の伝搬 [9)]

内径 5 cm の長いアルミ製音響管に有限振幅の不規則音を伝搬させ，音源から 2〜30 m の範囲で時間波形の変化を追跡したものである．左側の波形は実験結果，右側は 2 m の位置での波形を初期信号としてシミュレーション計算の入力とした結果である [9)]．この比較からもわかるように，Pestorius のアルゴリズムに従った計算結果は実験波形とよく符合する．伝搬に伴う衝撃波面の形成，ゼロクロスの傾きの変化，さらには全体的に周期の短い信号は消え，周期の長い，すなわち低周波成分が全体的に生き残る様子が，このデータから読み取れる．

4.1.4　KZK 方程式の解法への適用

　非線形モデル式として提案されている KZK 方程式の適用範囲は，音軸を中心としたおよそ 15° のビーム角以内の円すい内であるが，超音波を対象とする多くの実用使用において，この条件は大方当てはまる．したがって，ここでは KZK 方程式の数値解析に焦点を絞る．KZK 方程式は，2 章の式 (2.116) で与えられた．

$$\frac{\partial^2 p}{\partial t' \partial z} - \frac{c_0}{2}\nabla_\perp^2 p - \frac{\delta}{2c_0^3}\frac{\partial^3 p}{\partial t'^3} = \frac{\beta}{2\rho_0 c_0^3}\frac{\partial^2 p^2}{\partial t'^2} \qquad \text{再掲 (2.116)}$$

半径 a のピストン音源を仮定して，式 (4.2) で与えた変数でこの式 (2.116) を

無次元化すると

$$\frac{\partial^2 \bar{p}}{\partial \tau \partial \zeta} = \frac{1}{4}\bar{\nabla}_\perp^2 \bar{p} + \alpha R_0 \frac{\partial^3 \bar{p}}{\partial \tau^3} + \frac{1}{2\zeta_D}\frac{\partial^2 \bar{p}^2}{\partial \tau^2} \tag{4.41}$$

になる。ここで，$\bar{\nabla}_\perp^2 = \partial^2/\partial \xi^2 + (1/\xi)\partial/\partial \xi$，また

$$\zeta_D = \frac{x_s}{R_0} \tag{4.42}$$

は非線形性の強弱を示す指標である。すなわち，$x_s = \rho_0 c_0^3/(\omega \beta p_0)$ は平面波の衝撃波形成距離，また $R_0 = ka^2/2$ はレイリー長であって，もし $\zeta_D > 1$ (あるいは，$x_s > R_0$) であれば非線形性は比較的弱い状態を，$\zeta_D < 1$ $(x_s < R_0)$ であれば逆に強い場合と解釈できる。

まず，$\bar{p}$ が定常な周期解をもつとして，フーリエ級数

$$\bar{p}(\tau, \xi, \zeta) = \frac{1}{2j}\left(\sum_{n=1}^{\infty} \bar{P}(\xi, \zeta)e^{jn\tau}\right) + \text{c.c.} \tag{4.43}$$

に展開する。これを式 (4.41) に代入することで，フーリエ係数 $\bar{P}_n$ に対する次式を得る。

$$\begin{aligned}\frac{\partial \bar{P}_n}{\partial \zeta} =& \frac{1}{j4n}\bar{\nabla}_\perp^2 \bar{P}_n - \alpha(n)R_0 \bar{P}_n \\ &+ \frac{n}{4\zeta_D}\left(\sum_{m=1}^{n-1}\bar{P}_m \bar{P}_{n-m} - 2\sum_{m=n+1}^{\infty}\bar{P}_m \bar{P}_{m-n}^*\right)\end{aligned} \tag{4.44}$$

ここで，$\alpha(n)$ は第 n 高調波の吸収係数であり，周波数 2 乗則に基づく KZK 方程式が成立する限りにおいて $\alpha(n) = \alpha n^2$ であるが，一般性をもたせてこのようにおいた。波の回折を表す右辺第 1 項の分母に次数 n が含まれているので，次数の高い高調波ほど回折効果は弱められる。したがって，最も波の拡がりの影響を受けるのが $n = 1$ の基本波である。一方，右辺第 3 項の n/ζ_D の係数から予想されるように，非線形性は次数に比例して強くなる。

ところで，Aanonsen は非線形項の計算において，4.1.2 項で示したように，軸方向一つ手前の音圧値で置き換える陽形式に，また $\bar{\nabla}_\perp^2$ の回折項は陰形式とする部分陰後方差分解法を提案している [5]。この Aanonsen の手法を用いた数値結果を以下に示す。

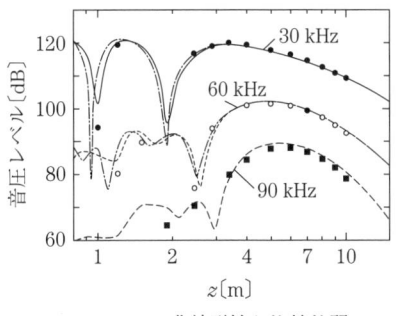

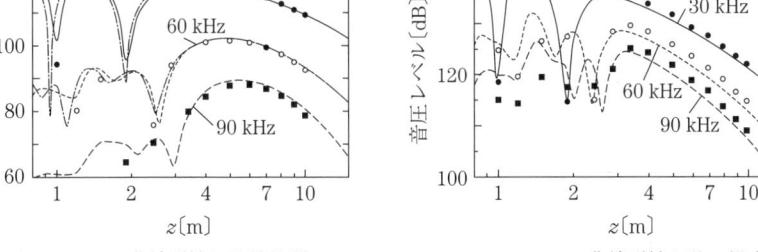

(a) $\zeta_D = 0.96$ で非線形性が比較的弱い場合

(b) $\zeta_D = 0.085$ で非線形性が強い場合

図 4.7 30 kHz 超音波ビームの伝搬特性[10]。1点鎖線:逐次近似解,黒丸と白丸:実験値

図 4.7 は,円形開口半径が 21 cm の空中超音波音源から,30 kHz のビームを放射したとき発生する音軸上高調波成分をプロットしたものである[10]。このときの ka は 116 であって,放物近似が十分満たされる条件である。シンボルは測定値を,実線,点線,破線はそれぞれ Aanonsen の手法に従って得た 30 kHz の基本波,60 kHz の第 2 高調波,そして 90 kHz の第 3 高調波に対する理論計算値である。この数値解を求める際に音源面上の音圧 p_0 の決定が重要な課題になる。マイクロホンを直接音源面に接触させて音圧を測ることはできないことから,高調波の発生が弱く非線形性が無視できる音場特性をもって p_0 を推定する。すなわち,音源への印加電圧を低くして音軸上の音圧特性を測る。この場合,線形理論に従って波が伝わると考えられるので,音源開口上の音圧振幅を一様分布として仮定して,式 (4.22) の $\bar{P}$ に音波吸収項 $e^{-\alpha z}$ を乗じた音圧計算値が利用できる。そして,この計算値と測定データを最適にフィッティングし,さらに入力電圧と p_0 に比例関係があるとみて p_0 を推定するのである。以上の予備計算で推定した,図 4.7 の測定条件に対する音源音圧は 116 dB ($p_0 = 17.8$ Pa) と 137 dB ($p_0 = 200$ Pa) である。

低い音源音圧レベルの 116 dB のとき $\zeta_D = 0.96$ で,非線形性が比較的弱く,基本波から高次高調波への音響エネルギーの移動は弱く,逐次近似法が適用できる音圧領域といえる。したがって,1点鎖線で示した逐次近似理論と,実線

で示した差分法に従って解いた非線形理論の対応はよい。一方,音圧が高くて137 dB の場合, $\zeta_D = 0.085$ であって非線形性は強く,高調波の発生は顕著であり,逐次近似の適用範囲外となる。この場合,全体的に理論と実験との差異が若干大きくなる。このような強い非線形性の場合の差異の要因として,打切り次数 M などの数値解析に伴う誤差というよりも,入力電圧が高くなると,その電圧と p_0 との比例関係が成り立たなくなるという実験上の問題が考えられる。

近距離場の音圧振幅の変動は著しい。基本波の最終ディップ位置はレイリー長の 0.16 倍の 1.9 m にあり,また第 2,第 3 高調波はそれぞれ 2.5 m,3 m 近辺に位置する。これらの距離はレイリー長の 0.21 倍,0.25 倍に相当する。音源音圧が上昇すると音圧の最終ピーク位置は音源側に近づく。例えば,116 dB のとき,基本波のピークは 3 m 付近にあるが,137 dB では 2.5 m 付近に移る。高調波のピーク位置の移動量はさらに増す。また,ピーク音圧の減衰も大きくなり,例えば最終とその一つ手前のピーク音圧の差に注目すると,116 dB のとき 2 dB あるものの 137 dB では 5 dB の差に拡がる。これは 137 dB の音源音圧において,非線形吸収が音場特性に強く関与していることを物語る。

音源から 6 m の位置で,音軸に垂直方向にマイクロホンを移動し,第 3 高調波までの音圧振幅のパターン特性を求めたものを図 **4.8** に示す[10]。音源周波数は 25 kHz であり,低い音源音圧として 117 dB に,高い音圧として 138 dB に

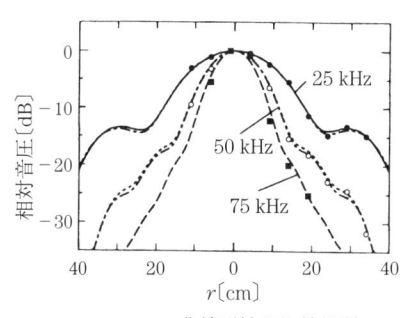

(a) $\zeta_D = 0.96$ で非線形性が比較的弱い場合

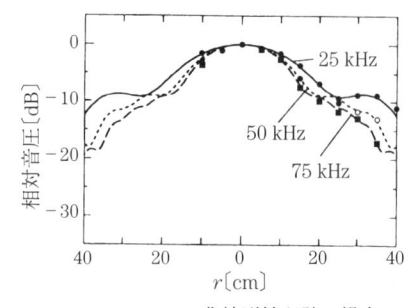

(b) $\zeta_D = 0.085$ で非線形性が強い場合

図 **4.8**　6 m の位置での 25kHz 超音波とその高調波のビームパターン特性[10]。
　　1 点鎖線:逐次近似解,黒丸と白丸:実験値

設定している．レイリー長は 10 m なので，観測位置は近距離場内にあり，このためかメインローブとサイドローブの境界が明白ではない．図 4.7 と同様に，比較のために 1 点鎖線で逐次近似解を併示した．二つの音源音圧とも理論は実験とよく符合し，この結果からすれば，KZK 方程式とその差分解は有限振幅の音波ビームの波形ひずみ解析に対する有効な理論モデルおよび解析法といえる．(b) のように音源音圧が増すと，近軸領域の非線形吸収が増し，ビームの振幅は頭打ちになり，このことは 138 dB のデータに顕著にみられる．

4.1.5 変形ビーム方程式

一般に，音源付近の音場，いわゆる近距離場では音圧の振幅と位相は複雑に変化する．また，音圧が大きいので非線形ひずみが発生しやすい．このような音場環境で差分法を適用する場合，精度よく各周波数成分のビーム特性を求めるには空間変数を細かく刻んで計算を行わなければならない．一方，音源から離れるにつれビームは拡がり，波面は平面波に近づき，音場の空間変化は緩やかである．また，振幅は減少するので非線形性は弱くなる．したがって，遠距離場では刻み幅を近距離場の計算のときよりも粗くとってよい．このような音場の特性を配慮した刻み幅で差分化を行うため，$\bar{p}$, ξ, ζ, τ を次の新しい変数 T, u, ζ', τ_p に変換する．

$$T = (1+\zeta)\bar{p}, \quad u = \frac{\xi}{1+\zeta}, \quad \zeta' = \zeta, \quad \tau_p = \tau - \frac{\xi^2}{1+\zeta} \qquad (4.45)$$

これらの変換式を KZK 方程式 (4.41) に代入してまとめれば

$$\frac{\partial^2 T}{\partial \tau_p \partial \zeta} = \frac{1}{4(1+\zeta)^2} \bar{\nabla}_u^2 T + \alpha R_0 \frac{\partial^3 T}{\partial \tau_p^3} + \frac{1}{2\zeta_{\mathrm{D}}(1+\zeta)} \frac{\partial^2 T^2}{\partial \tau_p^2} \qquad (4.46)$$

を得る．この式を**変形ビーム方程式**（transformed beam equation，TBE）という[11),12)]．なお，$\bar{\nabla}_u^2 = \partial^2/\partial u^2 + (1/u)\partial/\partial u$ であり，ζ' を改めて ζ とおいている．

差分法を用いて KZK 方程式を数値解析したのと同様に，変形ビーム方程式も解析できる．二つのモデル式を解析するうえで異なる点は，変形ビーム方程

式において，回折効果を表す $\bar{\nabla}_u^2$ の係数が $1/\{4(1+\zeta)^2\}$ であり，ビームの拡がりは伝搬距離 ζ とともに抑えられる点である。このことは，距離の増大とともに計算の刻み幅を広くとってもよいことを意味する。事実，式 (4.8) に変わる刻み幅 $\Delta\zeta$ と $\Delta\xi$ の比 R は，変形ビーム方程式では

$$R = j\frac{1}{4}\frac{\Delta\zeta}{(1+\zeta)^2(\Delta u)^2} \tag{4.47}$$

になるので，$\Delta\zeta \propto R(1+\zeta)^2(\Delta u)^2$ で示されるように，刻み幅 $\Delta\zeta$ は $(1+\zeta)^2$ の割合で大きく設定できる。図 **4.9** は，以上の説明のために，$\xi-\zeta$ と $u-\zeta$ の刻み幅の関係を示したものである。

図 **4.10** に，$\alpha R_0 = 0.2$, $u_{\max} = 7$, $\Delta u = 0.025$, 初期の $\Delta\zeta$ を 2.5×10^{-4} としたときの音軸上の振幅と，$\zeta = 2$ の位置におけるビームパターンを示す。ただし，$\zeta_D = 1$ に設定している。長距離計算を行っても，図 4.2 でみたような

図 **4.9** 変形ビーム方程式における積分領域

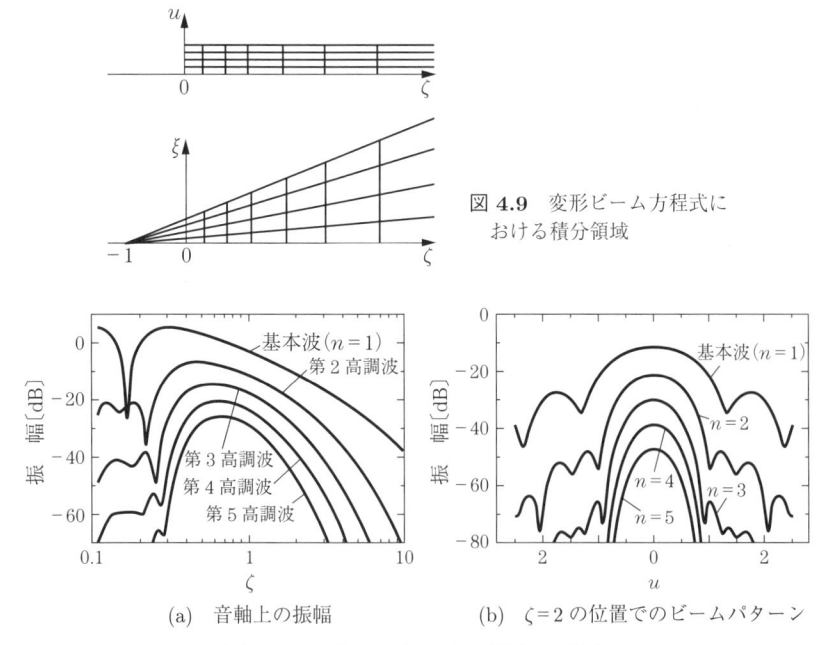

(a) 音軸上の振幅

(b) $\zeta=2$ の位置でのビームパターン

図 **4.10** 変形ビーム方程式を利用した高調波の音響特性。$\zeta_D = 1$，$\alpha R_0 = 0.2$ のとき

データの擬似的変動(アーチファクト)は現れない。

さて,各周波数成分のビーム特性をみることにしよう。高次の高調波成分は,全体的に音圧は低いが伝搬につれ急激にその振幅は増し,最後のピークは高次ほど遠方に位置するようになる。そして,レイリー長近辺の多くの高調波の発生で波形は大きくひずむ。そのピーク位置を超えると吸収係数の大きな高調波の減衰が激しく,ζ が 10 にもなれば第 2 高調波の振幅が基本波のそれの 30 dB以上も小さく,したがって波形は正弦波に近いと予想される。

次に,ビームのパターン特性に注目する。次数の高い高調波ほどビームが細くなり,多くのサイドローブの発生が認められる。高調波のサイドローブの数は,基本波のそれに比べ,次数に比例して多くなり,またメインローブとの音圧のレベル差が大きくなる。例えば,基本波におけるメインローブとサイドローブのレベル差は 18 dB 程度であるが,第 2 高調波ではレベル差はそれよりも10 dB 程度低くなる。一般に,基本波の指向性関数を $D(\theta)$ とおいたときに,高調波の指向性関数 $D_n(\theta)$ は,θ が小さい範囲で

$$D_n(\theta) \propto D^n(\theta) \tag{4.48}$$

になることが知られ,また実証もされている[13]。

2 周波駆動に対するパラメトリックアレイの音響特性を求める問題に拡張するには,差音の周波数を基本周波数として,その整数倍の周波数を 1 次周波数に設定し,KZK 方程式あるいは変形ビーム方程式の境界条件として与えればよい[10],[14]。また,集束場の計算においては,計算精度を上げるために,特に集束領域で空間刻み幅を細かく設定する必要がある。この場合,図 4.9 の ξ-ζ 特性において,ζ とともに増加する右上がりの直線とは逆に,ビームの集束を考慮して,焦点に向けて右下がりの直線になるように KZK 方程式を変数変換する必要がある[15]。なお,集束場の非線形伝搬については,以上のような特殊な変数変換をしなくとも,高集束ビームに特化したモデル式が提案されているので,それを利用するのも一案である(4.1.7 項参照)。

4.1.6 時間領域での解析

パルス波の非線形伝搬を理論解析するとき，三つの基本的な考え方がある。すなわち，①すべて周波数領域で解析する，②すべて時間領域で解析する，③時間領域と周波数領域を必要に応じて交互に使い分ける。①は Aanonsen の計算法を利用すれば可能になるし，③は Pestorius のアルゴリズムを 3 次元に拡張すれば利用できる。例えば，①の考えをもう少し説明すれば，いま，パルス波形がある周期で繰り返されているとする。このとき，その周期を基本周波数として，パルス波の周波数成分をフーリエ級数に展開して求める。こうして得た周波数成分を $\zeta = 0$ におけるパルス波の初期条件として，Aanonsen の境界条件に組み込めば，任意の位置においての周波数成分が，またその成分から時間波形が計算できる [16),17)]。このスキームは直接的で理解しやすいものの，計算に含めるべき周波数成分の次数は大きくなり，計算時間は膨大となる。すなわち，基本周波数の N 倍にパルス波の中心周波数（主成分）があるとして，その中心周波数の M 次高調波まで計算に含めるならば，結局，NM 次数までの高調波まで計算に組み込まなければならない。また，非線形性が強くなるほど M を大きくしなければならず，したがって計算次数も増す。しかも，フーリエ級数展開特有のギブス現象が現れ，非線形性が強い場合には周波数領域での解析の利用は向かず，次に説明する時間領域での解析のほうが得策である [18)]。

4.1.2 項で紹介した演算子分離法を変形ビーム方程式 (4.46) に適用する。

$$\frac{\partial T}{\partial \zeta} = \frac{1}{4(1+\zeta)^2} \int_{-\infty}^{\tau_p} \bar{\nabla}_u^2 T d\tau_p \tag{4.49}$$

$$\frac{\partial T}{\partial \zeta} = \alpha R_0 \frac{\partial^2 T}{\partial \tau_p^2} \tag{4.50}$$

$$\frac{\partial T}{\partial \zeta} = \frac{T}{\zeta_D(1+\zeta)} \frac{\partial T}{\partial \tau_p} \tag{4.51}$$

演算子分離では，$\Delta \zeta$ ごとにこれらの三つの式を順次に数値解析し，次の $\Delta \zeta$ ステップに進むことになる。まず，回折を表す式 (4.49) の積分を含んだ解析は，4.1.1 項で述べた方法に，τ_p に関する数値積分として，例えば台形公式を組み合わせればよい。また，典型的な放物形方程式である音波吸収の式 (4.50) も，

単独に，あるいは式 (4.49) に含めて安定的に数値解を求めることができる．吸収係数の大きさ，よって Γ の大小にも依存するが，一般に $\Delta\zeta$ のステップで波形が大きく減衰することはないから，場合によっては 10 ステップごとに計算することで済む．

　非線形性を表す式 (4.51) の解析は，基本的には Pestorius のアルゴリズムに従えばよい．これを平面波伝搬のときの式

$$\frac{\partial \bar{p}}{\partial \sigma} = \frac{1}{2}\frac{\partial \bar{p}^2}{\partial \tau} \qquad 再掲 (4.28)$$

をもって説明する．この式の解は任意関数 $F(\theta)$ として，$\bar{p}(\sigma,\tau) = F(\tau + \sigma\bar{p})$ で表され，位相 $\theta = \tau + \sigma\bar{p}$ が伝搬距離や振幅によって変化すること，つまり波形がひずむことを意味している．このとき，$\bar{p} > 0$ の音圧領域では位相が進み，逆に $\bar{p} < 0$ では位相が遅れるよう瞬時位相が変化する．いま，任意の位置 $\sigma(=l\Delta\sigma, l=1,\cdots,\infty)$ での波形の瞬時位相を $\tau^l(n) = n\Delta\tau$ $(n=1,\cdots,n_{\max}; n_{\max}$ は信号の長さ)，またその位置での瞬時音圧を $\bar{p}^l(n)$ で与えられるとする．その位置から $\Delta\sigma$ だけ移動した位置 $(1+l)\Delta\sigma$ では，**図 4.11** に示すように，瞬時位相 $\tau^{l+1}(n)$ が同位相面として

$$\tau^{l+1}(n) + (l+1)\Delta\sigma \bar{p}^{l+1}(n) = \tau^l(n) + l\Delta\sigma \bar{p}^l(n) \tag{4.52}$$

を満たす．したがって

$$\tau^{l+1}(n) = \tau^l(n) + \left[\left\{\bar{p}^l(n) - \bar{p}^{l+1}(n)\right\}l - \bar{p}^{l+1}(n)\right]\Delta\sigma \tag{4.53}$$

を得る．ここで，$\Delta\sigma$ の微小の距離変化では音圧は大きく変わらず，近似的に $\bar{p}^{l+1}(n) = \bar{p}^l(n)$ が成り立つので

$$\tau^{l+1}(n) = \tau^l(n) - \bar{p}^l(n)\Delta\sigma \tag{4.54}$$

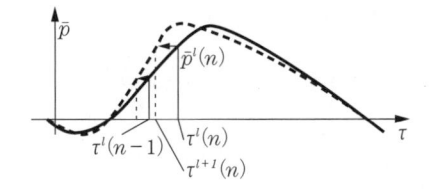

図 4.11 波面の移動

を導く。$\bar{p}$ が正か負の値で位相の変化が起こるため，等間隔で刻んでいた位相間隔 $\Delta\tau$ が $\Delta\sigma$ 伝搬後には等間隔から崩れる。これを補正するため，Pestorius のアルゴリズムのところで述べたような再サンプリングの操作によって，位相幅を等間隔にして音圧を直線補間する。

図 **4.12** は，以上の考えのもとに負圧から始まる 1 周期の正弦波パルスの非線形伝搬をシミュレーションした結果で，$\sigma = 0.5$ から 0.5 おきに波形の変化を追跡したものである。ここでは，簡単のため，吸収項を無視している。$\sigma < 1$ では波形は前かがみになり，$\sigma = 1$ で衝撃波面が形成され，さらに $\sigma > 1$ ではのこぎり波に変化し，その振幅は大きく減衰する。なお，波形がひずんでも 1 価関数の条件は満たされなければならない。これは $\Delta\sigma$ において

$$\Delta\sigma < \frac{\Delta\tau}{\max|\bar{p}^l(n) - \bar{p}^l(n-1)|} \tag{4.55}$$

で与えられることが知られている [19]。

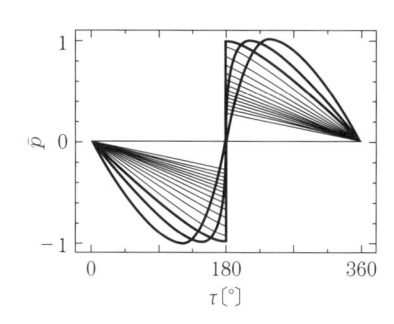

図 **4.12** 負圧から立ち上がる 1 周期の正弦パルス

バーガース方程式で記述される平面波伝搬の以上のスキームを，式 (4.49)〜(4.51) で表される変形ビーム方程式の解法に拡張できる。式 (4.51) の非線形波形ひずみは，式 (4.54) の誘導過程を参考にして

$$\tau_p^{l+1}(n) = \tau_p^l(n) - \frac{1}{\zeta_\mathrm{D}} T^l(n) \ln\left(1 + \frac{\Delta\zeta}{1+\zeta}\right) \tag{4.56}$$

とおけばよい。また，このときの刻み幅 $\Delta\zeta$ に対する条件が

$$\ln\left(1 + \frac{\Delta\zeta}{1+\zeta}\right) < \zeta_\mathrm{D} \frac{\Delta\tau_p}{\max|T^l(n) - T^l(n-1)|} \tag{4.57}$$

として存在することも理解できる[18])。

ここで，数値例を図 **4.13** に示す。この図は，半径 $a = 1$ cm のピストン音源から，初期波形として，中心周波数 $f = 2$ MHz でガウス包絡をもつ超音波パルス①を水中に放射したとき，音源から $z = 20$ cm, 40 cm, そして 80 cm における音軸上の音圧波形と，それぞれの波形に対する振幅スペクトル $S(\omega)$

(a) 時間波形

(b) 左図①～④の波形に対応する振幅スペクトル

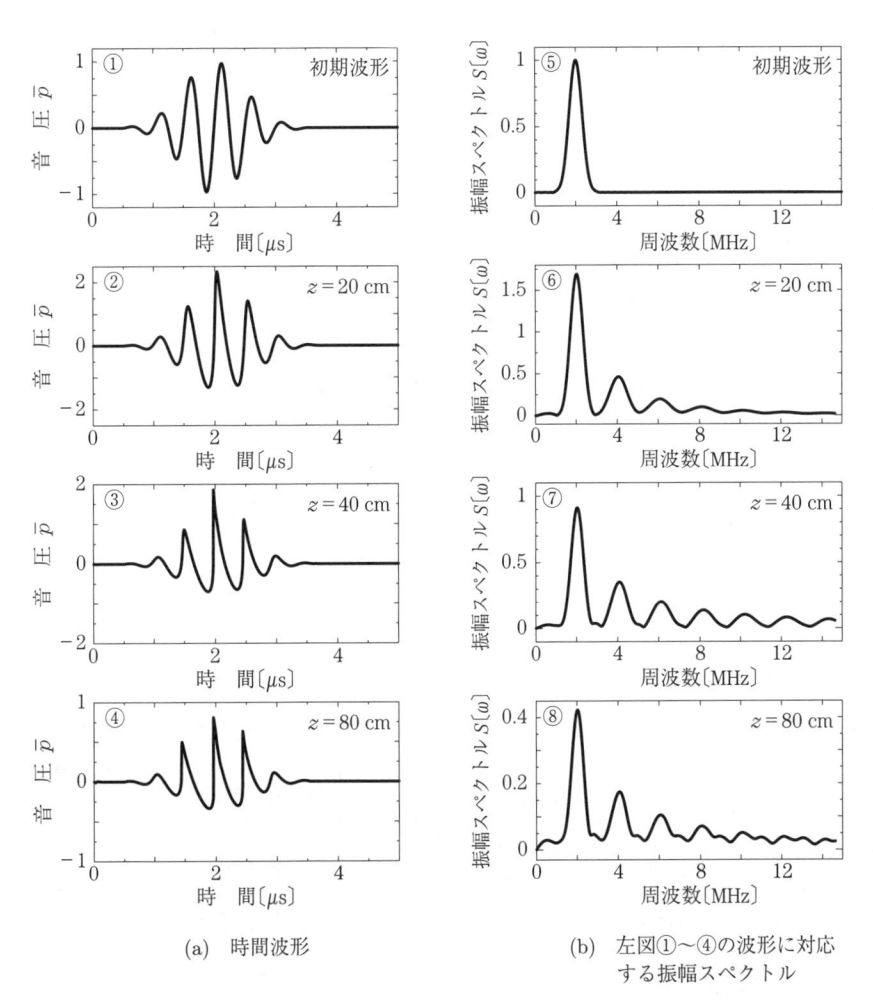

図 **4.13** 水中におけるガウス形パルスの伝搬。初期音圧 $p_0 = 200$ kPa, 中心周波数 $= 2$ MHz

を示したものである。振幅スペクトルは，初期波形のスペクトル⑤の最大値を 1 として，他の波形のスペクトルもその最大値で規格化している。初期音圧 p_0 を 200 kPa（2 気圧）としている。この値は，音圧レベルに換算すると 223 dB に相当する。参考までに，本音源条件でのレイリー長は $R_0 = 42$ cm，衝撃波形成距離は $x_\mathrm{s} = 38$ cm であって，$\zeta_\mathrm{D} = 0.9$ になる。このために，波形ひずみは顕著に発生し，例えばレイリー長付近の $z = 40$ cm において衝撃波面がみられ，また回折効果によって，③に示すように，音圧の正の圧縮領域では鋭く先細に，逆に負の希薄領域では丸みを帯びている。この波形ひずみの発生に呼応して，振幅スペクトルも大きく変化する。高次スペクトルほどそのピーク値は低下する一方で，帯域が拡がる傾向にある。例えば，$z = 40$ cm でのスペクトル⑦をみると，2 MHz を中心とした基本波周波数の半値幅は 0.7 MHz であるが，4 MHz を中心周波数での半値幅は 1 MHz ほどに拡がっている。これは，時間領域の関数どうしの積は，周波数領域において畳込み積分で表されることで予測できることである。レイリー長のおよそ 2 倍の位置 80 cm での波形④は，③と大きく異なることはなく，波面の急峻さは残っているが，音圧は球面拡散のためにおよそ 1/2 に低下している。また，その位置でのスペルトル⑧も 40 cm におけるスペクトル⑦と大きく異なることはないが，高周波での周期性が若干乱れている。それと同時に，1 MHz 以下の低周波成分が増大傾向にある。

4.1.7 その他の解析法

非線形音場の理論予測で，いままでの数値解析法を整理してみると，大きく二つのグループに分けることができる。第一のグループは，流体粒子の運動を記述するいくつかの方程式，具体的には連続の式やナヴィエ-ストークスの式をそのまま数値的に解く手法である。この場合，補助変数を導入して式の変形を行ったり，所望の目的に合わせて多少の近似を行ったりすることがある。数値流体力学の分野で確立されている数々の解析法やスキーム，また時間領域差分法（FDTD）法も，基本的には，このグループに含まれる[20)~22)]。これらの解析法は，複雑な境界からの波の反射問題にも対応できる長所はあるが，多くの

計算メモリや長い計算時間という問題点がある。一昔前と違って，汎用のコンピュータの演算処理能力が格段に進歩したことから，数値計算専用のコンピュータを利用しなくても，大方の数値解析が実行可能となってきた。しかし，それでも3次元空間の非線形音場解析となると，かなりの計算時間を要する。

第二のグループは，基礎方程式をうまくまとめてできるだけ式を少なくし，場合によっては許容できる範囲内で近似を施して式の簡略化を進め，最後の最後に得られたモデル式を解く手法である。この方法では，第一のグループよりは式の見通しがよく，汎用の数値解析スキームが活用でき，メモリの使用が緩和されたり，計算時間の短縮が図られる。しかし，式の展開において近似を行うことから，自ずと適用条件が課せられることになる。例えば，4.1.6項までに取り上げた，このグループの代表ともいえる KZK 方程式は，その適用が音源近傍を除く近軸領域という制限が課せられ，基本的には1方向への進行波，すなわち one way propagation としての取扱いに制限される。このような欠点はあるものの，KZK 方程式をはじめとして，その式を近距離場から遠距離場の広範囲の解析に適用できるとした変形ビーム方程式 TBE は利用価値が高い。

ところで，KZK 方程式は，ある位置，例えば $z=0$ での時間波形あるいは周波数成分をもつ初期波形が与えられたときに，その波が伝搬距離とともにどのように変化していくかを追跡する，いわゆる空間内で時間波形がどのように発展するかを予想する場合に都合のよいモデル式である。これと対となる時間発展解，すなわち，ある時刻，例えば $t=0$ で空間波形が与えられたときに，時間の経過とともに波がどのようにその波形を変化させるかを追跡するに適したモデル式 **NPE** (nonlinear progressive wave equation)

$$\frac{\partial p}{\partial t} + c_0 \frac{\partial p}{\partial z} = -\frac{c_0}{2} \int_{-\infty}^{z} (\nabla_\perp^2 p) dz - \frac{\beta}{2\rho_0 c_0} \frac{\partial p^2}{\partial z} \tag{4.58}$$

が提案されている[23]。この NPE は，KZK 方程式と比較してわかるように，Westervelt 方程式で音波吸収項を無視し，さらに時間変数 t と空間変数 z を入れ替えた表示となっている。したがって，非線形伝搬を時間領域で取り扱う KZK 方程式と異なり，NPE は空間領域で波形の変化を観測するような場合に

有用となる。

集束場の数値解析用に特化したモデル式もある。すでに知ったように，KZKのモデル式は，音軸を中心にビーム角 15° 以内の円すい内で近似の精度が保証される。このことは集束場についても同様で，焦点から音源をみた開口角はせいぜい $2 \times 15° = 30°$，あるいはレンズの F 数でいえば 2 が限界となる。これを超えるような広開口角の集束場の解析には，開口角およそ 80°（F 数 ≈ 0.7）まで適用できる楕円体ビーム方程式（spheroidal beam equation, SBE）が有効である [24]。有限な開口のピストン音源から放射された音波は，音軸に沿っての伝搬とともに，音軸に垂直な方向に拡がっていく。このような波の回折は集束ビームにおいても同様に起こり，3.3 節で知ったように，幾何学的な焦点に向かってビームは絞られ，それに呼応して音圧は高くなる。また同時に，焦点近傍での波の回折が強くなり，音圧のピークが達した付近以遠で，波は伝搬とともに急激に拡がっていく。

図 4.14 は，開口半径 5 cm，焦点距離が 10 cm の凹面音源から，開口面上で

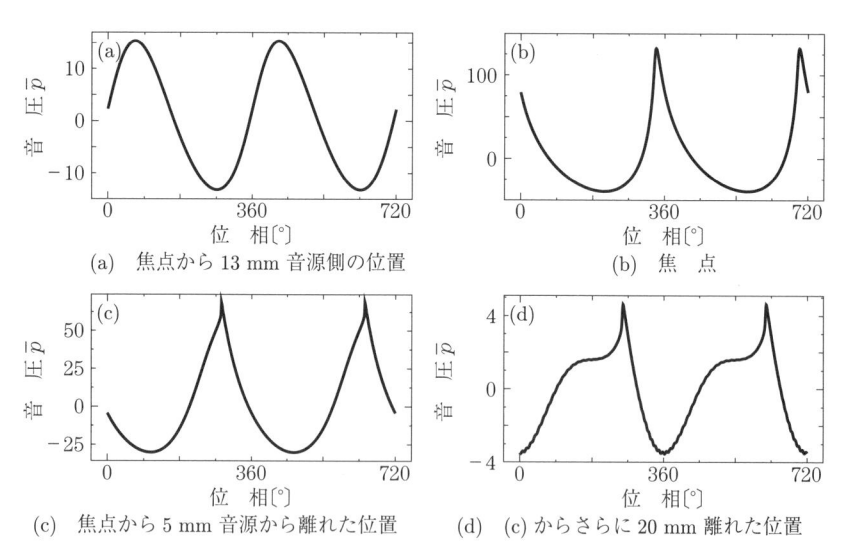

(a) 焦点から 13 mm 音源側の位置

(b) 焦　点

(c) 焦点から 5 mm 音源から離れた位置

(d) (c) からさらに 20 mm 離れた位置

図 4.14　集束音波の波形。開口径 10 cm，焦点距離 10 cm，周波数 1 MHz，初期音圧 240 kPa の条件で，音軸上の波形を追跡

一様な音圧振幅 $p_0 = 240$ kPa（2.4 気圧）の 1 MHz 正弦超音波を水中に放射したとき，音軸上の音圧波形をシミュレートした結果である．この音源の半開口角は 30°，F 数は 1 である．また，横軸は 2 周期分の時間を，縦軸は初期音圧で割った無次元音圧 $\bar{p} = p/p_0$ を示す．(a) の波形は焦点手前 13 mm の位置のもので，3.5 MPa を超えるような大振幅な音圧振幅が得られ，非線形特有の波面の前かがみ現象が多少観測されるものの，大きな波形ひずみの発生は起きていない．これに比べて，焦点位置の (b) をみると，2 章の図 2.9 に比べてより顕著に，また平面音源の図 4.13 と同様に，音圧の正の時間領域は先細で衝撃波面になり，しかも，そのピーク値 p_+ は 130×240 kPa $= 31$ MPa に達している．

焦点の音圧 p と音源面の初期音圧 p_0 との比 p/p_0 を**集束利得**（focusing gain）という†．この利得は，開口半径を a，波数を k としたときに，レイリー長 $ka^2/2$ と焦点距離 d の比の $G = ka^2/(2d)$ にほぼ等しく，今回の数値例の場合，$G = 52$ となる．以上より，焦点でのピーク音圧の p_+ 値は，線形理論で予測される焦点での音圧振幅 240 kPa $\times 52 = 12.5$ MPa の 2.5 倍ほどにもなる．一方，焦点での音圧の負の領域では波形は大きく丸まる．また，その領域のピーク値 p_- は p_+ の 1/3 倍のおよそ 10 MPa で，(音響) キャビテーション閾値に達している．

焦点を超えると，個々の周波数成分に急激な位相変化が起こり，(c) のように，(b) を時間反転したような波形が得られている．また，音圧振幅も急激に低下し，これによって非線形効果は弱くなる．さらに進むと，音源開口の周辺から発生するエッジ波がバックグランドとしての正弦波形をそのまま引き継ぎ，そこに衝撃波面が波形の一部に生き残っている (d) の状態となる．このような焦点前後の顕著な波形変化について，水中実験で実証されている[25]．

これまでに紹介してきた解析では，基本的には音源の開口面が円形であることを前提としてきたが，円形以外の，例えば矩形開口であっても，解析の方法は基本的に変わらない．このような場合，音軸上での刻み幅ごとに，x 軸と y 軸

---

† 音軸上で音圧が最大になる位置を音響焦点とするならば，その焦点は幾何焦点（いまの場合は，開口の中心から 10 cm の位置）よりも音源側に位置する．集束利得 G が大きいほど，音響焦点は幾何焦点に近づいていく．

方向の計算を交互に取り替えるスキーム ADI（alternating direction implicit）法[26),27)] が有効である。

　放物近似を利用することなく，2 章の Westervelt 方程式 (2.103) を解く手法がいくつか提案されている。その手法とは，演算子分離法と従来の波動解析法を組み合わせて解くものであって，これによって広開口角の音波ビームの非線形伝搬問題まで精度のよい理論解析が可能になる。

　波動の基本現象のうちで解析上，最も厄介な取扱いが必要なのは回折である。一般には，波の伝搬の z 軸に垂直な面（伝搬面）でステップ Δz ごとに分割し，ホイヘンスの原理に基づく点拡がり関数（point spread function），レイリー積分，グリーン関数を導入して，各面の近傍解を精度よく求めていくアルゴリズムが利用される。その他に，フーリエ変換を利用して音場を x 軸成分の波数 k_x と y 軸方向の波数 k_y，すなわち波数空間（***k***-space）に分解し，伝搬オペレータ

$$h(k_x, k_y) = \begin{cases} \exp\left[-j\sqrt{\dfrac{\omega^2}{c_0^2}-k_x^2-k_y^2}\,\Delta z\right], & \dfrac{\omega^2}{c_0^2} \geq k_x^2+k_y^2 \\ \exp\left[-\sqrt{k_x^2+k_y^2-\dfrac{\omega^2}{c_0^2}}\,\Delta z\right], & \dfrac{\omega^2}{c_0^2} < k_x^2+k_y^2 \end{cases} \quad (4.59)$$

を利用した次の積分

$$P(x, y, z+\Delta z) = \mathcal{F}^{-1}\left[h(k_x, k_y)\mathcal{F}\{P(x, y, z)\}\right] \quad (4.60)$$

から，Δz ステップごとに音圧を求める方法もある。ここで，$\mathcal{F}$，$\mathcal{F}^{-1}$ はそれぞれ 2 次元のフーリエ変換および逆変換である。この手法をさらに発展させ，時間微分については差分法を，空間微分についてはフーリエ変換を代表とする直交性関数を利用して，高速に数値解を求める**擬似スペクトル法**（pseudospectral method）が，非線形音場解析の手段として利用されている。また，広角ビームの理論予測に対応できる Padé 近似を，Westervelt 方程式に適用した解析手法も提案されている。多種多様な数値解析アプローチについては，文献 28) を参考にされたい。

4.2 有限要素法による解析法

本節では,非線形音場計算のための有限要素法の定式化と離散化の手順を示す.

4.2.1 ガラーキン法

一般に,有限要素法は汎関数の停留問題として定式化されることが多いが,2章の式 (2.100), (2.102) のようにエネルギーが散逸する非保存場や非線形問題など,汎関数が明確ではない場合には,特別な工夫が必要になる.しかしながら,微分方程式が判明している場合,汎関数をもとにしたエネルギー停留の原理(変分原理)などによらずに,微分方程式を直接定式化する方法がある.重み付き残差法と呼ばれるものがそれで,**ガラーキン法**(Galerkin method)[30),31)] はその代表的なものである.

まず,簡単のために散逸性を考慮しない基本波の場合について考察する.閉領域 Ω を支配する式は,2章で示した線形な波動方程式 (2.24) であって,定常音場において

$$\nabla^2 \Phi + k^2 \Phi = 0 \tag{4.61}$$

のヘルムホルツ方程式になる.ここで,Φ は ϕ の複素速度ポテンシャル,$k = \omega/c_0$ は波数である.いま,$\widetilde{\Phi}$ が Φ の近似解とすれば,$\widetilde{\Phi}$ は支配方程式を完全には満たさないから,残差

$$R(\widetilde{\Phi}) = \nabla^2 \widetilde{\Phi} + k^2 \widetilde{\Phi} \tag{4.62}$$

が生じる.近似解 $\widetilde{\Phi}$ が真値 Φ に近づけば,残差 $R(\widetilde{\Phi})$ は 0 に近づく.この残差が 0 となる Φ を直接見つけるかわりに,領域全体で平均的に残差を小さくすることを考える.そこで,任意関数 Ψ を選んで,Ψ で重み付けした残差が,領域について平均的に 0 になるようにする.

$$\int_\Omega \Psi R(\widetilde{\Phi}) d\Omega = 0 \tag{4.63}$$

式 (4.63) は，Ψ と $R(\widetilde{\Phi})$ の一種の直交関係を示しており，この直交関係を満たすような $\widetilde{\Phi}$ を支配方程式の近似解とする．関数 Ψ は**重み関数**（weighting function）と呼ばれ，境界条件を満たす任意関数である．この種の手法を**重み付き残差法**（weighted residual method）と呼ぶ．この手法は物理的意味が必ずしも明確ではないが，数値解析の手法を提供するものである．Ψ を $R(\widetilde{\Phi})$ に選んだ場合，式 (4.63) の左辺は 2 乗平均残差を表す．これを最小化することは最小 2 乗法に相当し，その意味は容易に理解できる．式 (4.62) を式 (4.63) に代入すると

$$\int_\Omega \Psi(\nabla^2\widetilde{\Phi} + k^2\widetilde{\Phi})d\Omega = 0 \tag{4.64}$$

となる．これにガウスの発散定理 $\int_\Omega \nabla\cdot(\Psi\nabla\widetilde{\Phi})d\Omega = \int_\Omega(\Psi\nabla^2\widetilde{\Phi} + \nabla\Psi\cdot\nabla\widetilde{\Phi})d\Omega = \int_\Gamma \dfrac{\partial\widetilde{\Phi}}{\partial n}\Psi d\Gamma$ を適用して

$$\int_\Omega (\nabla\widetilde{\Phi}\cdot\nabla\Psi - k^2\widetilde{\Phi}\Psi)d\Omega - \int_\Gamma \frac{\partial\widetilde{\Phi}}{\partial n}\Psi d\Gamma = 0 \tag{4.65}$$

に変形できる．ここでの Γ は，閉空間 Ω を囲む境界を表す．また，$\partial/\partial n$ は Γ 上で，Ω の領域から外向き法線方向に微分することを意味する．

重み関数の選び方は種々考えられるが，ガラーキン法では $\Psi = \widetilde{\Phi}$ に選ぶ．

$$\int_\Omega \left\{(\nabla\widetilde{\Phi})^2 - k^2\widetilde{\Phi}^2\right\}d\Omega - \int_\Gamma \frac{\partial\widetilde{\Phi}}{\partial n}\widetilde{\Phi}d\Gamma = 0 \tag{4.66}$$

この表現は汎関数と同じであり，ガラーキン法では汎関数をもとにしたエネルギー停留の原理によらないが，汎関数の場合と同様な離散化の手順を提供する．式 (4.66) では被積分の $\widetilde{\Phi}$ の微係数の階数が，支配方程式の階数より 1 次下がっている．これを**弱形式**（weak form）と呼ぶ．

次に，非線形音場の支配方程式にガラーキン法を適用する．支配方程式は，式 (2.102) に非線形性が弱いという条件のもとで得られる

$$\nabla^2\Phi_1 + k^2\left(1 - j\frac{\delta}{c_0}k\right)\Phi_1 = 0 \tag{4.67}$$

$$\nabla^2 \Phi_2 + 4k^2 \left(1 - j2\frac{\delta}{c_0}k\right)\Phi_2 = -\frac{k}{c_0}\left\{(\nabla\Phi_1)^2 - \frac{B}{2A}k^2\Phi_1^2\right\} \quad (4.68)$$

である。式 (4.66) を参考にすると，ガラーキン方程式はそれぞれ

$$\int_\Omega \left\{(\nabla\Phi_1)^2 - k^2\left(1 - jk\frac{\delta}{c_0}\right)\Phi_1^2\right\}d\Omega - \int_\Gamma \Phi_1\frac{\partial \Phi_1}{\partial n}d\Gamma = 0 \quad (4.69)$$

$$\int_\Omega \left\{(\nabla\Phi_2)^2 - 4k^2\left(1 - j2k\frac{\delta}{c_0}\right)\Phi_2^2\right\}d\Omega - \int_\Gamma \Phi_2\frac{\partial \Phi_2}{\partial n}d\Gamma$$
$$= -\frac{k}{c_0}\int_\Omega \Phi_2\left\{(\nabla\Phi_1)^2 - \frac{B}{2A}k^2\Phi_1^2\right\}d\Omega \quad (4.70)$$

で与えられる[32]。

4.2.2 離　散　化

有限要素法では，図 **4.15** に示すように，対象とする領域 Ω を多数の小領域（要素 e）に分割し，各要素間が節点で接合されているモデルを考える。領域境界は，多くの場合，折れ線で近似される。分割された要素に関しては比較的単純な関数の "**内挿関数（interpolation function）**" を想定し，要素内の近似ポテンシャル $\widetilde{\Phi}$ を，節点におけるポテンシャルで内挿近似する。内挿されたポテンシャルを用いて各要素に関して残差 $R_e(\widetilde{\Phi})$ を求めれば，全領域の残差 $R(\widetilde{\Phi})$ はそれらの総和として与えられる。

$$R(\widetilde{\Phi}) = \sum_e R_e(\widetilde{\Phi}) \quad (4.71)$$

全領域に関して求められた残差に対しガラーキン法を適用すれば，支配方程式を近似的に表現する離散化方程式が求まる。一方，系全体の残差を求めるかわり

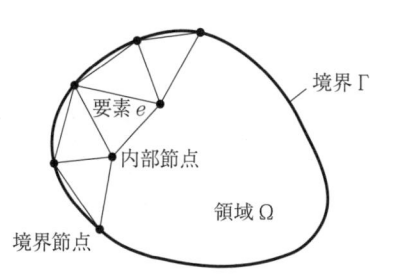

図 **4.15**　有限要素による分割

に，個々の要素の残差から要素に関する**離散化方程式**（discretized equation）を導き，次に要素間の共通節点に関する連続の条件（適合条件）を適用して，要素を接合していく手順でも同一の離散化方程式が得られる。

つぎに，要素内任意の点（位置ベクトル $\boldsymbol{r}$）のポテンシャル $\Phi(\boldsymbol{r})$ を節点 i におけるポテンシャル（節点ポテンシャル）$\Phi_i \, [= \Phi(\boldsymbol{r}_i)]$ で，次のように内挿近似する[†]。

$$\Phi(\boldsymbol{r}) = \sum_i N_i(\boldsymbol{r})\Phi_i \tag{4.72}$$

ただし，N_i は内挿関数で，$N_i(\boldsymbol{r}_i) = 1$，$N_i(\boldsymbol{r}_j) = 0 \, (i \neq j)$ となるような関数である。通常，内挿関数には多項式が選ばれる。式 (4.72) をベクトル表示すると，次式が得られる。

$$\Phi(\boldsymbol{r}) = \{N\}^T \{\Phi\}_e \tag{4.73}$$

ここで，$\{\Phi\}_e$ は Φ_i を成分とする要素節点ポテンシャルベクトルである。なお，本章では，[ ] はマトリックス，{ } は列ベクトルを表す。また，T は行列あるいはベクトルの転置を示す。したがって，$\{\;\}^T$ は行ベクトルを表す。式 (4.73) の勾配 $\nabla\Phi$ は

$$\nabla\Phi = (\nabla\{N\})^T \{\Phi\}_e \tag{4.74}$$

である。基本波の場合，これらを式 (4.69) に代入すれば

$$\{\Phi_1\}_e^T [M]_e \{\Phi_1\}_e + jk\{\Phi_1\}_e^T [R]_e \{\Phi_1\}_e - k^2 \{\Phi_1\}_e^T [K]_e \{\Phi_1\}_e$$
$$+ \hat{u}_n \{\Phi_1\}_e^T \{W\}_e = \{0\} \tag{4.75}$$

となる。ただし，$[M]_e$，$[R]_e$，$[K]_e$，$\{W\}_e$ はそれぞれ

$$M_{ij} = \int_e \nabla N_i \cdot \nabla N_j \, d\Omega_e \tag{4.76}$$

$$R_{ij} = \frac{\delta}{c_0} k^2 \int_e N_i N_j \, d\Omega_e \tag{4.77}$$

[†] Φ_i の添字 i から表される Φ_1，Φ_2 を，基本波および第 2 高調波を示す変数と混同しないこと。

$$K_{ij} = \int_{\Omega_e} N_i N_j d\Omega_e \tag{4.78}$$

$$W_i = \int_{\Gamma_e} N_i d\Gamma_e \tag{4.79}$$

を成分とするマトリックス，ベクトルで，それぞれ要素イナータンスマトリックス，要素減衰マトリックス，要素エラスタンスマトリックス，要素駆動配分ベクトルと呼ばれ，$\hat{u}_n$ は領域 Ω に対して内向き法線ベクトルである．なお，W_i は駆動境界 Γ_d に接する節点に対応する成分以外は消滅する．これらの積分は，内挿関数が多項式であれば容易に行える．したがって，要素に関して次の離散化方程式が得られる．

$$([M]_e + jk[R]_e - k^2[K]_e)\{\Phi_1\}_e = -\hat{u}_n \{W\}_e \tag{4.80}$$

この関係はすべての要素について成立し，要素は共通節点を通して他の要素と結合している．節点 i について考えると，ポテンシャルは共通節点 i を含む要素すべてについて等しい．

$$\Phi_i^{(1)} = \Phi_i^{(2)} = \cdots = \Phi_i^{(m)} \tag{4.81}$$

ただし，$(1), (2), \cdots, (m)$ は共通節点 i を含む要素を表す．また，体積速度は連続で，総和は 0 である．

$$u_i^{(1)} + u_i^{(2)} + \cdots + u_i^{(m)} = \sum_e u_i^{(e)} = 0 \tag{4.82}$$

これらの適合条件を適用すれば，領域全体の要素節点に関する離散化連立方程式 (4.83) が得られる．

$$\left([M] + jk[R] - k^2[K]\right)\{\Phi_1\} = -\hat{u}_n \{W\} \tag{4.83}$$

ただし，$[M], [R], [K]$ はそれぞれ系全体のイナータンス，減衰，エラスタンスマトリックス，$\{\Phi_1\}$ は基本波に関する系全体の節点ポテンシャルベクトル，$\{W\}$ は節点駆動配分ベクトルで内部節点に対応する成分は 0，駆動境界 Γ_d に対応する成分のみ存在する．

一方，第 2 次高調波についても基本波と同じ内挿関数を用い，式 (4.70) の積分を実行すると，離散化方程式は次式のようになる。

$$([M]_e + j2k[R]_e - 4k^2[K]_e)\{\Phi_2\}_e = \frac{k}{c_0}\left(\{V_u\}_e - \frac{B}{2A}k^2\{V_p\}_e\right) \tag{4.84}$$

ただし，$\{V_u\}_e$，$\{V_p\}_e$ はそれぞれ

$$V_{u_i} = \int_e \sum_j \sum_k N_i \nabla N_j \cdot \nabla N_k \phi_{1j} \phi_{1k} d\Omega_e \tag{4.85}$$

$$V_{p_i} = \int_e \sum_j \sum_k N_i N_j N_k \phi_{1j} \phi_{1k} d\Omega_e \tag{4.86}$$

を成分とするベクトルで，それぞれ式 (4.70) の右辺第 1 項，第 2 項に対応する非線形項である。ただし，$\sum_j$，$\sum_k$ は要素内の節点に関する総和を表す。また，境界条件として，境界 Γ 上で第 2 高調波は 0 としている。このように，摂動法が適用できるような非線形性の弱い問題では，1 次波により生成される仮想的な音源（仮想音源）が非線形（2 次波）音場の駆動源として表現される[32]。

4.2.3 非定常解析

非定常場の場合，支配方程式は 2 章の式 (2.102) そのものである。この場合も領域に関してガラーキン法で離散化する[33]。音波吸収は小さいとして式 (2.102) の左辺の δ を含む項を波動方程式を使って $(\delta/c_0^4)\partial^3\phi/\partial t^3 = (\delta/c_0^2)\nabla^2(\partial\phi/\partial t)$ と近似する。その結果，支配方程式に対応するガラーキン方程式は

$$\int_e \left\{(\nabla\phi)^2 + \frac{\delta}{c_0^2}\nabla\phi \cdot \nabla\dot\phi + \frac{1}{c_0^2}\phi\ddot\phi\right\}d\Omega_e$$
$$= \int_{\Gamma_e} \phi\frac{\partial\phi}{\partial n}d\Gamma_e + \frac{\delta}{c_0^2}\int_{\Gamma_e} \phi\frac{\partial\dot\phi}{\partial n}d\Gamma_e + \frac{2}{c_0^2}\int_e \left(\phi\nabla\phi \cdot \nabla\dot\phi + \frac{B}{2A}\frac{1}{c_0^2}\phi\dot\phi\ddot\phi\right)d\Omega_e \tag{4.87}$$

となる。要素内のポテンシャルを式 (4.73) のように内挿近似し，駆動境界を考慮して式 (4.87) の積分を実行，整理すると，次式が得られる。

$$[M]_e\{\phi\}_e + [R]_e\{\dot{\phi}\}_e + \frac{1}{c_0^2}[K]_e\{\ddot{\phi}\}_e$$
$$= -\hat{u}_n\{W\}_e + \frac{2}{c_0^2}\left(\{V_u'\}_e + \frac{B}{2A}\{V_p'\}_e\right) \tag{4.88}$$

ただし,駆動に伴う音波吸収項は無視している.また,$\{V_u'\}_e$, $\{V_p'\}_e$ の成分はそれぞれ

$$V_{u_i}' = \int_e \sum_j \sum_k N_i \nabla N_j \cdot \nabla N_k \phi_j \dot{\phi}_k d\Omega_e \tag{4.89}$$

$$V_{p_i}' = \int_e \sum_j \sum_k N_i N_j N_k \dot{\phi}_j \ddot{\phi}_k d\Omega_e \tag{4.90}$$

を成分とするベクトルで,2章の式 (2.102) の最終式の右辺第1項,第2項に相当する非線形項である.

離散化方程式 (4.88) には時間微分が含まれるため,時間応答を得るには時間に関しても離散化を行い,数値積分を行うことになる.数値積分にはさまざまな手法があるが,多くの場合,差分的手続きがとられる.ここでは**ニューマーク β 法**(Newmark β method) [34] を紹介する.

いま,時刻 t のポテンシャル $\{\phi(t)\}$ から,時間 Δt 後の応答 $\{\phi(t+\Delta t)\}$ を得ることを考える.ニューマーク β 法では,Δt 後のポテンシャル $\{\phi(t+\Delta t)\}$ とその時間微分 $\{\dot{\phi}(t+\Delta t)\}$ を,時刻 t のポテンシャル $\{\phi(t)\}$ を用いて次式でそれぞれ近似する.

$$\begin{aligned}\{\phi(t+\Delta t)\} =& \{\phi(t)\} + \Delta t\{\dot{\phi}(t)\} + \frac{(\Delta t)^2}{2}\{\ddot{\phi}(t)\} \\ &+ \beta(\Delta t)^3 \frac{\{\ddot{\phi}(t+\Delta t)\} - \{\ddot{\phi}(t)\}}{\Delta t}\end{aligned} \tag{4.91}$$

$$\begin{aligned}\{\dot{\phi}(t+\Delta t)\} =& \{\dot{\phi}(t)\} + \Delta t\left[\left(\frac{1}{2}-\nu\right)\{\ddot{\phi}(t)\}\right. \\ &\left.+ \left(\frac{1}{2}+\nu\right)\{\ddot{\phi}(t+\Delta t)\}\right]\end{aligned} \tag{4.92}$$

ただし,ここでの β は解の安定性に関するパラメータ,ν は**人工粘性**に関するパラメータである.これらを離散化方程式に代入し,$\{\ddot{\phi}(t+\Delta t)\}$ について整

理すると

$$\{\ddot{\phi}(t+\Delta t)\} = \left[\frac{1}{c_0^2}[K] + \Delta t\left(\frac{1}{2}+\nu\right)[R] + \beta(\Delta t)^2[M]\right]^{-1}\left\{-\hat{u}_n(t+\Delta t)\{W\}\right.$$
$$+ \frac{2}{c_0^2}\left[\{V_u'(t+\Delta t)\} + \frac{B}{2A}\{V_p'(t+\Delta t)\}\right] - [R]\left[\{\dot{\phi}(t)\} + \frac{\Delta t}{2}\{\ddot{\phi}(t)\}\right]$$
$$\left. - [M]\left[\{\phi(t)\} + \Delta t\{\dot{\phi}(t)\} + \left(\frac{1}{2}-\beta\right)(\Delta t)^2\{\ddot{\phi}(t)\}\right]\right\} \qquad (4.93)$$

となる。したがって,時刻 t における $\{\phi(t)\}$, $\{\dot{\phi}(t)\}$, $\{\ddot{\phi}(t)\}$ および時刻 $t+\Delta t$ における $\hat{u}_n(t+\Delta t)$ が与えられれば,Δt 後の $\{\ddot{\phi}(t+\Delta t)\}$ が得られ,式 (4.91),(4.92) より $\{\phi(t+\Delta t)\}$, $\{\dot{\phi}(t+\Delta t)\}$ が求まることになる。ただし,$\{V_u'(t+\Delta t)\}$,$\{V_p'(t+\Delta t)\}$ の計算に $\{\ddot{\phi}(t+\Delta t)\}$ が必要になるが,これはオイラー法で対応する。ニューマーク β 法で衝撃波のように応答が急峻に変化する問題を扱う場合,離散化に伴い振動する誤差が発生するが,これを抑えるために人工粘性 ν により振動を調節する。

4.2.4 計　算　例

有限要素法による非線形定常音場の解析例を示す。図 **4.16** のような 2 次元の定常集束音場を考える。焦点近傍の音圧が高い場合,非線形性を考慮する必要がある。非線形性が弱く摂動法が適用できる場合,基本波と第 2 次高調波に関して式 (4.67),(4.68) に線形化できる。2 次元場を想定して場の対称性を利用すると,解析対象領域を図のように,全体の 1/2 の領域にすることができる。三角形 2 次要素を採用して領域を分割し,ガラーキン法を適用すると離散化方程式は式 (4.80),(4.84) で表される。分割は (x, y) 方向それぞれの分割数を

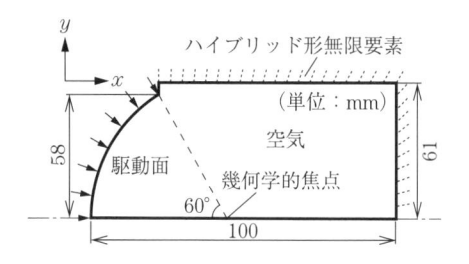

図 **4.16**　2 次元線集束音場

(160, 71) とした.音源は焦点距離 67 mm,半開口角 60° の線集束形である.境界条件は,領域左側の円筒音源面上を振動速度 $\hat{u}_n$ の速度駆動 $(\partial \Phi/\partial n = -\hat{u}_n)$,対称面は**自然境界条件** (natural boundary condition) $(\partial \Phi/\partial n = 0)$,その他の境界はハイブリッド形無限要素[35),36)]により整合的に終端された境界とする.

媒質を空気 ($\rho_0 = 1.2$ kg/m^3, $c_0 = 340$ m/s, $\delta = 3.9 \times 10^{-5}$ m^{2}s, $B/A = 0.4$) に想定し,41.75 kHz の連続正弦波を放射した場合の音圧分布を図 **4.17** に示す.(a) は音軸上 x 方向の規格化振幅分布,(b) は焦点面上の径方向 (y 方向) 規格化振幅分布,(c) は音軸上 x 方向の位相パラメータ θ_p (基本波と第 2 高調波の位相差に対応) の分布,(d) は焦点面上の径方向 (y 方向) 位相パラメータ分布である.焦点を離れると有限要素解と実験値は若干のずれが生じるが,計算結果は実験結果とよく対応している.

次に,非定常問題として非線形音波伝搬を考える.平面波伝搬を仮定すると 1 次元音場として取り扱うことができる.平面波の場合,2 章の式 (2.102) を 1 次元化して使用する.図 **4.18** のように,1 次元領域を 3 次の線要素で分割し,ガ

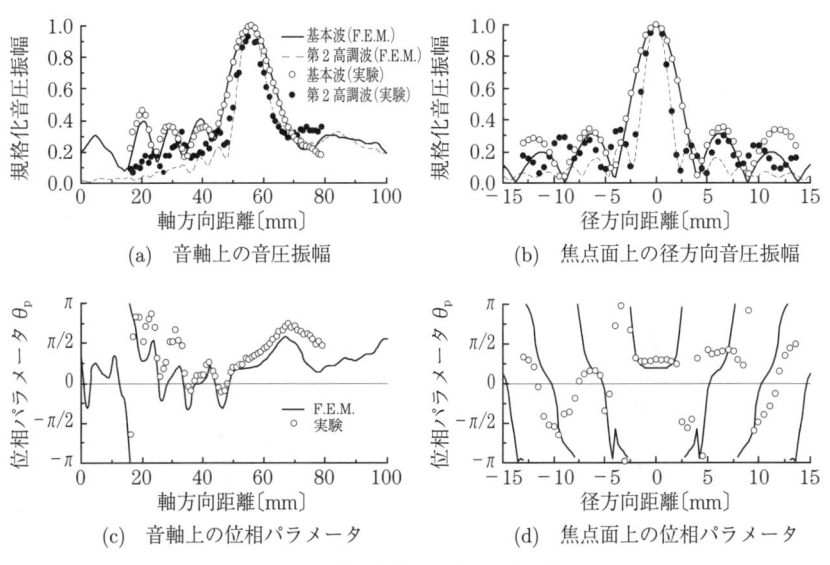

図 **4.17** 線集束音場の音圧分布計算例

144   4. 非線形音場の数値解析

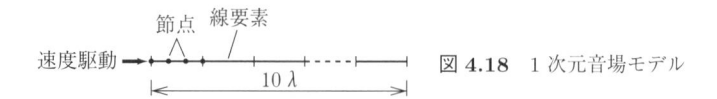

　　　　　　　節点　線要素
速度駆動 →・・・｜・・・- - - - - -　　図 **4.18**　1 次元音場モデル
　　　　　　|←── 10λ ──→|

ラーキン法を適用すると，離散化方程式は式 (4.88) のようになる．境界条件は，領域の左端が振動速度 $\hat{u}_n(t)$ の速度駆動〔$\partial\phi/\partial n = -\hat{u}_n(t)$〕，右端は自然境界条件 ($\partial\phi/\partial n = 0$) とする．5λ 以上の距離伝搬の場合，計算時間を軽減するために 3λ 伝搬した後は 1λ 伝搬するごとに，1λ 分だけ解析領域を伝搬方向に移動させて計算した．分割は 1λ 当り 70 分割とし，時間積分の幅 Δt は $T/2\,000$（T は周期）である．また，解の安定性を調節するパラメータ β は 0.3 とし，人工粘性パラメータ ν の大きさは問題に応じて選択した．

　媒質を空気に想定し，音圧振幅 1 kPa の正弦波 1 周期パルスを伝搬させた場合の，$50T$ 秒後までの $10T$ ごとの時間発展解を**図 4.19** に示す．(a) は人工粘性がない場合，(b) は人工粘性を組み入れた場合，(c) は解析解である．伝搬とともに波形にひずみを生じ，$20T$ を超えるあたりから衝撃波面が形成されている．人工粘性がない場合には衝撃波面付近から振動が発生し，ついには解は発散する．しかしながら，人工粘性を組み入れることで振動が抑えられ，衝撃波に対しても安定に計算できることがわかる．

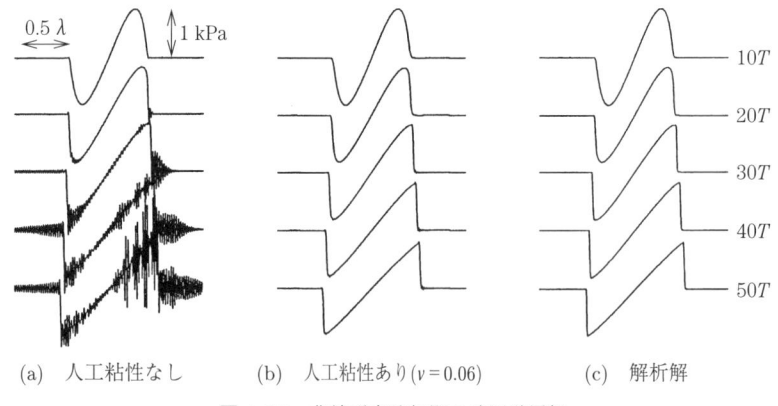

(a)　人工粘性なし　　(b)　人工粘性あり($\nu = 0.06$)　　(c)　解析解

図 **4.19**　非線形音波伝搬の時間発展解

図 **4.20** は音源から 50λ 伝搬した位置におけるパルス波の周波数スペクトルである．細線は人工粘性がない場合，太線は人工粘性を組み入れた場合，波線は解析解のスペクトルである．人工粘性がない場合には高周波領域で大きな誤差が混入しているが，人工粘性を導入することで精度よく計算できている．このように，人工粘性を組み入れれば安定して計算できることが判明したが，計算対象ごとに人工粘性を調節するパラメータ ν の大きさを適宜選定する必要がある．

図 **4.21** は，音圧と最適な人工粘性パラメータ ν の関係を示したものである．実線は衝撃波面形成時間 T_s の 2 倍の時間まで計算を行った場合，波線は 10 倍

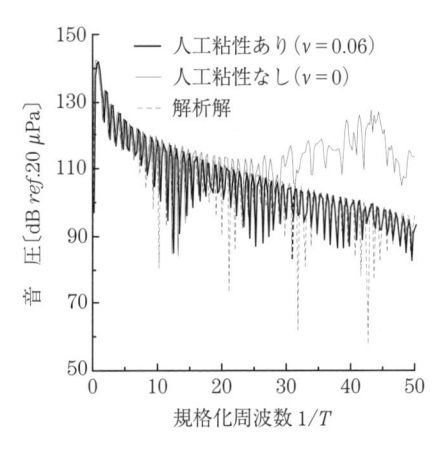

図 **4.20** 周波数スペクトル

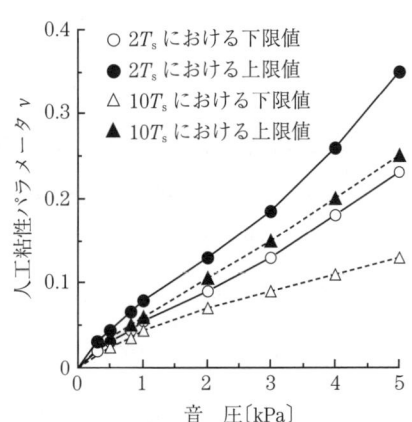

図 **4.21** 音圧と最適な人工粘性パラメータの関係

まで計算を行った場合で，それぞれ○，△はνの下限値，●，▲は上限値である。このように計算対象によって適切にνの値を選ぶ必要がある。

4.3 C I P 法

CIP 法（constrained interpolation profile method）[37),38)]は，流体力学の分野で近年提案された手法で，数値分散の誤差がほとんど発生しないため，衝撃波を含む非線形音波伝搬解析に適している。CIP 法は特性曲線法の一種で，計算に場の値だけでなく，その方向微分値も使用することで，セル内の値のみを用いて高次の近似が可能となっている。

4.3.1 支配方程式

CIP 法では波動方程式ではなく，2 章の式 (2.96), (2.97) から出発する。$\mathcal{L} = 0$ を満たす平面波領域を仮定すると

$$\frac{\partial \bm{u}}{\partial t} = -\frac{1}{\rho_0}\nabla p + \frac{b_1}{\rho_0}\nabla^2 \bm{u} \tag{4.94}$$

$$\frac{\partial p}{\partial t} = -\rho_0 c_0^2 \nabla \cdot \bm{u} - b_2 \nabla \cdot \frac{\partial \bm{u}}{\partial t} + \frac{\beta}{\rho_0 c_0^2}\frac{\partial p^2}{\partial t} \tag{4.95}$$

を導く。ここで，b_1, b_2 は散逸に関わる係数で，それぞれ

$$b_1 = \eta_\mathrm{B} + \frac{4}{3}\eta, \quad b_2 = \kappa\left(\frac{1}{c_\mathrm{v}} - \frac{1}{c_\mathrm{p}}\right) \tag{4.96}$$

で与えられる。式 (4.95) の散逸項には時間微分が含まれるため，離散化の際に過去の値を記憶する面倒が生じる。そこで，時間微分を含まない形に支配方程式を近似する。すなわち，式 (4.95) の右辺第 2 項と第 3 項は 2 次の微小量なので，線形の関係式 $\nabla^2 p - (1/c_0^2)\partial^2 p/\partial t^2 = 0$, $\partial p/\partial t = -\rho_0 c_0^2 \nabla \cdot \bm{u}$ を利用して，次のように時間微分を含まない形に変形できる。

$$\frac{\partial p}{\partial t} = -\rho_0 c_0^2 \nabla \cdot \bm{u} + \frac{b_2}{\rho_0}\nabla^2 p - 2\beta p \nabla \cdot \bm{u} \tag{4.97}$$

次に，簡単のために 1 次元で考えると，式 (4.94), (4.97) はそれぞれ

$$\frac{\partial (Zu)}{\partial t} + c_0 \frac{\partial p}{\partial x} = b_1 c_0 \frac{\partial^2 u}{\partial x^2} \tag{4.98}$$

$$\frac{\partial p}{\partial t} + c_0 \frac{\partial (Zu)}{\partial x} = \frac{b_2}{\rho_0} \frac{\partial^2 p}{\partial x^2} - 2\beta p \frac{\partial u}{\partial x} \tag{4.99}$$

と変形される。ただし，$Z = \rho_0 c_0$ は特性インピーダンスである。ここで，両式の和と差をとると，それぞれ

$$\frac{\partial f_+}{\partial t} + c_0 \frac{\partial f_+}{\partial x} = \frac{b_2}{2\rho_0} \frac{\partial^2}{\partial x^2}(f_+ + f_-) + \frac{b_1 c_0}{2Z} \frac{\partial^2}{\partial x^2}(f_+ - f_-)$$
$$- \frac{\beta}{2Z}(f_+ + f_-)\frac{\partial}{\partial x}(f_+ - f_-) \tag{4.100}$$

$$\frac{\partial f_-}{\partial t} - c_0 \frac{\partial f_-}{\partial x} = \frac{b_2}{2\rho_0} \frac{\partial^2}{\partial x^2}(f_+ + f_-) - \frac{b_1 c_0}{2Z} \frac{\partial^2}{\partial x^2}(f_+ - f_-)$$
$$- \frac{\beta}{2Z}(f_+ + f_-)\frac{\partial}{\partial x}(f_+ - f_-) \tag{4.101}$$

となる。ここで，$f_\pm = p \pm Zu$ である（複合同順，以下同様）。これが CIP 法の出発式となる。$f_\pm$ が計算されれば，次式により音圧および粒子速度を得ることができる。

$$p = \frac{f_+ + f_-}{2}, \quad u = \frac{f_+ - f_-}{2Z} \tag{4.102}$$

4.3.2 特性曲線法

式 (4.100), (4.101) において，散逸性と非線形性を無視すると，次式のような 1 次元の移流方程式の形になっている。

$$\frac{\partial f_\pm}{\partial t} \pm c_0 \frac{\partial f_\pm}{\partial x} = 0 \tag{4.103}$$

これは，$f_\pm$ で表される波が速度 $\pm c_0$ で伝搬することを表している。ここで，位置 x_i，時刻 $t = n\Delta t$ の波を $f_\pm^n(x_i)$ と表記すると（Δt はサンプリング時間，n は離散時刻），点 x_i における Δt 後の値 $f_\pm^{n+1}(x_i)$ は，図 **4.22** のように f_+ に関しては $f_+^n(x_i - c_0\Delta t)$ の値が移流 (伝搬) し，f_- に関しては $f_-^n(x_i + c_0\Delta t)$ の値が移流することになる。すなわち

$$f_\pm^{n+1}(x_i) = f_\pm^n(x_i \mp c_0\Delta t) \tag{4.104}$$

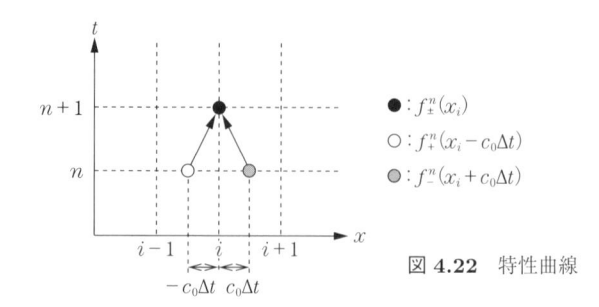

148　4. 非線形音場の数値解析

図 4.22 特性曲線

と表すことができる。しかしながら，コンピュータでは $f_\pm^n(x_i)$ の値は格子点のみで保持することになるため，$f_\pm^n(x_i \mp c_0\Delta t)$ の値は，いつでも格子点上にあるとは限らない。したがって，$f_\pm^n(x_i \mp c_0\Delta t)$ の値は格子点上の値 $\cdots$，$f_\pm^n(x_{i-1})$，$f_\pm^n(x_i)$，$f_\pm^n(x_{i+1})$，$\cdots$ から補間によって求めることになる。

$$f_\pm^{n+1}(x_i) \approx F_{i\pm}^n(x_i \mp c_0\Delta t) \tag{4.105}$$

ただし，F_i は点 i に関する**補間関数**（interpolation function）で，F_i を 1 次関数とすると，1 次の風上差分法，2 次関数にすると Lax-Wendroff 法というように補間法の違いにより，さまざまな手法が提案されている。図 4.22 の矢印は特性線と呼ばれ，このような手法を総称して**特性曲線法**（method of characteristics）[38]と呼んでいる。

1 次の風上差分を例とした移流計算の概念図を**図 4.23** に示す。$t = n\Delta t$ で (a) の○で表現される波の Δt 秒後のプロファイルを考える。格子点における Δt 秒後の値は，格子点の座標より $c_0\Delta t$ 前の点の値（●）が移流する。したがっ

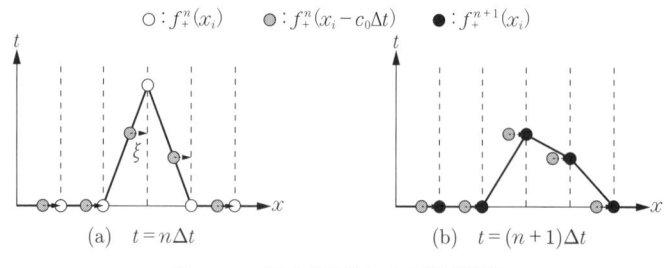

図 4.23 風上差分法による移流計算

て，●を$c_0\Delta t$だけ平行移動すると，(b) の●のように格子点でΔt秒後のプロファイルが計算される．しかし，この手法では，移流計算の度に振幅が減少し，波形がなまる数値散逸が発生する．このように特性曲線法では本質的に**数値散逸**（numerical diffusion）の誤差を避けられない．

4.3.3 CIP法の考え方

CIP法では補間関数F_iに3次式を使用する．

$$F_{i\pm}^n(x) = a_\pm X_i^3 + b_\pm X_i^2 + c_\pm X_i + f_\pm^n(i) \tag{4.106}$$

ただし，a, b, cは補間係数，$X_i = x - x_i$である．一般に，3次関数で補間するには4点が必要になるが，CIP法では場の値$f_\pm$だけでなく，その微分値$\partial f_\pm/\partial x \equiv g_\pm$も使用して補間を行う．微分値の補間関数$G_{i\pm}$は式(4.106)を微分して

$$G_{i\pm}^n(x) = 3a_\pm X_i^2 + 2b_\pm X_i + c_\pm \tag{4.107}$$

と求まる．補間関数F_i, G_iをx_iとその上流点$x_{i\mp 1}$の2点間で定義すると，補間係数a, b, cは$f_\pm^n(i\mp 1)$, $f_\pm^n(i)$, $g_\pm^n(i\mp 1)$, $g_\pm^n(i)$を用いて次式のように定義される．

$$a_\pm = \pm\frac{2\{f_\pm^n(i\mp 1) - f_\pm^n(i)\}}{(\Delta x)^3} + \frac{g_\pm^n(i\mp 1) + g_\pm^n(i)}{(\Delta x)^2} \tag{4.108}$$

$$b_\pm = \frac{3\{f_\pm^n(i\mp 1) - f_\pm^n(i)\}}{(\Delta x)^2} \pm \frac{g_\pm^n(i\mp 1) + 2g_\pm^n(i)}{\Delta x} \tag{4.109}$$

$$c_\pm = g_\pm^n(i) \tag{4.110}$$

ただし，Δxは格子点間隔である．次の時間ステップの値は，式(4.106), (4.107)から

$$f_\pm^{n+1}(i) \approx a_\pm \xi^3 + b_\pm \xi^2 + g_\pm^n(i)\xi + f_\pm^n(i) \tag{4.111}$$

$$g_\pm^{n+1}(i) \approx 3a_\pm \xi^2 + 2b_\pm \xi + g_\pm^n(i) \tag{4.112}$$

と求められる．ただし，$\xi = \mp c_0\Delta t$である．このように，格子点で微分値も定義すれば，x_iとその上流点$x_{i\mp 1}$の2点のみで3次関数を構成できる．

図 4.24 は，CIP 法による移流計算の概念図である。CIP 法では，格子点における Δt 秒後の値を計算するのに，(a) のように $c_0 \Delta t$ 前の点の場の値（●）とともに，その微分値（灰色の矢印）も移流させる。このように，微分値も利用することで，(b) のように格子点での移流後のプロファイルを精度よく計算できる。

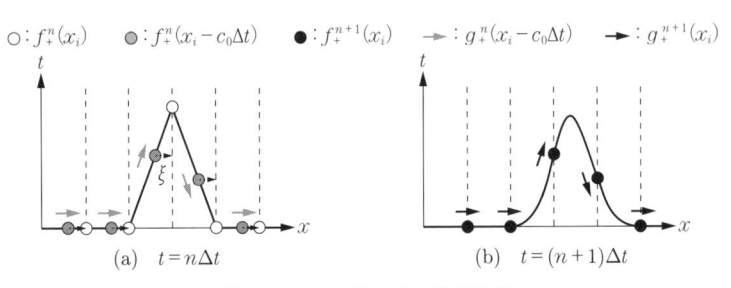

○: $f_+^n(x_i)$　●: $f_+^n(x_i - c_0 \Delta t)$　●: $f_+^{n+1}(x_i)$　→: $g_+^n(x_i - c_0 \Delta t)$　→: $g_+^{n+1}(x_i)$

(a) $t = n\Delta t$　　(b) $t = (n+1)\Delta t$

図 4.24　CIP 法による移流計算

4.3.4 散逸項と非線形項の取扱い

以上の定式化は，散逸性および非線形性がない場合である。両者が存在する場合は，式 (4.100)，(4.101) の右辺が 0 ではなくなるため，移流計算が直接適用できなくなり，何らかの工夫が必要となる。そこで，次のように移流相と非移流相 ($c_0 = 0$) の 2 段階で解く[39),40)]。

$$\frac{\partial f_\pm}{\partial t} \pm c_0 \frac{\partial f_\pm}{\partial x} = 0, \quad 移流相 \tag{4.113}$$

$$\frac{\partial f_\pm}{\partial t} = h_\pm, \quad 非移流相 1 \tag{4.114}$$

ここで，$h_\pm$ は非移流項と呼ばれ，式 (4.100)，(4.101) の右辺に対応する。

$$h_\pm = \frac{b_2}{2\rho_0}\frac{\partial}{\partial x}(g_+ + g_-) \pm \frac{b_1 c_0}{2Z}\frac{\partial}{\partial x}(g_+ - g_-) - \frac{\beta}{2Z}(f_+ + f_-)(g_+ - g_-) \tag{4.115}$$

したがって，まず式 (4.113) を CIP 法で解き，非移流項のない場合の近似値 $f_\pm^*(i)$，$g_\pm^*(i)$ を得る。次に，式 (4.116) を用いて式 (4.114) を計算し，非移流項を考慮した値 $f_\pm^{n+1}(i)$ を得る。

$$f_{\pm}^{n+1}(i) = f_{\pm}^*(i) + h_{\pm}^*(i)\Delta t$$
$$= f_{\pm}^*(i) + \frac{b_2 \Delta t}{2\rho_0} \frac{g_+^*(i+1) - g_+^*(i-1) + g_-^*(i+1) - g_-^*(i-1)}{2\Delta x}$$
$$\pm \frac{b_1 c_0 \Delta t}{2Z} \frac{g_+^*(i+1) - g_+^*(i-1) - g_-^*(i+1) - g_-^*(i-1)}{2\Delta x}$$
$$-\frac{\beta \Delta t}{2Z}(f_+^*(i) + f_-^*(i))(g_+^*(i) - g_-^*(i)) \tag{4.116}$$

一方,CIP 法では非移流項の微分値も必要であるから

$$\frac{\partial g_{\pm}}{\partial t} = \frac{\partial h_{\pm}}{\partial x}, \quad \text{非移流相 2} \tag{4.117}$$

も計算する必要がある。ここで,非移流項の数値微分を避けるため,次のような工夫をする[40]。まず,式 (4.117) を差分化すると

$$g_{\pm}^{n+1}(i) = g_{\pm}^*(i) + \frac{h_{\pm}^*(i+1) - h_{\pm}^*(i-1)}{2\Delta x}\Delta t \tag{4.118}$$

が得られる。ここで,式 (4.116) の第 1 式を用いると,$h_{\pm}^*(i) = (f_{\pm}^{n+1}(i) - f_{\pm}^*(i))/\Delta t$ であるため,式 (4.118) は

$$g_{\pm}^{n+1}(i) = g_{\pm}^*(i) + \frac{f_{\pm}^{n+1}(i+1) - f_{\pm}^*(i+1)}{2\Delta x} - \frac{f_{\pm}^{n+1}(i-1) - f_{\pm}^*(i-1)}{2\Delta x} \tag{4.119}$$

となり,$h_{\pm}^*(i)$ の微分値を求めることなく,すでに求まった値から計算できる。

4.3.5 計　算　例

1 次元音場について平面波伝搬の計算を行う。媒質は空気を想定している。領域の長さは 34 m とし,領域内に 20 000 の計算点を等間隔で配置し ($\Delta x = 1.7$ mm),CFL 数は 0.5 とした ($\Delta t = 2.5$ μs)。領域の境界は特に何も設定しない。駆動は,振幅 400 Pa,周波数 5 kHz の正弦波 1 波パルスを時刻 $t = 0$ で $x = 1$ m の位置を中心として空間分布させた。

図 **4.25** は,非線形伝搬させた場合の音圧空間分布の時間発展解である。ただし,図中の t_s は非線形伝搬時の衝撃波形成時間(正弦波から出発し,衝撃波

図 4.25 CIP 法によって非線形伝搬計算させた場合の音圧空間分布の時間発展解。———：$2t_s$　-----：t_s　━━━：$0.5t_s$

(a) バーガース方程式(2.107)のコール-ホップ変換による解析解

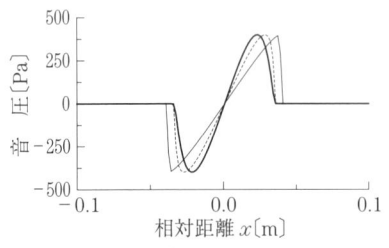

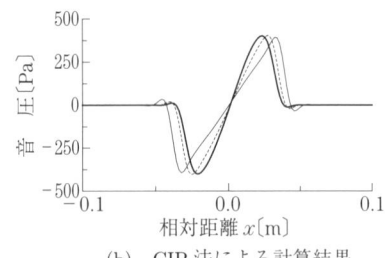

(b) CIP 法による計算結果

が形成されるまでの時間で，衝撃波形成距離 x_s を c_0 で割った $\rho_0 c_0^2/(\beta\omega p_0)$ で定義）である。また，(a) はバーガース方程式 (2.107) のコール-ホップ変換による解析解，(b) は CIP 法による計算結果である。衝撃波面形成時間 t_s までは，ほとんど解析解と一致している。一方，$2t_s$ では数値散逸により衝撃波面の立ち上がりが若干鈍くなっている。

引用・参考文献

1) 篠崎寿夫：工学のための応用数値計算法入門 (下)，pp. 143-144，コロナ社 (1979)
2) 高橋亮一，棚町芳弘：計算力学と CAE シリーズ 3 差分法，培風館 (1993)
3) G. D. Smith : Numerical Solution of Partial Differential Equations : Finite Difference Methods, Oxford Univerity (1985)
4) C-Y. Lam : Applied Numerical Methods for Partial Differential Equations, Prentice Hall (1994)
5) S. I. Aanonsen : Numerical computation of the nearfield of a finite amplitude sound beam, Rep. No. 73, Department of Mathematics, University of Bergen, Bergen, Norway (1983), and S. I. Aanonsen, J. Naze Tjøtta and S. Tjøtta : Distortion and harmonic generation in the nearfield of a finite amplitude sound beam, J. Acoust. Soc. Am., **75**, pp. 749-768 (1984)
6) D. H. Trivett and A. L. Van Buren : A FORTRAN computer program for calculating the propagation of plane, cylindrical, or spherical finite ampli-

tude waves, NRL Memorandum Report 4413, Naval Research Laboratory, Washington, D.C. (1981)

7) F. M. Pestorius : Propagation of plane acoustic noise of finite amplitude, Tech. Rep. ARL-TR-73-23, Applied Research Laboratories, The University of Texas at Austin (1973)

8) エリ・ランダウ,イエ・リフシッツ,竹内 均 訳：流体力学 2, 77 節,東京図書 (1972)

9) 渡辺好章,卜部泰正：音波の非線形伝搬と計算機シミュレーション,月刊フィジクス,**46**, pp. 135-140, 海洋出版 (1985)

10) T. Kamakura, N. Hamada, K. Aoki and Y. Kumamoto : Nonlinearly generated spectral components in the nearfield of a directive sound source, J. Acoust. Soc. Am., **85**, pp. 2331-2337 (1989)

11) S. I. Aanonsen, M. F. Hamilton, J . Naze Tjøtta and S. Tjøtta : Nonlinear effects in sound beams,in Proceedings of the 10th International Symposium on Nonlinear Acousticse, edited by A. Nakamura, pp. 45-47, Teikohsha (1984)

12) M. F. Hamilton, J. Naze Tjøtta and S. Tjøtta : Nonlinear effects in the farfield of a directive sound source, J. Acoust. Soc. Am., **78**, pp. 202-216 (1985)

13) J. C. Lockwood, T. G. Muir and D. T. Blackstock : Directive harmonic generation in the radiation field of a circular piston, J. Acoust. Soc. Am., **53**, pp. 1148-1153 (1973)

14) J. Naze Tjøtta, S. Tjøtta and E. H. Vefring : Propagation and interaction of two collinear finite amplitude sound beams, J. Acoust. Soc. Am., **88**, pp. 2859-2870 (1990)

15) T. S. Hart and M. F. Hamilton : Nonlinear effects in focused sound beams, J. Acoust. Soc. Am., **84**, pp. 1488-1496 (1988)

16) 鎌倉友男,阿比留 厳,熊本芳朗：超音波パルスの非線形伝搬に伴う波形歪,日本音響学会誌,**46**, pp. 802-809 (1990)

17) A. C. Baker and V. F. Humphrey : Distortion and high-frequency generation due to nonlear propagation of a short ultrasonic pulses from a plane circular piston, J. Acoust. Soc. Am., **92**, pp. 1699-1705 (1992)

18) Y-S. Lee and M. F. Hamilton : Time-domain modeling of pulsed finite-amplitude sound beams, J. Acoust. Soc. Am., **97**, pp. 906-917 (1995)

19) R. O. Cleveland, M. F. Hamilton and D. T. Blackstock : Time-domain modeling of finite-amplitude sound in relaxing fluids, J. Acoust. Soc. Am., **99**, pp. 3312-3318 (1996)

20) V. W. Sparrow and R. Raspet : A numerical method for general finite amplitude wave propagation and its application to spark pulses, J. Acoust. Soc. Am., **90**, pp. 2683-2691 (1991)

21) H. Nomura, C. M. Hedberg and T. Kamakura : Numerical simulation of parametric sound generation and its application to length-limited sound beam, Appl. Acoust., **73**, pp. 1231-1238 (2012)

22) I. M. Hallaj and R. O. Cleveland : FDTD simulation of finite-amplitude pressure and temperature fields for biomedical ultrasound, J. Acoust. Soc. Am., **105**, L7-L12 (1999)

23) B. E. McDonald and W. A. Kuperman : Time domain formation for pulse propagation including nonlinear behavior at acaustic, J. Acoust. Soc. Am., **81**, pp. 1406-1417 (1987)

24) T. Kamakura, T. Ishiwata and K. Matsuda : Model equation for strongly focused finite-amplitude sound beams, J. Acoust. Soc. Am., **107**, pp. 3035-3046 (2000)

25) H. Hobæk : Experimental investigation of shock wave propagation in the postfocal region of a focused sound field, Acta Acustica united with ACUSTICA, **21**, pp. 65-73 (1996)

26) T. Kamakura, M. Tani, Y. Kumamoto and K. Ueda : Harmonic generation in finite amplitude sound beams from a rectangular aperture source, J. Acoust. Soc. Am., **91**, pp. 3144-3151 (1992)

27) X. Yang and R. O. Cleveland : Time domain simulation of nonlinear acoustic beams generated by rectangular pistons with application to harmonic imaging, J. Acoust. Soc. Am., **117**, pp. 113-123 (2005)

28) T. Kamakura, H. Nomura and G. T. Clement : Application of the split-step Padé approach to nonlinear field predictions, Ultrasonics, **53**, pp. 432-438 (2013)

29) C. Vanhille and C. C-Pozuelo, Eds. : Computational Methods in Nonlinear Acoustics : Current Trends, Research Signpost, Chaps. 1 and 7 (2011)

30) O. C. ツィエンキーヴィッツ 著，吉識雅夫，山田嘉昭 訳：マトリックス有限要素法，培風館 (1984)

31) 加川幸雄：有限要素法による振動・音響工学/基礎と応用, 培風館 (1981)
32) 土屋隆生, 加川幸雄：大開口角を有する集束音源によって形成される非線形音場の有限要素解析, 日本音響学会誌, **49**, pp. 334-339 (1993)
33) T. Tsuchiya and Y. Kagawa : A simulation study on nonlinear sound propagation by finite element approach, J. Acoust. Soc. Jpn. (E), **13**, pp. 223-230 (1992)
34) N. M. Newmark : A method for computation of structural dynamics, Proc. ASCE, J. Eng. Mech. Div., **85-EM**, pp. 467-470 (1971)
35) 加川幸雄：開領域問題のための有限/境界要素法, サイエンス社 (1983)
36) 加川幸雄 編, 加川幸雄, 山淵龍夫, 村井忠邦, 土屋隆生：FEM プログラム選3 音場・圧電振動解析 2 次元/軸対称/3 次元・2 次元, 森北出版 (1998)
37) H. Takewaki, A. Nishiguchi and T. Yabe : The cubic interpolated pseudo-particle (CIP) method for solving hyperbolic-type equations, J. Comput., Phys., **61**, pp. 261-268 (1985)
38) 矢部 孝, 内海隆行, 尾形陽一：CIP 法, 森北出版 (2003)
39) 土屋隆生, 大久保寛, 竹内伸直：散逸性媒質内の音波伝搬解析への CIP 法の適用—1 次元シミュレーション—, 日本音響学会誌, **64**, pp. 443-450 (2008)
40) T. Tsuchiya, K, Okubo and N. Takeuchi : Numerical simulation of nonlinear sound wave propagation using constrained interpolation profile method: one-dimensional case, Jpn. J. Appl. Phys., **47**, pp. 3952-3958 (2008)

5 音響放射力

音響インピーダンスの異なる二つの媒質の境界を音波が透過すると，微小ではあるが，その境界面に直流的で一定の力が発生する。これを音響放射力といい，物理現象として古くから知られている。本章では，まずこの音響放射力の物理的意味を説明して定式化を行う。その後，実験によって放射力の検証を行い，応用について述べる。

5.1 音響放射力とは

図 5.1(a) に示すように，固有音響インピーダンス $\rho_0 c_0$ の均質で等温な媒質内の位置 $x = x_A$ に仮想平面を想定し，その面に垂直に音波が入射しているとする。このとき，この面が存在しても音波は乱れや反射が起こることはなく，すべての音波は透過する。よって，面を挟む両領域の**音響エネルギー密度**（acoustic energy density）に差は生じない。

つぎに，図(b) のように，音響インピーダンスの異なる 2 種類の媒質（$\rho_1 c_1$, $\rho_2 c_2$）が，位置 $x = x_B$ の面で接している状態を考える。この境界へ音波が入射すると，音響インピーダンスの相違に起因して，音波の反射が生じ，その境界を境に両領域のエネルギー密度に差が生じる。その結果，境界面の左右から働く圧力の平衡が崩れ，その差に相当する圧力差，すなわち単位面積当りの力が境界面に働き，わずかながら境界面が移動する。この移動で力学的な仕事，例えば，外から設けたばねの復元力でこの圧力差に抗する場合，ばねの変位に伴う位置エネルギーの増加があるが，熱力学に基づけば，このときの仕事は音響

5.1 音響放射力とは

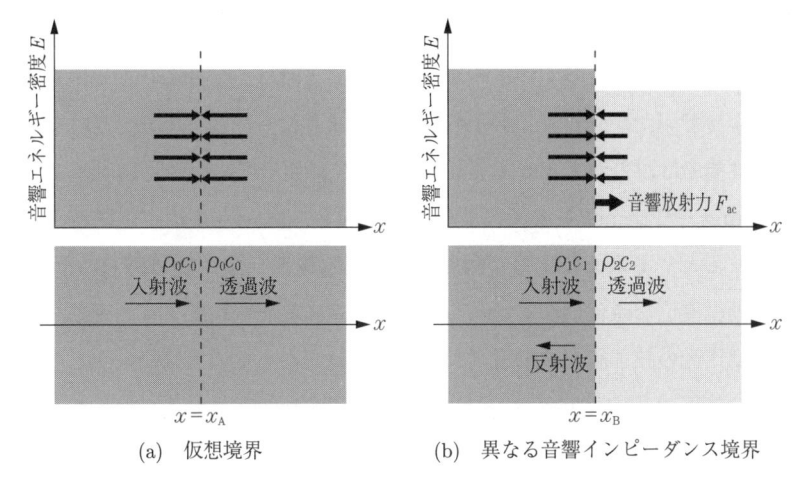

(a) 仮想境界　　(b) 異なる音響インピーダンス境界

図 5.1　境界に作用する音響放射圧

エネルギー密度の差から供給されることになる．また，エネルギー密度の次元 $[\mathrm{J/m^3}]$ は $[\mathrm{N/m^2}] = [\mathrm{Pa}]$ に書き換えられ，面を挟む媒質内のエネルギー密度の差は，結局は境界面を両方から押す圧力の差になるとも理解できる．このように，均質等温で媒質自体の移動がない音場内に，周囲の媒質と音響インピーダンスの異なる物体が存在して音響エネルギーの流れを遮ると，境界面を通して直流的な一定の圧力，すなわち**音響放射圧**（acoustic radiation pressure）が働く．音響放射圧の基本的な現象の説明は以上であるが，われわれは，放射圧それ自体よりも放射圧を物体の面上で面の方向（法線）を含めて積分し，その結果得られる実質的な力，すなわち**音響放射力**（acoustic radiation force）を測定したり応用することが多い．

放射力は波動のもつ共通の性質であり，歴史的にみれば，電磁波の分野でその存在が知られた後に，音波においても存在が確認された経緯がある．17世紀の初頭に，天文学者のKeplerは，彗星の尾が常に太陽と反対側に伸びるのをみて，太陽光による何らかの圧力（光圧）が原因と推測している．その後，長い期間にわたって，Newtonの光の粒子説に基づき，光圧の説明がなされていた．すなわち，光子が壁に衝突する際に運動量が変化し，壁に圧力が作用する

という考えで,直感的にわかりやすいものであった。そして,18世紀にはその放射圧を検出しようと多くの試みがなされた。当時は,今日よりも光圧を大きく見積もっていたが,それでもその光圧はあまりにも微弱であり,当時の測定装置の性能では誤差が大きくて実証するまでには至っていない。19世紀に入って,YoungやFresnelらの光の波動説が台頭し,Maxwellは,電磁波が物体に入射すると,その面に圧力が働くという理論報告を行った(1871)。そして,光の波動説優位な時代になるが,もし当時までに光圧が精度よく測定されていたならば,光の粒子説が波動説に大きく立ちはだかったのではないかとの見方がある。光圧の測定は,20世紀に入って測定誤差を極力小さくする多くの工夫がなされ,Lebedevの実験(1899),NicholsとHullの実験(1901),PoyntingとBarlowの実験(1910)へと続き,光量子仮説の時代に移っていくことになる。

音響分野では,20世紀初頭にはすでに始まっており,Rayleighが振動弦の現象から気体に対する放射圧を導き(1902),また,同じ頃,Lebedevの同僚のAltbergが放射圧測定の基礎実験を行い(1903),今日までの研究報告は枚挙にいとまがない。特に主要な研究成果を列挙すれば,剛体球に対するKingの理論[1]),液滴に対する吉岡と河島の理論[2]),球面波によるEmbletonの理論[3]),固体弾性球に対する長谷川と吉岡の理論[4]),粘性流体におけるDoinikovの理論[5),6)]などがある。音響放射圧に関する総合報告としては,Beyer[7]),WangとLee[8])の著書,また放射圧の歴史については文献9)に詳しい。なお,光圧の場合と同様に,音響放射圧をフォノン(音子)の概念で説明する考えもあるが[10]),本章では波動の観点から説明を進める。

放射圧は,音場の境界条件の相違により,レイリー形とランジュバン(Langevin)形の二つに分類され,論じられてきた。**レイリー放射圧**(Rayleigh radiation pressure)は容器内に閉じ込められた音波が容器の内壁に及ぼす時間平均的な力である。一方,**ランジュバン放射圧**(Langevin radiation pressure)は開放された空間中に置かれた物体に作用する力である。そして,理論上は,放射圧を誘導する際に現れる積分定数の決定方法でランジュバン形とレイリー形とを

区別する。通常の応用として重要なのはランジュバン放射圧であるので，以降の議論では，ランジュバン放射圧のみを対象とする。

5.2 ランジュバン放射圧の理論

5.2.1 流体力学的手法による導出

音響現象は流体粒子の振る舞いから生じる流体現象の一種である。そこで，流体力学の基礎方程式を出発として，ランジュバン放射圧に関する一般的な理論式の導出を行う。なお，これらの導出は文献 1) 〜 8) に詳しく述べられており，以下にその要点をまとめて記述する。また，力としての音の作用を考える場合，物体表面上に作用するスカラー量としての音響放射圧 P_{ac} よりも，むしろその物体全体に作用するベクトル量としての放射力 $\boldsymbol{F}_{\mathrm{ac}}$ が重要になる。

音波は静圧 P_0 のまわりの圧力擾乱であって，音圧 p を時間でならせば 0 になり，そこには直流的な圧力は生じない。すなわち，音圧の 1 次量のみを対象とする線形理論の範囲内では，p は P_0 を基準に時間的に正になったり負になったりしており，時間平均すると 0 である。しかし，音圧の 2 次の微小量まで含めて時間平均した場合は 0 にはならず，微小であるものの，音圧に直流成分が現れる。この理由により，古くから音響放射圧は非線形音響の研究分野として位置付けられてきている。

放射圧を定式化して説明するために，音波の存在による音圧や速度ポテンシャルなどの物理量において，1 次量，2 次量をそれぞれ添字 1，2 を付けて区別する。すなわち，速度ポテンシャルを $\phi = \phi_1 + \phi_2$，音圧を $p = p_1 + p_2$，粒子速度を $\boldsymbol{u} = \boldsymbol{u}_1 + \boldsymbol{u}_2$ とおくと，2 章 2.1.6 項を参考として

$$\boldsymbol{u}_1 = -\nabla \phi_1, \quad \boldsymbol{u}_2 = -\nabla \phi_2, \quad p_1 = \rho_0 \frac{\partial \phi_1}{\partial t}, \quad p_2 = \rho_0 \frac{\partial \phi_2}{\partial t} - \mathcal{L} \quad (5.1)$$

の関係が与えられる。ここで，ρ_0 は音波が存在しない静圧時の媒質密度，$\mathcal{L} = \rho_0 \boldsymbol{u}_1 \cdot \boldsymbol{u}_1 / 2 - p_1^2 / (2\rho_0 c_0^2)$ はラグランジアンである。$u_1 = p_1 / (\rho_0 c_0)$ の関係が

満たされる平面進行波においては $\mathcal{L} = 0$ であるが,それ以外の波動モードでは $\mathcal{L} \neq 0$ であり,またその時間平均 $\langle \mathcal{L} \rangle$ も一般に 0 にはならない。なお,解析の容易のため,ここでは媒質の粘性や熱伝導性は除外している。

さて,音響放射力 $\boldsymbol{F}_{\mathrm{ac}}$ は音波の存在で与えられる力であるので,音圧 p を物体表面の方向性を含めて面積分し,さらに時間平均を行うことで得られるから

$$\boldsymbol{F}_{\mathrm{ac}} = -\left\langle \iint_{S(t)} p\boldsymbol{n}dS \right\rangle$$
$$= -\left\langle \iint_{S(t)} \left(\rho_0 \frac{\partial \phi_1}{\partial t} + \rho_0 \frac{\partial \phi_2}{\partial t} - \mathcal{L} \right) \boldsymbol{n}dS \right\rangle \tag{5.2}$$

で定式化される。そもそも音圧 p は照射物体の外側からその表面に加わる圧力なので,放射圧はその音圧に外側から内側への法線ベクトルを掛けて面積分すれば得られることになる。ただ,ここでは,慣習に従って,法線ベクトル $\boldsymbol{n}$ を物体表面から外向きにとっているので,式 (5.2) に負号を付している。さらに,例えば水中の気泡で代表されるように,物体の表面が粒子速度 $\boldsymbol{u}$ で変動することを前提に,その表面積を時間の関数の $S(t)$ としている。もし,空中に置かれた剛体のように,音波が照射されても,その表面が振動せず,時間に無関係に一定値 S_0 であれば,時間平均を被積分項に演算でき,$\langle \partial(\phi_1 + \phi_2)/\partial t \rangle = 0$ なので

$$\boldsymbol{F}_{\mathrm{ac}} = -\left\langle \iint_{S_0} p\boldsymbol{n}dS \right\rangle = \iint_{S_0} \langle \mathcal{L} \rangle \boldsymbol{n}dS \tag{5.3}$$

のように簡単化される。しかし,表面が音波の存在で振動するような場合は,若干,面倒な解析を必要とする。この問題に対し,吉岡と河島は,式 (5.2) の $S(t)$ は,被積分項が 2 次の微小量の場合(具体的には速度ポテンシャル ϕ_2 や $\mathcal{L}$)には,平衡状態の静止面積 S_0 で置き換えられ,さらに 1 次波の ϕ_1 に対して

$$\left\langle \iint_{S(t)} \rho_0 \frac{\partial \phi_1}{\partial t} \boldsymbol{n}dS \right\rangle = \iint_{S_0} \langle \rho_0 \boldsymbol{u}_1 (\boldsymbol{u}_1 \cdot \boldsymbol{n}) \rangle dS \tag{5.4}$$

の関係があることに着目して(5.6 節参照),最終的に音響放射力を次式で与えている[2]。

$$\boldsymbol{F}_{\mathrm{ac}} = \iint_{S_0} \{\langle \mathcal{L} \rangle \boldsymbol{n} - \rho_0 \langle \boldsymbol{u}_1 (\boldsymbol{u}_1 \cdot \boldsymbol{n}) \rangle\} dS \tag{5.5}$$

物体が剛体で不動の場合は S_0 面上で粒子速度 $u_1 = 0$ なので，式 (5.5) は式 (5.3) を包含することになる。

以上の吉岡と河島の理論とは別に，運動量の流束密度に基づいて音響放射力の理論式を導く方法がある[8]。この方法を説明するために，流体粒子の運動を記述するオイラーの運動方程式 (2.8) に立ち返る。この式では，流体粒子に働く，例えば重力など外力は考慮しなかった。仮に，単位体積当りの外力を $\bm{f}'$ とおいたとき，運動方程式は

$$\rho \left\{ \frac{\partial \bm{u}}{\partial t} + (\bm{u} \cdot \nabla) \bm{u} \right\} = -\nabla P + \bm{f}' \tag{5.6}$$

に修正される。重力が外力である場合は，$\bm{f}' = \rho \bm{g}$（$\bm{g}$ は重力加速度）とおけばよい。式 (5.6) を以下のように変形する。すなわち，連続の式 $\partial \rho / \partial t + \nabla \cdot (\rho \bm{u}) = 0$ の両辺に $\bm{u}$ を掛け，式 (5.6) と辺々加える。その結果

$$\frac{\partial (\rho \bm{u})}{\partial t} = -\nabla \cdot \{ P \tilde{\bm{I}} + (\rho \bm{u} \bm{u}) \} + \bm{f}' \tag{5.7}$$

にまとめることができる。なお，式 (5.7) を誘導する際において，$\nabla P = \nabla \cdot (P \tilde{\bm{I}})$，$\bm{u} \nabla \cdot (\rho \bm{u}) + (\rho \bm{u} \cdot \nabla) \bm{u} = \nabla \cdot (\rho \bm{u} \bm{u})$ の関係式を用いた。また，$\tilde{\bm{I}} (= \delta_{ij})$ は単位ダイアディックである。式 (5.7) の左辺の $\rho \bm{u} (= \rho u_i)$ は単位体積当りの運動量，すなわち**運動量密度**（momentum density）であり，右辺第 1 項の $P \tilde{\bm{I}} + \rho \bm{u} \bm{u} (= P \delta_{ij} + \rho u_i u_j)$ は**運動量の流束密度**（momentum flux density）で，x_j 軸に垂直な単位面積を通り，単位時間当りに流れる運動量の i 成分となっている[†]。例えば，x 軸に沿って進む平面波の場合，x 軸に垂直な面内の流束密度のうち x 成分は $P + \rho u^2$ になり，y 成分および z 成分はともに 0 となる。また，y 軸あるいは z 軸に垂直な面でそれぞれの軸方向成分は P のみとなる。放射圧は，このように，波の進行方向と観測面によって値が変わるので，**放射応力**（radiation stress）と呼ばれることもある。なお，外力の $\bm{f}'$ がない場合は，式 (5.7) は運動量に関して保存形になっている。すなわち，固定閉曲面 S で囲まれた領域 V に注目し，式 (5.7) を V 内で体積積分する。その結果

[†] x_i ($i = 1, 2, 3$) は，デカルト座標系 (x, y, z) の各座標変数に対応する。

$$\frac{\partial}{\partial t}\iiint_V (\rho \boldsymbol{u})dV = -\iiint_V \nabla\cdot\left\{P\tilde{\boldsymbol{I}} + (\rho\boldsymbol{u}\boldsymbol{u})\right\}dV$$
$$= -\iint_S \left\{P\tilde{\boldsymbol{I}} + (\rho\boldsymbol{u}\boldsymbol{u})\right\}\cdot\boldsymbol{n}dS \tag{5.8}$$

を得る。式 (5.8) の左辺は，V 内で単位時間に増加する運動量であり，この量はその領域の境界面 S を通って単位時間に流入する右辺の運動量に等しいことを示している。

さて，式 (5.7) の両辺を，音波の周期に比べて十分長い時間で平均する。この結果，左辺は消えて

$$\nabla\cdot\left\langle(P\tilde{\boldsymbol{I}} + \rho\boldsymbol{u}\boldsymbol{u})\right\rangle = \langle\boldsymbol{f}'\rangle \tag{5.9}$$

が残る。この式で $\langle\boldsymbol{f}'\rangle$ は左辺の 2 次的な力と平衡を保つための外力であって，Rooney と Nyborg [11]，長谷川 [12] が指摘するように，これが単位体積当りの音波から供給される力 $\boldsymbol{f}$ と釣り合わなければならない。平衡を保っている限り，対象物体は動かない状態になるので，この物体自体の運動量は式 (5.7) には反映されず，$\langle\boldsymbol{f}'\rangle + \boldsymbol{f} = 0$ が成り立つ。物体に働く放射力 $\boldsymbol{F}_{\mathrm{ac}}$ は，$\boldsymbol{f}$ を物体の表面 S_0 で囲まれた体積 V_0 内で体積積分すればよく，発散の定理を適用すると

$$\boldsymbol{F}_{\mathrm{ac}} = \iiint_{V_0}\boldsymbol{f}dV = -\iiint_{V_0}\nabla\cdot\left\langle\{P\tilde{\boldsymbol{I}} + (\rho\boldsymbol{u}\boldsymbol{u})\}\right\rangle dV$$
$$= -\iint_{S_0}\left\langle\{P\tilde{\boldsymbol{I}} + (\rho\boldsymbol{u}\boldsymbol{u})\}\right\rangle\cdot\boldsymbol{n}dS \tag{5.10}$$

で書き表される。ここで，最終式の被積分項 $\tilde{\boldsymbol{S}}(= S_{ij}) = \langle P\rangle\tilde{\boldsymbol{I}} + \langle\rho\boldsymbol{u}\boldsymbol{u}\rangle$ は運動量の流束密度の時間平均である。この成分のうち $\langle\rho\boldsymbol{u}\boldsymbol{u}\rangle = \langle\rho u_i u_j\rangle$ をレイノルズ応力（Reynolds stress）という。テンソル S_{ij} において，2 次の微小量を取り扱う限りにおいては $\langle P\rangle = \langle p\rangle = -\langle\mathcal{L}\rangle$，また $\langle\rho\boldsymbol{u}\boldsymbol{u}\rangle = \rho_0\langle\boldsymbol{u}\boldsymbol{u}\rangle$ に近似することができるので，放射圧 $\boldsymbol{F}_{\mathrm{ac}}$ は，結局，吉岡と河島の理論と同形の

$$\boldsymbol{F}_{\mathrm{ac}} = \iint_{S_0}\left(\langle\mathcal{L}\tilde{\boldsymbol{I}}\rangle - \rho_0\langle\boldsymbol{u}\boldsymbol{u}\rangle\right)\cdot\boldsymbol{n}dS$$

$$= \iint_{S_0} \{\langle \mathcal{L} \rangle \, \boldsymbol{n} - \rho_0 \langle \boldsymbol{u}(\boldsymbol{u} \cdot \boldsymbol{n}) \rangle\} dS \tag{5.11}$$

になる。

5.2.2 音響放射圧理論とエネルギー密度

音場中の物体に作用する音響放射圧 P_{ac} を，入射平面音波（音場中に物体が存在せず，反射や散乱がない場合）を時間平均した音響エネルギー密度 $\langle E_{\mathrm{i}} \rangle$ で説明する方法がある[13]。この場合，放射圧は，対象物体が完全吸収体に対しては

$$P_{\mathrm{ac}} = \langle E_{\mathrm{i}} \rangle \tag{5.12}$$

もしくは，音圧反射係数 R_{p} の物体に対しては

$$P_{\mathrm{ac}} = \left(1 + R_{\mathrm{p}}^2\right) \langle E_{\mathrm{i}} \rangle \tag{5.13}$$

で与えている。音響エネルギーをもって書き表したこれらの表示式と，5.2.1 項で求めた放射力の理論式 (5.11) との対応を，ここで調べてみる。

いま，題意に合わせ，図 **5.2** に示すように，$x = 0$ の位置を平面境界に固有音響インピーダンス $\rho_1 c_1$ と $\rho_2 c_2$ の異なる媒質が存在し，振幅 p_0 で x-y 面内に波数ベクトルをもつ角周波数 ω の平面音波が，$x < 0$ 方向から，境界面に角度 θ で入射する場合を想定する。

まずは，垂直入射として $\theta = 0$ とおく。境界の存在によって波の一部は反射し，残りは透過するが，$x < 0$ および $x > 0$ の領域での音圧 p は

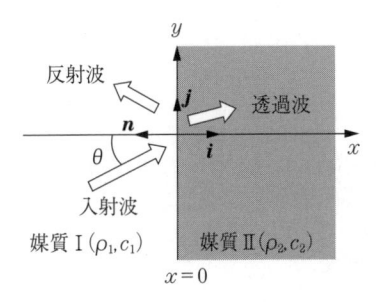

図 **5.2** 音響インピーダンスの異なる 2 層媒質に平面進行波が入射する場合。波数ベクトルが x-y 平面内にある場合を想定。図中の $\boldsymbol{i}$ と $\boldsymbol{j}$ は，それぞれ x 軸，y 軸の基本ベクトル，$\boldsymbol{n}$ は法線ベクトル

$$p = \begin{cases} p_0 \{\sin(\omega t - k_1 x) + R_\mathrm{p} \sin(\omega t + k_1 x)\}, & x < 0 \\ p_0 T_\mathrm{p} \sin(\omega t - k_2 x), & x > 0 \end{cases} \quad (5.14)$$

と表される。ここで，$k_i = \omega/c_i$ $(i = 1, 2)$ はそれぞれの媒質内での波数である。また，音圧の反射係数 R_p と透過係数 T_p は，インピーダンス比 $Z = \rho_1 c_1/(\rho_2 c_2)$ をもって表すと，それぞれ

$$R_\mathrm{p} = \frac{1 - Z}{1 + Z}, \qquad T_\mathrm{p} = \frac{2}{1 + Z} \quad (5.15)$$

である。粒子速度 $\boldsymbol{u}$ は x 軸方向の振動成分のみであって，これを u とおくと

$$u = \begin{cases} \dfrac{p_0}{\rho_1 c_1} \{\sin(\omega t - k_1 x) - R_\mathrm{p} \sin(\omega t + k_1 x)\}, & x < 0 \\ \dfrac{p_0 T_\mathrm{p}}{\rho_2 c_2} \sin(\omega t - k_2 x), & x > 0 \end{cases} \quad (5.16)$$

となる。ここで，$\boldsymbol{i}$, $\boldsymbol{n}$ を図 5.2 に示す単位ベクトルとすると，$\boldsymbol{u} = \boldsymbol{i} u = -\boldsymbol{n} u$ の関係がある。

ところで，式 (5.11) の被積分項において，$\mathcal{L} = K - U$ であり，$\rho_0 \boldsymbol{u}(\boldsymbol{u} \cdot \boldsymbol{n}) = -\rho_0 u^2 \boldsymbol{i} = 2K\boldsymbol{n}$ なので，放射圧は

$$P_\mathrm{ac} = -\langle (K - U) - 2K \rangle = \langle K + U \rangle \quad (5.17)$$

で与えられる。運動エネルギー密度は $K = \rho_0 u^2/2$，位置エネルギー密度は $U = p^2/(2\rho_0 c_0^2)$ で表され，また式 (5.17) の右辺の $K + U$ は音響エネルギー密度 E そのものである。式 (5.14) と式 (5.16) を利用して，$x < 0$，$x > 0$ の領域それぞれのエネルギー密度の時間平均 $\langle E \rangle$ を求めると

$$\langle E \rangle = \begin{cases} \langle E_\mathrm{i} \rangle (1 + R_\mathrm{p}^2), & x < 0 \\ \langle E_\mathrm{i} \rangle \dfrac{c_1}{c_2} Z T_\mathrm{p}^2, & x > 0 \end{cases} \quad (5.18)$$

になる。これより，境界面を挟んで，$x < 0$ 側からは式 (5.13) で与えた $\langle E_\mathrm{i} \rangle (1 + R_\mathrm{p}^2)$ の圧力を，また $x > 0$ 側からは $\langle E_\mathrm{i} \rangle Z T_\mathrm{p}^2 (c_1/c_2)$ の圧力を受けることになる。なお，ここでの入射する音響エネルギー密度は

5.2 ランジュバン放射圧の理論

$$\langle E_\mathrm{i} \rangle = \frac{p_0^2}{2\rho_1 c_1^2} \tag{5.19}$$

である。境界面 $x=0$ を挟んだ左右でのエネルギー密度差はその面に働く音響放射圧になるので，音波の照射によって，最終的に，境界面の左から右側に向けて，単位面積当り

$$\begin{aligned}
P_\mathrm{ac} &= \langle E \rangle|_{x<0} - \langle E \rangle|_{x>0} = \langle E_\mathrm{i} \rangle \left\{ (1+R_\mathrm{p}^2) - \frac{c_1}{c_2} Z T_\mathrm{p}^2 \right\} \\
&= \frac{2\langle E_\mathrm{i} \rangle}{(1+Z)^2}\left(1 + Z^2 - 2Z\frac{c_1}{c_2}\right)
\end{aligned} \tag{5.20}$$

の力を受けることになる。この放射圧の式に従えば，次のことが理解できる。例えば，空中から金属板や水面に平面音波が垂直入射する場合には $Z \to 0$ と近似できるので，$P_\mathrm{ac} \approx 2\langle E_\mathrm{i} \rangle$，また逆に水中から水面に向かって音波が入射するときは $Z \to \infty$ で近似でき，やはり $P_\mathrm{ac} \approx 2\langle E_\mathrm{i} \rangle$ を得る。具体的な放射圧の大きさを見積もるために，水中で 1 気圧の振幅の音波を例にあげると，$p_0 = 10^5$ Pa, $c_1 = 1\,482$ m/s, $\rho_1 = 1\,000$ kg/m^3 なので，$\langle E_\mathrm{i} \rangle = p_0^2/(2\rho_1 c_1^2) = (10^5)^2/(2\times 10^3 \times 1\,482^2)$ Pa $= 2.28$ Pa ≈ 23 μg 重/cm^2 となり，放射圧は対象物体の反射状態に依存して，cm^2 当り，せいぜい数十 μg 重オーダーであることが予想される。ただし，音響エネルギーは基本的には音圧振幅の 2 乗に比例するので，音波の振幅を 10 倍にすると，放射圧の大きさは 100 倍になる。よって，超音波ビームを水中から水面に向けて放射すると，超音波が強力であれば，図 5.3 のようなビーム幅の噴水現象を観測することができる。

ここで注意したいことは，二つの媒質の音響インピーダンスが整合して $Z = 1$

図 5.3 5 MHz 超音波による噴水現象（提供：三留秀人氏）

ときである.このとき,波は境界で反射せず,すべて透過するにもかかわらず,$P_{ac} = \langle E_i \rangle (1 - c_1/c_2)$ の放射圧が発生し,音速比 c_1/c_2 の大小関係で P_{ac} の符号が正負に分かれる.むろん,境界を挟む媒質が同じで $c_1 = c_2$ ならば,図 5.1(a) でみたように,仮想境界面には何ら放射圧は働かない.このように,インピーダンス整合して反射波が存在しなくても,$c_1 \neq c_2$ であると,境界面に放射圧が働く.つまり,境界があっても音響的に整合していれば両領域での**音響インテンシティ**(acoustic intensity)は等しいが,両領域の音速が異なると,音響エネルギーの違いが現れ,放射圧が発生することになる[†].

この現象について,Hertz と Mende は,音速が異なるものの固有音響インピーダンスが水とほぼ等しく,また水と混じり合わない液体を用いて,音響放射圧の正負を実証している[14].図 5.4 はその結果である.超音波音源はともに液体ケースの下に置かれ,2層媒質に下から上に向けて放射されている.(a) は,下層媒質が四塩化炭素 CCl_4 で,上層媒質が水である.CCl_4 の物理定数のうち $\rho_1 = 1594 \text{ kg/m}^3$,$c_1 = 938 \text{ m/s}$ なので,$\rho_1 c_1 = 1.495 \times 10^6 \text{ Pa·s/m}$,また水のインピーダンスは $\rho_2 c_2 = 1.483 \times 10^6 \text{ Pa·s/m}$ になり,両者のインピーダンスはほぼ等しい.しかし,音速比が $c_1/c_2 = 0.632$ となり,$P_{ac} = 0.367 \langle E_i \rangle > 0$

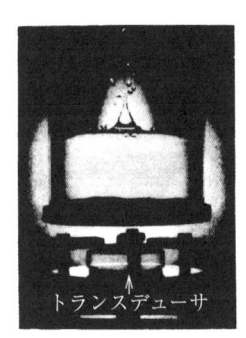

(a) 下層媒質が四塩化炭素 CCl_4,上層媒質が水の場合

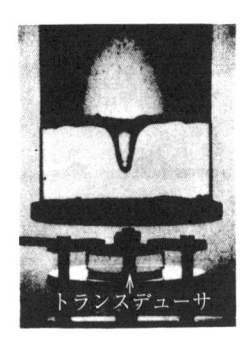

(b) 下層媒質がアニリン $C_6H_5NH_2$,上層媒質が水の場合

図 5.4 音響インピーダンスはほぼ等しいが,音速が異なる2層媒質の境界面に働く放射圧[14].図の下側に音源(トランスデューサ)があり,上に向けて超音波を放射

[†] 単位面積当りに通過する音響パワーを音響インテンシティといい,$I = \langle pu \rangle$ で定義される.粒子速度はベクトルなので,本来,I もベクトル量である.音響エネルギーは音響インテンシティを音速で割った値となる.

なので，音波が伝搬する方向の下から上に放射力が働くことになる．これによって，液体界面が上に盛り上がっている．他方，(b) では下層媒質がアニリン $C_6H_5NH_2$（$\rho_1 = 1\,022$ kg/m^3，$c_1 = 1\,659$ m/s），上層媒質が水である．この場合は若干インピーダンスが異なるが，音速比 $c_1/c_2 = 1.12$ の相違が放射圧の向きに影響を与え，$P_{ac} = -0.364\,\langle E_i \rangle < 0$ の負の放射圧になる．したがって，音波の進行方向とは逆向きに，上から下に向かって放射力が働く．

なお，媒質 II が入射する音響エネルギーをすべて吸収する完全吸収体のとき，媒質 II 内では放射圧は存在しないことになり，式 (5.18) から $P_{ac} = \langle E_i \rangle$ になる．すなわち，このときの放射圧は完全反射体のときの 1/2 になる．吸収体では，多くの場合，音響エネルギーを物体内に閉じ込めることに起因してその物体の温度が上昇する．そして，その吸収体に浮力が働くことで放射力の測定の誤差要因になる．

図 5.2 において，入射波が境界面に対して角度 θ で入射する場合には，式 (5.11) の取扱いに若干注意が必要である．$\bm{u} = u(\bm{i}\cos\theta + \bm{j}\sin\theta)$，$\bm{n} = -\bm{i}$ の関係があるので

$$\bm{F}_{ac} = \iint_{S_0} \{\langle \mathcal{L} \rangle \bm{n} - \rho_0 \langle \bm{u}(\bm{u}\cdot\bm{n})\rangle\}\,dS$$

$$= \iint_{S_0} \left[\bm{i}\left(-\langle \mathcal{L}\rangle + \rho_0 \langle u^2 \rangle \cos^2\theta\right) + \bm{j}\rho_0 \frac{\langle u^2 \rangle}{2}\sin 2\theta\right]dS \quad (5.21)$$

となる．すなわち，放射力として，境界面に垂直な成分（x 軸成分）のみならず接線成分（y 軸成分）も現れる．

5.3 平面波音場中の音響放射力理論

音響放射力の理論予測には，物体からの散乱も考慮したうえで，音圧および粒子速度，すなわち音場を正確に求める必要がある．この意味から，放射力の解析解を得るには，単一粒子で，しかもシンプルな形状に限ることが多い．本節では，音場中の粒子の振る舞いを理解するうえで重要となる，平面進行波，および定在波音場中の単一微粒子に作用する放射力について報告する．特に基本

的な問題として，Kingによる固体球（剛体球）[1]，および吉岡と河島による気泡[2]に作用する放射圧理論を取り上げる。

まず，解析条件として，流体のもつ粘性は，音場解析の簡単化のため無視する。粘性が音波へ与える影響としては，音波吸収と横波の発生がある。音波吸収は，長距離伝搬を問題としない限り解析上無視できる。また，横波は，発生しても境界近傍の**粘性境界層**（viscous boundary layer）（境界層の詳細は，5.4節参照）内である。例えば，周波数50 kHzを想定すると，水中でその厚さは$2.5\ \mu\mathrm{m}$と薄く，境界の極近傍の音場を問題としない限り，音波吸収と同様に横波発生も無視できる。しかし，周波数が低いほど境界層は厚くなるので，その厚さと同程度の寸法の微粒子に働く放射圧を対象とする際には，粘性を考慮しなければならない。この問題については，5.4節で述べる。

さらに，解析のための容易さから，以下の条件を加える。

① 対象物体を半径aの球体，その物体の周囲媒質（密度ρ_0，音速c_0）の音波の波数を$k(=\omega/c_0)$としたとき，$ka \ll 1$が成り立つとする。すなわち，物体の寸法が波長に比べて十分小さい。

② 入射音波は平面進行波，または平面定在波である。

③ 入射音波の振幅は，特に微小球が気泡においては，その非線形振動が生じない小振幅である。

④ 熱伝導はない。

以上のような条件のもと，式(5.11)を用いて音響放射力を求めることになる。個々の問題に対する解析方法の詳細は文献1), 2), 4)に述べられているので，ここでは省略する。以下に得られた音響放射力の式および数値例を示す。

5.3.1　平面進行波音場

平面進行波音場中に半径aの球が置かれた状況を想定する。このとき，球がないときの入射音波の音響インテンシティを$\boldsymbol{I}$とすると，音響放射力は

$$\boldsymbol{F}_{\mathrm{ac}} = \pi a^2 \frac{\boldsymbol{I}}{c_0} Y_{\mathrm{p}} \tag{5.22}$$

と表される。ここで，c_0 は周囲流体中の音速，Y_p は進行波の**音響放射力関数**（acoustic radiation force function）である。I/c_0 の大きさは入射波の音響エネルギー密度 $\langle E_\mathrm{i} \rangle$ に対応し，これに球の見掛け上の断面積 πa^2 を掛けることで，球への入射音響エネルギーとなる。したがって，Y_p は無次元の量となる。ka が 1 より十分大きく，球体内への音の透過，球の弾性振動，音源との間の定在波の影響がすべて無視できる場合には，Y_p は 1 に近づく。しかし，実際は，球の材質定数や寸法，周波数に依存する複雑な関数になる (5.4.2 項参照)。

（1）剛体球 King は，$ka(=\omega a/c_0) \ll 1$ の条件において，密度 ρ_0 の周囲流体中に置かれた密度 ρ の剛体球に作用する音響放射力に関して，その関数を

$$Y_\mathrm{p} = 4(ka)^4 \left\{ \frac{1}{(2+\rho_0/\rho)^2} + \frac{2}{9}\left(\frac{1-\rho_0/\rho}{2+\rho_0/\rho}\right)^2 \right\} \qquad (5.23)$$

と与えている[1]。

水中に置かれた剛体球〔ステンレス球，$\rho(=\rho_\mathrm{s}) = 7.90 \times 10^3 \ \mathrm{kg/m^3}$〕に働く音響放射力関数を，図 **5.5** (a) に示す。参考として，仮に球の密度をステンレスの 2 倍および 3 倍にしたときのデータも併示する。この結果より，球体の密度の増加とともに放射力が増大することがわかる。これは，周囲流体との音響インピーダンス差が大きくなることから，散乱強度の上昇に起因してエネルギー密度差が大きくなるためである。なお，剛体といえども，水中においては球

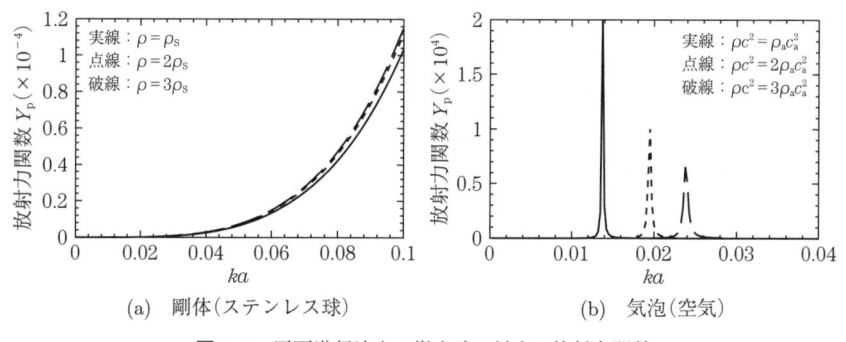

図 **5.5** 平面進行波中の微小球に対する放射力関数

内部に入射波の一部は透過し，放射圧に何らかの影響を与えると思われる。すなわち，弾性球としての取扱いが必要となる。King の理論は，このような照射物体への波の透過はないものとしているので，式の適用範囲は制限される。しかし，放射圧のオーダーを知るには簡便な式である。剛体球に対する弾性を含めた放射圧については，5.4.2 項で述べる。

（2）気　　泡　　吉岡と河島は，圧縮性を有する気泡の場合，音響放射圧関数を求めている。そして，$ka = (\omega/c_0)a \ll 1$ の条件において，その関数を次式で与えている[2]。

$$Y_\mathrm{p} = \frac{4}{(ka)^2 + \left\{1 - \dfrac{3}{(ka)^2}\dfrac{\rho c^2}{\rho_0 c_0^2}\right\}^2} \tag{5.24}$$

図 5.5 (b) に，水中に置かれた気泡〔空気，$\rho(=\rho_\mathrm{a}) = 1.21\,\mathrm{kg/m^3}$, $c(=c_\mathrm{a}) = 344.5\,\mathrm{m/s}$〕に働く音響放射力関数を示す。$ka$ の特定の値に関数のピークが現れているが，これは気泡の共振状態を示すもので，その特定の ka 値は

$$(ka)_\mathrm{r} = \sqrt{\frac{3\rho c^2}{\rho_0 c_0^2}} \tag{5.25}$$

から計算される。ちなみに，空気気泡では $(ka)_\mathrm{r}$ は 0.0138 になり，また共振周波数は $f_\mathrm{r}\,\mathrm{[MHz]} = 3.25/a\,\mathrm{[\mu m]}$ である。この共振付近では，波の進む方向に沿って気泡に大きな放射圧が働く。参考として，気泡内気体の密度，音速を変化させたときの結果を併せて示す。この結果は，$\rho_\mathrm{a} c_\mathrm{a}^2$ の上昇に伴い，共振位置 $(ka)_\mathrm{r}$ が大きくなり，共振の幅が拡がることを示す。しかし，その反面，放射力は弱くなる。

5.3.2　平面定在波音場

平面定在波音場内では音響インテンシティは 0 なので〔後述の式 (5.29) から $I = \langle pu \rangle = 0$〕，そのかわりに平均音響エネルギー密度 $\langle E \rangle$ をもって音響放射力 $\boldsymbol{F}_\mathrm{ac}$ を書き表す。例えば，半径 a の球体に作用する放射力を

$$\boldsymbol{F}_\mathrm{ac} = \pi a^2 \langle E \rangle \frac{d}{d} Y_\mathrm{s} \sin(2kd) \tag{5.26}$$

と表す。ここで，Y_s は定在波の音響放射力関数であり，進行波の場合と同様に，Y_s は球の材質や寸法，周波数に依存する関数になる。d は，球に最も近い定在波（粒子速度）の節を原点とし，球の中心までの位置ベクトルである。また，その大きさは $d = |\boldsymbol{d}|$ である。Y_s の符号により放射力の方向が変わり，$Y_s > 0$ の場合は，音圧の腹から節に向かう（粒子速度の節から腹へ向かう）方向に働く。両端が粒子速度の節となる基本モードの定在波内に，微粒子を置いた場合の放射力を例にとれば，図 5.6 のようになる。(a) は粒子速度の振幅分布を描いたもので，中央で粒子速度の腹となる。音圧分布で音場を表せば，両端が音圧の腹に，中央が節になる。(b) は微粒子に働く放射力の振幅を示したもので，微粒子は (c) のように音圧の節に向けた力が働く。したがって，多くの微粒子を定在波内に分散させると，基本モードでは，定在波の中央に集まることになる。

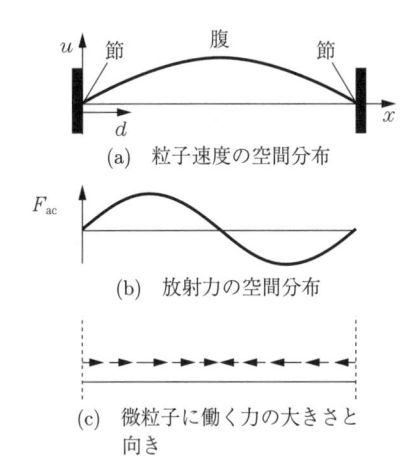

図 5.6 基本波モード定在波内の微粒子に働く放射力で，Y_s が正の場合

一方，$Y_s < 0$ の場合は逆に，微粒子には音圧の節から腹に向かう方向に放射力が働く。この場合，図 5.6 を例とすると，両端の音圧の腹に微粒子が集まることになる。

〔1〕剛 体 球

King によれば，$ka \ll 1$ の条件において，微小剛体球に対する音響放射力関数は

$$Y_{\mathrm{s}} = \frac{4}{3}ka\{1+B(\rho)\}, \quad B(\rho) = \frac{3(1-\rho_0/\rho)}{2+\rho_0/\rho} \tag{5.27}$$

と与えられる[1]。放射力は,定在波において ka に比例し,また進行波においては $(ka)^4$ に比例するので,定在波の音場において格段に大きい。

図 **5.7** (a) に,水中に置かれた剛体球(ステンレス球)に働く音響放射力関数を示す。参考として,球の密度を変化させたときの結果を併せて示す。多くの場合,物体の密度 ρ は周囲流体の密度 ρ_0 よりも大きく $\rho_0/\rho < 1$ なので,図 5.6 でみたように,放射力の向きは音圧の腹から節へ向かい,粒子は中央に集まることになる。また,式 (5.27) の Y_{s} の項を $(5-2\rho_0/\rho)/(2+\rho_0/\rho) = 2.5-4.5(\rho_0/\rho)/(2+\rho_0/\rho)$ に書き直すと,球体の密度が大きくなるほど ρ_0/ρ は小さくなり,逆に放射力は大きくなることがわかる。このことは,図 5.7 (a) からもわずかな差異であるが読み取れる。

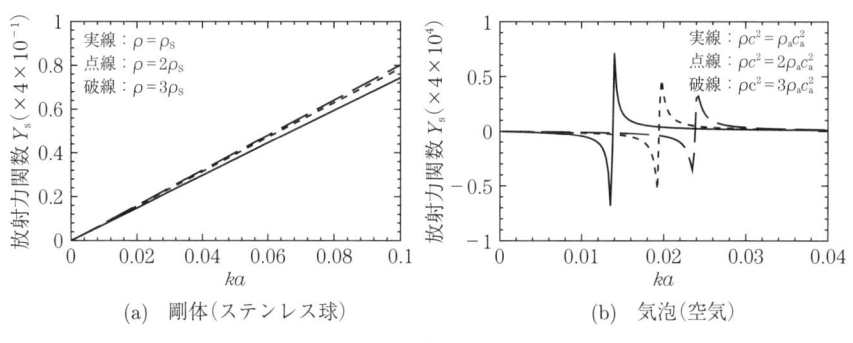

(a) 剛体(ステンレス球)

(b) 気泡(空気)

図 **5.7** 平面定在波中の微小球に対する放射力関数

ところで,Nyborg は,1 次元 x 軸に沿った音場内に,波長に比べて十分小さく $ka \ll 1$ を満たす剛体球が置かれていることを前提に,この球に働く放射力を簡易式

$$F_{\mathrm{ac}} = V\left\{B(\rho)\frac{\partial}{\partial x}\langle K\rangle - \frac{\partial}{\partial x}\langle U\rangle\right\} + \Delta \tag{5.28}$$

で表している[15]。ここで,$V = 4\pi a^3/3$ は球の体積,$\langle K \rangle$ および $\langle U \rangle$ はそれぞれ定在波内で時間平均された運動エネルギー,位置エネルギー密度である。また,Δ は周波数や媒質情報を含む複雑な関数であるが,定在波の環境において

はこの Δ は他項に比べて無視できる大きさで，$\Delta=0$ とおいてもよい。

いま完全反射を前提にした定在波を考え，音圧反射係数 $R_\mathrm{p}=1$ として，このときの音圧振幅を p_0，波数を $k=\omega/c_0$ とおけば，式 (5.14)，(5.16) を参考にして粒子速度 u と音圧 p は

$$p = p_0 \cos kx \sin \omega t, \quad u = -\frac{p_0}{\rho_0 c_0} \sin kx \cos \omega t \qquad (5.29)$$

になり

$$\langle K \rangle = \frac{\rho_0}{2}\langle u^2 \rangle = \langle E \rangle \sin^2 kx, \quad \langle U \rangle = \frac{\langle p^2 \rangle}{2\rho_0 c_0^2} = \langle E \rangle \cos^2 kx \qquad (5.30)$$

が得られる[†]。ここで，$\langle E \rangle = \langle K \rangle + \langle U \rangle = p_0^2/(4\rho_0 c_0^2)$ はエネルギー密度であって，ここから King の式 (5.27) を導くことができる。

〔2〕気　　　泡

吉岡と河島によれば，圧縮性を有する気泡の場合，$ka \ll 1$ の条件において，音響放射力関数は

$$Y_\mathrm{s} = \frac{4}{ka} \frac{1 - \dfrac{3}{(ka)^2}\dfrac{\rho c^2}{\rho_0 c_0^{\,2}}}{(ka)^2 + \left[1 - \dfrac{3}{(ka)^2}\dfrac{\rho c^2}{\rho_0 c_0^{\,2}}\right]^2} \qquad (5.31)$$

と与えられる[2)]。あるいは，気泡の共振周波数 f_r を用いて式 (5.31) を書き表し，式 (5.26) に代入すると

$$\boldsymbol{F}_\mathrm{ac} = \frac{4\pi a^2}{ka}\langle E \rangle \frac{\boldsymbol{d}}{d} \frac{1 - (f_\mathrm{r}/f)^2}{(ka)^2 + [1 - (f_\mathrm{r}/f)^2]^2} \sin 2kd \qquad (5.32)$$

となる。

図 5.7(b) に，水中に置かれた気泡（空気）に働く音響放射力関数を示す。参考として，気泡内の密度，音速を変化させたときの結果を併せて示す。気泡の

[†] 音圧振幅 p_0 の平面音波が入射して完全反射する場合の定在波は

$$p = 2p_0 \cos kx \sin \omega t, \quad u = -\frac{2p_0}{\rho_0 c_0} \sin kx \cos \omega t$$

になるので，式 (5.29) の条件と比べて振幅が 2 倍，したがって，エネルギー密度は 4 倍になる。

場合,放射力の向きは共振を前後に変化し,共振周波数に比べて高い周波数の $f > f_r$(あるいは,共振半径よりも大きな半径の気泡)では,微小剛体と同様に,音圧の腹から節へ,逆に共振周波数よりも低い $f < f_r$(あるいは共振半径よりも小さな気泡)では節から腹へ向かう。このように,定在波内に微小気体に働く放射力を **1次ビャークネス力**(primary Bjerknes force)という。音圧の節または腹に気泡を放射圧によってトラップさせるには,したがって,周波数や気泡径を調整することが条件になる。なお,体積弾性率 $K(=\rho c^2)$ の増加に伴い ka の大きな位置で共振が起こるが,共振付近での放射力の変動幅は小さくなる[†]。

ついで,液体内に二つの気泡に音波が照射され,それらが接近して存在すると,両者に斥力あるいは引力の **2次ビャークネス力**(secondary Bjerknes force)が働く[16),17)]。通常,この作用力を単にビャークネス力ということが多い。一方の気泡から再放射される音波が,放射圧として,もう一方の気泡に影響を与える結果として,気泡間に力が働くことになる。気泡どうしが接近しているとき,距離の2乗に反比例して力を及ぼし合う。特に,外部から加える音波の周波数が,二つの気泡の共振周波数の間にある場合は,つまり互いに逆位相で振動しているときは気泡の間に斥力が,またそれ以外の場合は引力が働くことが知られている。ただし,このような力関係は,外部駆動音波の音圧振幅が小さく,気泡が微小で線形振動を行い,気泡間の距離が比較的離れている場合の傾向であって,そうでない場合は複雑な力関係になる[18)]。再放射の音波は球面拡散するので,気泡間の距離が大きいときには,放射力は弱くなり気泡は互いに独立な動きをする。

5.4 より現実的な音響放射力理論

5.3節では,粘性の無視や入射が平面波であるなどの特殊な音場条件におけ

[†] 体積弾性率 K は非線形パラメータの A に等しく,圧縮率の逆数である。K と音速 c_0 の関係は2章の式 (2.16) を参照するとよい。

る微小球に作用する放射力の近似式を示したが，現実にはそのような条件を満たす環境はまれである。そこで，以下にその他いくつかの実用的な音響放射力に関する理論を示す。

5.4.1 粘性流体内における音響放射力

$ka \ll 1$ となると，通常は無視できる流体のもつ粘性が音場を介して放射力に大きく影響する。粘性流体は，物体表面上で固着する条件，すなわち物体と流体との境界で，法線方向のみならず接線方向の粒子速度が連続性を満たす必要がある。特に，接線方向の境界条件を満たすために，境界ごく近傍で横波が発生する。横波の放射圧への影響は，物体の寸法が小さくなり，**粘性境界層**[†]の厚さ $\delta_v = \sqrt{2\nu/\omega}$（$\nu$ は流体の動粘性係数で，水中，50 kHz の音波に対しておよそ 2.5 μm）に比べて無視できない程度になると，顕著となる。

図 5.8 は Doinikov による平面進行波，および平面定在波音場中の粘性流体中に置かれた剛体球（ステンレス球）に対する音響放射力関数[6]である。ただし，$ka \ll 1 \ll |k_v a|$ の条件が成り立つとする。ここで，$k_v = (1+j)/\delta_v$ である。完全流体中の放射力関数は ka と ρ/ρ_0 にのみ依存するが，粘性流体の場合

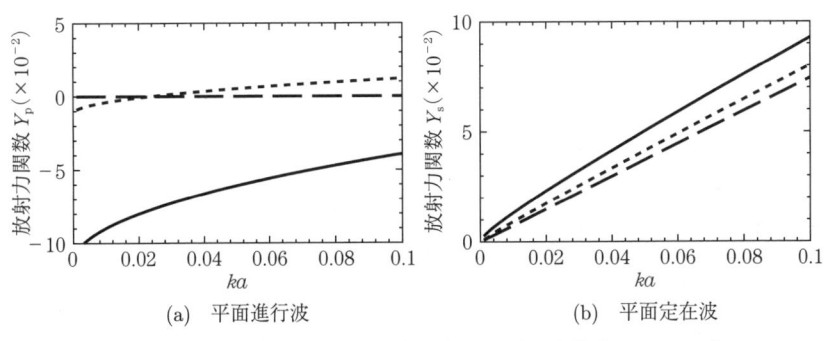

図 5.8 流体のもつ粘性が放射力関数に与える影響。実線（$a = 100\ \mu$m），点線（$a = 1$ mm）は粘性流体における Doinikov の理論[6]，破線は完全流体における King の理論[1]

[†] ストークス層（Stokes layer）とか音響境界層（acoustic boundary layer）ということもある。

はさらに δ_{v}/a にも依存する。この結果から，粘性の影響は特に進行波において粒子サイズが小さい場合に顕著であり，放射力関数の値が大きくなるばかりか符号が負，すなわち音源方向に働く音響放射力が発生することにもなる。粘性に比べて，熱伝導性の放射圧に与える影響は弱い。

5.4.2　固体弾性球へ作用する音響放射力

固体球において，$ka > 1$，すなわち対象となる物体の寸法が入射音波の波長よりも大きくなると，球自体の弾性的な特性が音場および放射力に大きく影響する。その場合，長谷川と吉岡による固体弾性球[4]に作用する放射力理論が利用できる。

図 **5.9** は水中で平面進行波音場中に置かれた，黄銅球（$\rho = 8\,100~\mathrm{kg/m^3}$，縦波音速 $c_l = 3\,830~\mathrm{m/s}$，横波音速 $c_s = 2\,050~\mathrm{m/s}$），およびステンレス球（縦波音速 $c_l = 5\,240~\mathrm{m/s}$，横波音速 $c_s = 2\,978~\mathrm{m/s}$）に対する放射力関数である。$ka < 2$ の範囲であれば，長谷川と吉岡の理論は King の理論とほぼ一致するが，$ka > 2$ の範囲になると差異が生じ，放射圧には球内の弾性波の共振に起因する急峻なピークやディップが発生する。

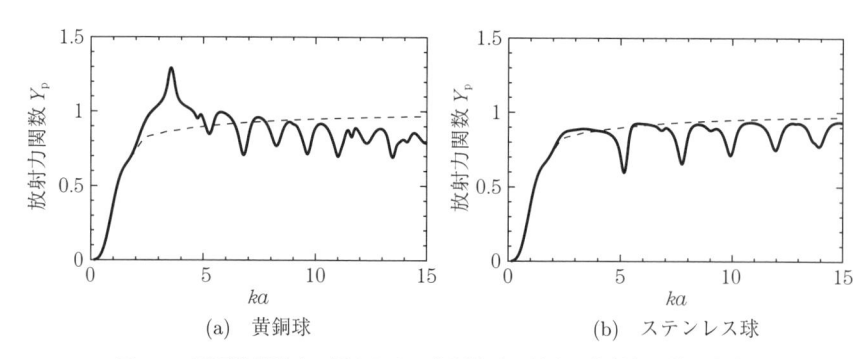

図 **5.9**　平面進行波中に置かれた固体弾性球に対する放射力関数。実線は固体弾性球に対する長谷川と吉岡の理論[4]，破線は剛体球に対する King の理論[1]

5.4.3 超音波ビーム内の音響放射力

実際の音場は，平面波であるよりはむしろ球面波であったり，また反射係数が 1 未満であると，完全な定在波ではなく，疑似的な定在波になる。そのような音場中における音響放射力は，それぞれに適した音場に基づくアドホックな理論を用いることになる。例えば，球面波音場中の剛体球に作用する Embleton の理論[3]，長谷川らの理論[19]，同じく剛体球に対する長谷川らの理論[20]，また疑似定在波に対する長谷川の理論[21] などである。さらに，ピストン音源から放射される超音波の場合，球による音波の散乱のほかに，特に近距離場において回折に起因する激しい音場分布の変化があり，その解析をいっそう困難とする。このような円形ピストン音源近傍の剛体球に対し，長谷川らの放射圧理論[22]，また凹面 (集束) 形ピストン音源による Chen と Apfel の放射圧理論[23] などがある。以下ではそれらの基本となる，円形ピストン音源の近距離場における剛体球の放射圧について数値例を示して説明を行う。

図 5.10 に音源半径 R のピストン音源の音軸 (z 軸) 上の音圧分布 (a) と，その音軸上で $z = z_0$ の位置に半径 a のステンレス剛体球を置いた場合の音響放射力関数 (b) を示す。この結果から，平面進行波の場合と異なり，近距離場中での放射力関数は音場のピークとディップの影響を受け，大きく変動すること

(a) 近距離音場

(b) 近距離音場中の剛体球($ka = 1, 10$) に対する放射力関数

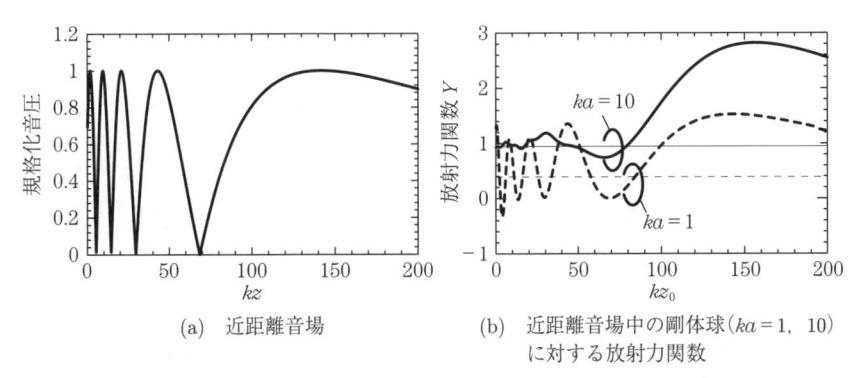

図 5.10 円形ピストン音源 ($kR = 30$) の近距離音場と，その近距離音場音場中の剛体球 ($ka = 1, 10$) に対する放射力関数。太線はピストン音源，細線は平面進行波の場合。z_0 は音源から任意点までの音軸上距離

がわかる。特に,この傾向は物体寸法が小さい場合に顕著であり,局所であるが,放射力関数が負になる,すなわち音源側に剛体球が引き寄せられる領域が存在する。

5.5 音響放射圧の実験的検証と応用

本節では,実験を通して音響放射圧の存在を検証する。また,理論の妥当性についても言及する。それと併行して,放射圧の応用についてもいくつかを述べる。

5.5.1 超音波放射圧および浮揚

音を照射する対象物体の形状や物性に依存するが,式 (5.22) でみたように,音響放射力 F_{ac} は基本的に音響インテンシティと音速の比 I/c_0 に比例する。この理由により,放射力を精度よく計測できればインテンシティの値が得られ,よって音源から放射される音響パワー,音圧などの音響物理量を間接的に知ることができる。この考えは,いわゆる**レイリー板**(Rayleigh disk)を利用した音響計測法であって,空中においては 1970 年代までは標準マイクロホンの絶対校正法として利用されていた。しかし,気流の影響を受けやすいこと,広い計測領域が必要なことなどから,現在は相互校正法が用いられている。また,音響パワーの測定法として放射圧に基づく"天秤法"が提案され,特に超音波関連機器の放射パワーの絶対量計測の一つの計測法に利用されているが,現在では高周波,広帯域のハイドロホンが開発されていることから,超音波標準としての応用に限られている [24]。

Whymark[25],Rudnick[26],そして Leung らのグループ[27] は,定在波内に置かれた微粒子に働く放射圧の空中実験を行っている。Leung らは図 5.6 に対応する実験を行っており,この結果を**図 5.11** に示す。空中に音源と反射板を平行に設置すると,音源からの進行波と反射板からの反射波が干渉して定在波音場が形成される。定在波音場中では,逆位相の音波が重なり常に音圧が最小に

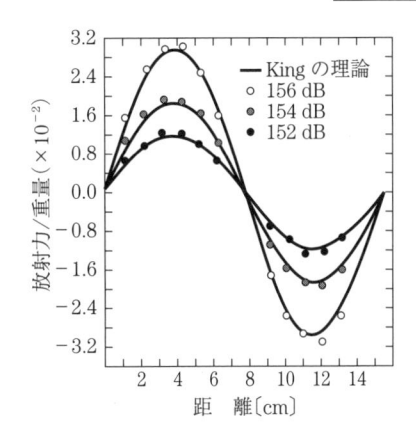

図 5.11 基本波モード定在波内の半径 6.35 mm のポリエチレン球に働く放射力。縦軸は放射力を微小球の質量で割った値。丸印のデータは測定結果[27]，実線は King の簡易式 (5.33)

なる節と，逆に常に同位相の音波が重なり音圧が最大になる腹が，空間内に波長の 1/4 の間隔で存在する。

厚いアルミ壁を有する矩形チャンバー内の一つの壁にホーンスピーカ用ドライバーユニットを取り付け，音圧レベルが 150 dB 程度の音を放射し，チャンバーの 1 方向に基本モードの定在波が生じるように周波数を調整する。定在波が存在する方向のチャンバーの寸法は 15 cm ほどで，駆動周波数はおよそ 1.1 kHz である。この定在波内に，波長 30 cm に比べて十分小さい半径 6.35 mm のポリエチレン球を置いたときの放射力を，光学装置を利用して観測している。この場合，$\rho_0/\rho \to 0$ と近似してよいので，式 (5.27) の King の式は

$$\boldsymbol{F}_{ac} = \frac{5\pi}{6} \frac{p_0^2}{\rho_0 c_0^2} \frac{\boldsymbol{d}}{d} ka^3 \sin 2kd \tag{5.33}$$

になる。図中の実線はこの King の簡易式に基づく理論値である。また，横軸はチャンバーの端面からの距離を示しており，式の d に相当する。図の左端から 7.6 cm の位置が音圧の節（粒子速度の腹）で，その位置に向けてポリエチレン球に放射力が働く。全体的に，実験データと King の理論式はよく一致し，予測どおりの放射圧の存在が確認できる。なお，放射力を計測する方法として，光学装置を用いる以外に，高精度な電子天秤を利用する方法もある。このような空中放射力は，るつぼを用いず非接触で材料を加熱，融解する無容器プロセシングなどの，新しい機能材料の革新的な製造方法としての応用があげられる[28]。

小山らは，放射圧の特長を巧みに利用した高速な焦点可変の液体レンズの実用化研究を行っている[29]。レンズは，外形 6 mm，内径 3 mm の円筒状アルミニウムセル内に水，シリコーン油，そして超音波トランスデューサから構成されている。水は直接トランスデューサに接しており，互いに混じり合わない水とシリコーン油の境界面は，トランスデューサから超音波の放射圧で曲面が変化し，それによってその境界を通過する光がある位置で焦点を結ぶ。しかも，焦点距離は，トランスデューサへの入力電圧を変えることで実現できる。

5.5.2 水中超音波による微小物体の捕捉

眼鏡店などに置いてある小形の超音波洗浄器を観察すると，剥がれ落ちた汚れが 1 ヶ所に凝集したり，あるいは微細な気泡が浮かび上がることなく定点で振動する様子を観測することがある。これは，容器内に超音波の定在波音場が形成され，放射圧によって微小な物体が定在波の音圧の節もしくは腹に捕捉されている状態である[15),30)]。

水槽の底に直径 20 mm の平面円板形圧電セラミックス製の超音波振動子を上向きに設置し，その上方 30 mm の位置に反射板を振動子の面に平行に設置する。振動子の共振周波数 1.75 MHz の正弦波電圧を発生させ，パワーアンプを介して信号を増幅して振動子に印加する。このとき，振動子から放射された超音波ビームは，上方の反射板で反射して，振動子と反射板間で定在波音場が形成される。この音場中に平均粒径 16 μm のアルミナ微粒子（比重 3.95，音速 10.544 km/s）を投入すると，ビーム内に周期的に微粒子が凝集して捕捉される。図 **5.12** は，この粒子捕捉の実験写真である[31]。

ところで，剛体とみなされるアルミナ粒子といえども，水中での音波に対しては，その弾性を放射圧の理論に含める必要がある。$ka \ll 1$ のときは，King の式 (5.27) に補正項が加わり，吉岡と河島の式

$$Y_s = \frac{4}{3} ka \left(\frac{5 - 2\rho_0/\rho}{2 + \rho_0/\rho} - \frac{\rho_0 c_0^2}{\rho c^2} \right) \tag{5.34}$$

で表される[2),32)]。あるいは，運動エネルギー $\langle K \rangle$ と位置エネルギー $\langle U \rangle$ で書

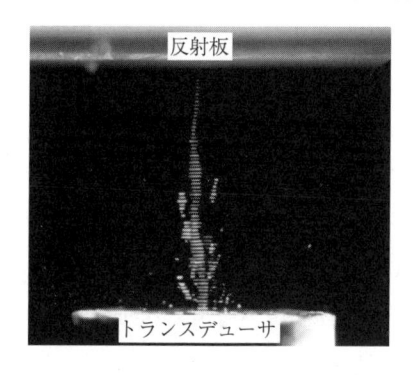

5.5 音響放射圧の実験的検証と応用

図 5.12 定在波音場中で音圧の節に捕捉された粒子 [31]

き表した式 (5.28) の拡張版の Gor'kov の式 [30]

$$F_{\mathrm{ac}} = V\left\{B(\rho)\frac{\partial \langle K \rangle}{\partial x} - \left(1 - \frac{\rho_0 c_0^2}{\rho c^2}\right)\frac{\partial \langle U \rangle}{\partial x}\right\} \tag{5.35}$$

が利用できる。ここで，$\rho_0 c_0^2/(\rho c^2)$ を周囲媒質の体積弾性率と微小物体のそれとの比で書き換えてもよい。特に，水中でも剛体とみなせるような場合にはこの比は 0 に近づき，よって式 (5.35) は King の式に一致する。

定在波においては，式 (5.30) から $\partial \langle K \rangle / \partial x = -\partial \langle U \rangle / \partial x$ が得られるので，式 (5.35) を書き換え

$$F_{\mathrm{ac}} = -\frac{\partial U_{\mathrm{c}}}{\partial x}, \quad U_{\mathrm{c}} = \left\{1 - \frac{\rho_0 c_0^2}{\rho c^2} + B(\rho)\right\}U \tag{5.36}$$

とおくと，U_{c} は保存力 F_{ac} を導く力学的ポテンシャルとなる。これより，ポテンシャル U_{c} の極小値の位置に微粒子はとどまることと予想される。実際，式 (5.29) の音場を例にとれば，アルミナ微粒子のように $1 - \rho_0 c_0^2/(\rho c^2) + B(\rho) > 0$ においては $\cos^2 kx$ の極小値，すなわち音圧 p の節，あるいは粒子速度 u の腹に粒子がトラップされる。逆に，体積弾性率が水よりも小さく $1 - \rho_0 c_0^2/(\rho c^2) + B(\rho) < 0$ であるようなとき，$-\cos^2 kx$ の極小値，すなわち音圧の腹あるいは粒子速度の節に微粒子が集まる。図 5.12 の実験条件おける波長は 0.86 mm であり，振動子と反射板の間の 30 mm の定在波音場中に，半波長 0.43 mm の間隔で，およそ 70ヶ所の音圧の節が形成されている。そして，アルミナ粒子がその節の位置に凝集して捕捉されている様子が観測できる。

放射圧は，音響エネルギーのみならず，照射物体の音響特性，例えば音速や密度，形状などに依存して変化する。このことは，音響パワーあるいは音響インテンシティの計測以外に，物体の音響特性の計測にも利用できることを示唆する。このアイデアのもとに，山越は超音波の音源条件を変えることで物体のダイナミックな動きを観測し，その情報から音場，微小粒子，周囲媒質の諸パラメータの計測の可能性を紹介している[33]。また，安田らは放射圧のバイオメディカルへの応用として，モルモットの血液中に含まれる赤血球の凝集手段として 500 kHz の超音波を利用して実現し，また，キャビテーションがない状況において赤血球に何ら影響がないことも確認している[34]。

Doinikov の理論[6]を裏付けるともいえる実験結果が，安田と鎌倉によって報告されている[35]。駆動周波数 500 kHz の水中実験において，半径が 5 μm 以下のポリスチレン球では吉岡と河島の理論に合わず，その理論値よりも放射圧が大きくなるという。このような微小粒子に対する放射圧については，バイオメディカルやナノテクノロジーへの応用研究に発展する可能性を秘めている。

5.5.3　定在波音場中での微粒子の操作

超音波は反射板を用いて容易にその伝搬方向を変えることができるので，反射板を組み合わせることで複雑な音場が形成される。したがって，音場を制御することで，微粒子を特定の位置に凝縮したり，3 次元的に捕捉したりすることができる。本項では，音響放射力を用いた微粒子の操作について述べる。なお，ここでも，水中で駆動周波数は 1.75 MHz とし，操作物体は 5.5.2 項で述べたアルミナ微粒子を対象とする。

〔1〕　直交定在波音場中の微粒子の凝集

図 **5.13** (a) に示すように，振動子上方の反射板 1 を音軸に対して 45° の角度に設置し，振動子から放射された超音波を水平方向に反射する。そして，反射した超音波の音軸と垂直にもう 1 枚の反射板 2 を設置すると，反射板 1 において 90° の角度で反射する逆 L 字形の定在波音場が形成される。この音場中にアルミナ粒子の懸濁液を注入したところ，振動子および反射板 2 の近傍では，これ

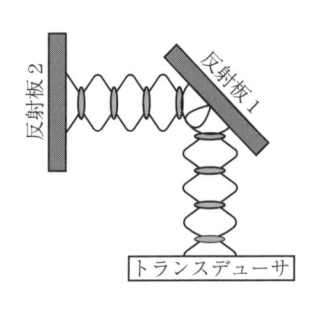

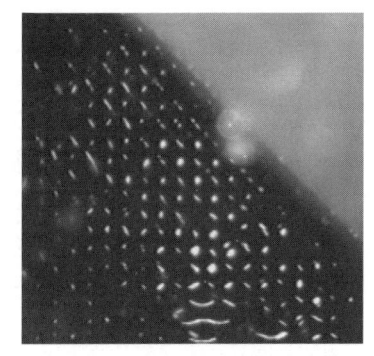

(a) L字形定在波　　　　(b) 反射板1の近傍で捕捉された粒子

図 **5.13**　L字形定在波による粒子捕捉

までと同様に，音軸に垂直な方向に半波長間隔で粒子は整列した．しかし，反射板1の近傍では，図(b)に示すように，反射板と平行および垂直な2方向に，それぞれ点線状に粒子が凝集する様子がみられた．入射波と反射波のそれぞれの定在波の音圧の節が直角に交差し，粒子はその交点に捕捉されていることが理解できる．

これまでは単一の振動子による均一な音場を扱ってきたが，複数の独立した音場を組み合わせることで，微粒子の凝集状態を操作することができる．2組の振動子と反射板を用いて形成される定在波音場を直角に交差させ，それぞれ独立して駆動することで，交点における2次元音場を制御する．図 **5.14** (a) に実験の概略を示す．粒子はそれぞれの定在波音場のビーム軸に沿って捕捉される．それぞれの振動子に加える電圧の比率を変えることで，交点付近での粒子の凝集形状が変形する．その実験結果を，図(b)〜(d)に示す．(b) は垂直方向の力が支配的な場合であり，粒子は横縞に凝集している．水平方向の振動子に加わる電圧を増加すれば，粒子は徐々に水平方向の定在波の音圧の腹から節に向かう力を受けて移動し，音圧の節の交点を中心とした菱形に変形する．両方の力がそれぞれ同等であるならば，凝集形状は (c) に示すように格子を形成する．水平方向の振動子に加わる電圧をさらに増加し，水平方向の力が支配的になれば，凝集形状は (d) のように縦縞に変形する．

(a) 十字形定在波

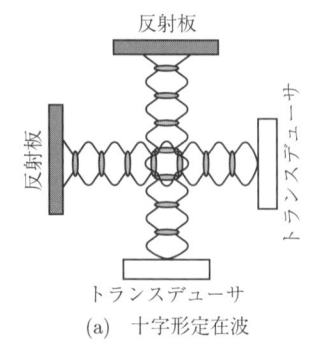

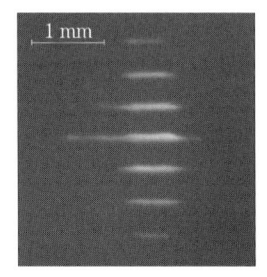

(b) 垂直方向の力＞水平方向の力　　(c) 垂直方向の力＝水平方向の力　　(d) 垂直方向の力＜水平方向の力

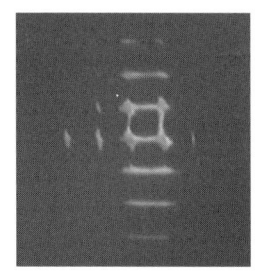

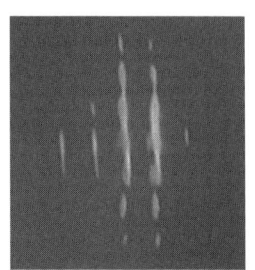

図 5.14　十字形定在波音場中での粒子捕捉

〔2〕 混在粒子の分離・移動

すでに述べたように，微小物体の固有音響インピーダンスが媒質のそれに対して大きい場合，微小物体は音圧の節に捕捉されるが，小さい場合は音圧の腹に捕捉される。図 5.15 は，アルミナ粒子が音圧の節に捕捉されている状態で，粒径 80 μm のナイロン粒子を投入した際の写真である[31]。ナイロン粒子の比重は水よりも若干大きく 1.11 で音速は 2 620 m/s なので，水に投入された場合は，アルミナ粒子と同様に音圧の節に集まると予想される。しかし，実際は，ナイロン粒子でも水に沈むものは節に捕捉されるものの，水に浮く粒子は音圧の腹に捕捉される傾向にあった。これは，図 5.15 の写真の上段と下段にはっきりとみられる。このような微粒子の捕捉位置が理論予測に従わない理由は，水に浮くナイロン粒子はそれに空気が付着して見掛けの比重が水より小さくなっているのか，あるいは定在波と異なる音場が形成されているのか，現時点では

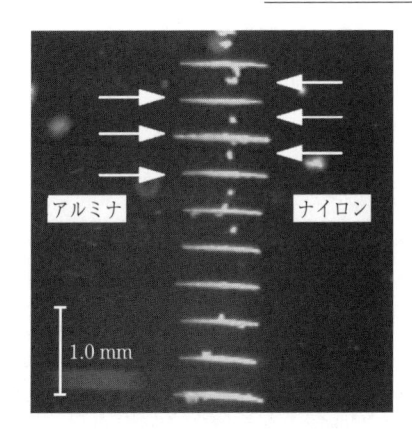

図 5.15 音圧の節と腹による混在粒子の分離

不明である。

ところで，節または腹に分離した粒子を取り出すには，対象の粒子のみに力を作用させ，移動させる必要がある。定在波音場と対照的に，進行波の多くは1方向性の音響放射圧による力を発生する。超音波は凹面形振動子を用いることにより簡単に集束させることができ，音響放射圧による力もまた焦点に集中し，この力は波長オーダーの微小領域に作用する。定在波音場中で捕捉された粒子に，集束超音波による放射力を作用させる実験を行った。その結果を図 5.16 に示す。開口径 20 mm，共振周波数 5.6 MHz，焦点距離 40 mm の集束形振動子から，水平方向に超音波を放射したところ，振動子の焦点付近のきわめて限ら

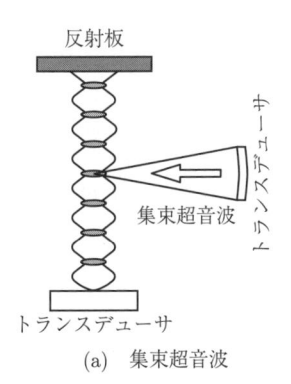

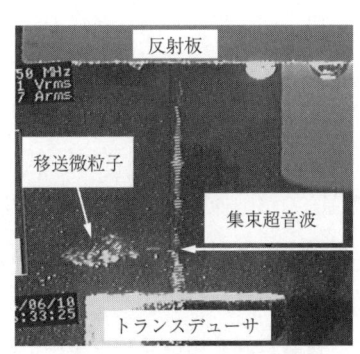

(a) 集束超音波 　　(b) はじき飛ばされる粒子

図 5.16 集束超音波による粒子移動

れた領域の粒子が，捕捉されている位置から超音波放射方向に，高速ではじき飛ばされる現象が観察される。振動子に集束形を用いると，焦点位置に非常に強力な力が集中する一方で，それ以外の領域では力はほとんど作用しないため，特定の微小物体のみに大きな力を作用させるには適した手段である。

〔3〕 振動子と反射板を用いた定在波音場による微粒子の位置制御

振動子と反射板による定在波音場において，周波数を変化させると音圧の節の位置が移動するため，音圧の節に捕捉した物体を移動させることが可能である。平板振動子を用いた定在波音場では，振動子面積に相当する領域に音場が形成される。音波の伝搬方向には音圧の腹から節に向かう放射力が音場中の物体に作用するが，振動子面に沿った方向には，緩やかに変化する音圧分布が拡がっており，物体を捕捉する力としては弱い。そこで，図5.16で用いた凹面形振動子を水中で上向きに固定し，その焦点位置に反射板を水平に設置して定在波音場を形成する。反射板（焦点）近傍では，音場は細長い1次元状となり，水中を浮遊する微粒子は等間隔の点に捕捉される。この状態で，振動子に加える周波数を変化させると波長が変わり，半波長間隔で存在する音圧の節の位置が移動する。そして同時に，音圧の節に捕捉されている微粒子は，音圧の節の移動に伴い音波の伝搬方向に移動することになる[36]。

そのほかに，音場そのものを時間的に平行移動させることで，それに応じて音波の伝搬方向と垂直方向に微粒子を移動させることできる。また，超音波振動子の位置は固定しても，周波数を変えることで，粒子を捕捉，移動させることが可能である。例えば，二つ以上の超音波振動子の駆動周波数を若干変えれば，音場は大きく変わり，したがって，微粒子の移動もそれに応じる。このような微粒子の移動操作は，結局は，音場，とりわけ定在波音場の形成に大きく依存するので，所望の微粒子捕捉や移動に対しては，音場の理論予測や理論計算が必要となる。

〔4〕 複数音源を用いる定在波中での微粒子操作

定在波音場は，異なる方向に伝搬する同一周波数の超音波が互いに干渉することで形成されるため，複数の音源を用いて，その音軸を交差させることでも

定在波音場を形成することが可能である。

図 5.17 (a) に示すような実験装置で定在波音場を形成し，音圧の節に粒子を捕捉して，各音源の位相を制御すると，(b) のような微粒子の 2 次元操作ができる[37),38)]。さらに，4 個の振動子を正三角すいの各頂点に配置して 3 次元的に分布する音場を生成すると，各音源の位相を制御することで 3 次元操作が可能となる。この操作は**超音波マニピュレーション**（ultrasonic manipulation）としての利用価値がある。また，対象とする微粒子のみをつまみ出す**超音波ピンセット**（ultrasonic tweezer）としての利用も考えられる[39),40)]。

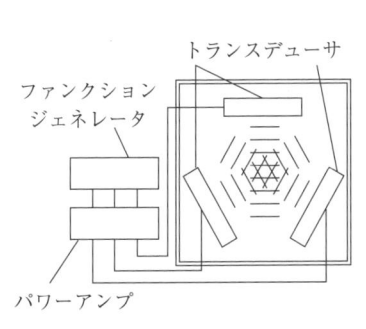

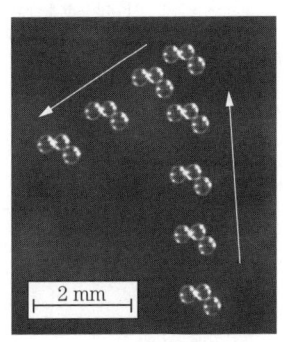

(a) 実験装置　　　　(b) 粒子移動の多重露光写真

図 5.17　3 音源による 2 次元マニピュレーション

5.5.4　音源近傍における放射圧と近距離場音波浮揚

これまで述べてきた放射圧に関する実験例は，音源と反射板，もしくは複数の音源で形成される定在波音場中の物体の浮揚や位置制御であった。これに対し，反射板を必要とせず，音源近傍数百 μm の位置に平面物体を浮揚させる，**近距離場音波浮揚**（nearfield acoustic levitation）と呼ばれる現象が見いだされている[25),41)]。これは，音源と浮揚物体で形成される空隙内の音響エネルギーによる放射圧に起因する。近年では，たわみ振動する板上に，数 kg の平板を浮揚させ，さらに非接触で搬送させる技術への応用も検討されている[42)]。

この音源近傍の放射圧を検討するために，近距離場音波浮揚する円板の浮揚

距離の測定,および理論予測が行われた[43]。実験は,図 5.18 に示すように,直径 4 cm のボルト締めランジュバン振動子に,同じく直径 4 cm のストレートホーンを接続した超音波音源を用いた。この音源を,パワーアンプで増幅された周波数 19.5 kHz の正弦波信号で駆動させ,アルミニウム製円板を浮揚させた。音源面の振動速度振幅 U_1 を変化させながら,円板の浮揚距離 L をレーザ変位計で測定した。

図 5.19 に,その結果を計算値と併示する。このときの円板は直径 3 cm,厚

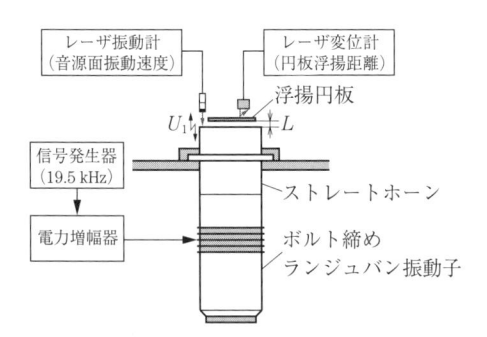

図 5.18 近距離音波浮揚測定装置

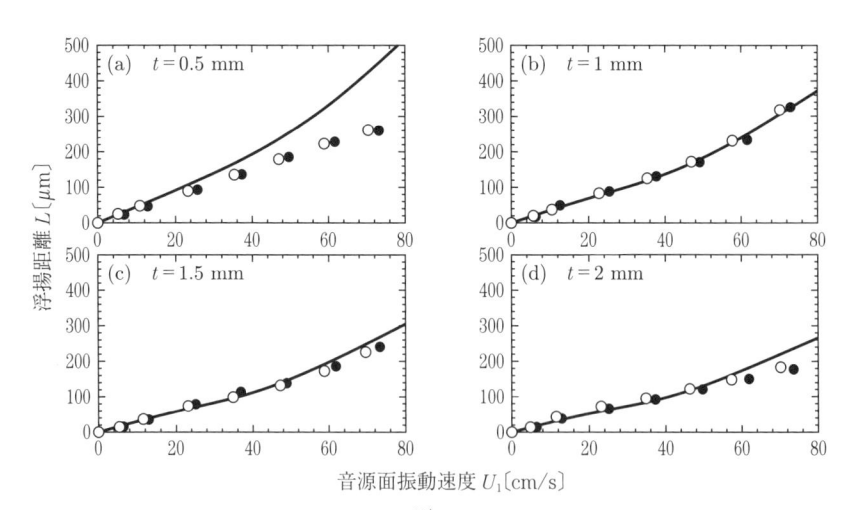

図 5.19 円板の浮揚距離測定[43]。白丸,黒丸は 2 回の測定結果,実線は理論計算値

さ t として，0.5, 1, 1.5, 2 mm のものを使用した．この結果から，t が 1, 1.5, 2 mm の円板の浮揚距離が理論計算値とよく一致することがわかる．0.5 mm の厚さの場合，測定結果が理論的に予測される値より 200 μm 程度低い結果となった．この理由としては，理論では無視していた円板の振動の影響と考えられている．すなわち，直径 3 cm，厚さ 0.5 mm のアルミニウム円板の振動の共振周波数はおよそ 20 kHz であって，この振動が音源の駆動周波数に近く，浮揚した状態の円板が音源と近かったためである．この結果から，近距離浮揚円板の浮揚距離予測には，浮揚円板の振動を考慮する必要性があることがわかる．

ところで，例えば軸と軸受面など，薄い空気層に対向して置かれた 2 面間の相対的な垂直振動によって，空気層内の時間平均圧力が周囲の圧力より高くなるという**スクイーズ効果**（squeeze effect）が知られている．この効果は，振動面積が広くて空気層がきわめて狭いとき，たとえ振動で層内の体積が変化しても，粘性によって層内の空気は，すきまから漏れない状態で，圧縮，膨張されるのみとなる．これは，音源と浮揚物体の環境が一種の密閉シリンダとみなされ，空気の等温変化を仮定したボイルの法則に基づいて，正の圧力が生み出される．実際は，浮揚円板の周辺が開放状態にあり，また浮揚距離が増して境界層の厚さよりも大きくなると，層内の空気は径方向に大きな粒子速度で変動し，また音の周辺への漏れも大きくなる．このような場合の浮揚では，スクイーズ膜理論からの予測値から外れ，空気の圧縮・膨張過程は断熱変化になり，ランジュバン放射圧の理論に近づくことになる[44]．この定性的な説明でもわかるように，近距離音波浮揚の理論値の算出には，流体の運動方程式の解法に加えて，所与の目的に合った適切な境界条件の設定が重要なキーとなる．

なお，近距離場音波浮揚の応用の一つとして，非接触形の**超音波モータ**（ultrasonic motor）が提案されている．山吉らは，ロータとステータ間に空気ギャップのすきまを設け，放射圧でロータを浮上させ，そして回転させている[45]．また，胡らは軸受けを使用しない，ロータとステータが完全に非接触な超音波モータを提案している[46]．これらは近距離場音波浮揚現象を利用したもので，ステータにたわみ振動を発生させ，ロータはステータを軸として回転する．

5.6 面積分の関係式

図 5.20 に示すように，ある音場内に物体を挿入した場合を考える。音波の有無による物体の表面をそれぞれ $S(t)$, S_0 とおく。物体が弾性体であると，$S(t)$ と S_0 は微妙に相違する。$S(t)$ で囲まれた体積は $V(t)$ である。また，$S(t)$ 面から外向きの法線ベクトルを $\boldsymbol{n}$ とする。

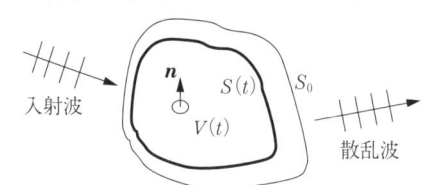

図 5.20　放射圧のモデル。周期振動する物体の瞬時表面 $S(t)$ に囲まれた体積 $V(t)$，音がないときの面積 $S(t)$ を S_0 とする。$\boldsymbol{n}$ は $S(t)$ 上の外向き法線ベクトル

まず，次の関係式を用いる[47]。

$$\frac{d}{dt}\iiint_{V(t)}\rho_0 \boldsymbol{u}dV = \iiint_{V(t)}\left\{\rho_0\frac{d\boldsymbol{u}}{dt} + \rho_0\boldsymbol{u}(\nabla\cdot\boldsymbol{u})\right\}dV$$

$$= \iiint_{V(t)}\left\{\rho_0\frac{\partial\boldsymbol{u}}{\partial t} + \rho_0(\boldsymbol{u}\cdot\nabla)\boldsymbol{u} + \rho_0\boldsymbol{u}(\nabla\cdot\boldsymbol{u})\right\}dV$$

$$= \iiint_{V(t)}\rho_0\frac{\partial\boldsymbol{u}}{\partial t}dV + \iint_{S(t)}\rho_0\boldsymbol{u}(\boldsymbol{u}\cdot\boldsymbol{n})dS \tag{5.37}$$

次に，速度ポテンシャル ϕ を用いて，粒子速度を $\boldsymbol{u} = -\nabla\phi$ とおく。ガウスの発散定理を用いることで

$$\iiint_{V(t)}\frac{\partial\boldsymbol{u}}{\partial t}dV = -\iiint_{V(t)}\nabla\left(\frac{\partial\phi}{\partial t}\right)dV = -\iiint_{V(t)}\nabla\cdot\left(\frac{\partial\phi}{\partial t}\tilde{\boldsymbol{I}}\right)$$

$$= -\iint_{S(t)}\frac{\partial\phi}{\partial t}\tilde{\boldsymbol{I}}\cdot\boldsymbol{n}dS = -\iint_{S(t)}\frac{\partial\phi}{\partial t}\boldsymbol{n}dS \tag{5.38}$$

を得る。ここで，式 (5.37) の両辺の時間平均を行う。$\boldsymbol{u}$ および $V(t)$ はともに周期的に変化するので

$$\left\langle \frac{d}{dt}\iiint_{V(t)} \rho_0 \boldsymbol{u} dV \right\rangle = 0 \tag{5.39}$$

になる.さらに,式 (5.38) を考慮することで

$$\left\langle -\iiint_{V(t)} \rho_0 \frac{\partial \boldsymbol{u}}{\partial t} dV \right\rangle = \left\langle \iint_{S(t)} \rho_0 \frac{\partial \phi}{\partial t} \boldsymbol{n} dS \right\rangle$$
$$= \left\langle \iint_{S(t)} \rho_0 \boldsymbol{u}(\boldsymbol{u}\cdot\boldsymbol{n}) dS \right\rangle \tag{5.40}$$

になる.式 (5.40) の最終式において,被積分項の $\boldsymbol{u}(\boldsymbol{u}\cdot\boldsymbol{n})$ は 2 次の微小量なので,積分領域の $S(t)$ はその時間平均値の S_0 に置き換えてもよい.したがって,最終的に式 (5.4) を導く.

$$\left\langle \iint_{S(t)} \rho_0 \frac{\partial \phi}{\partial t} \boldsymbol{n} dS \right\rangle = \iint_{S_0} \langle \rho_0 \boldsymbol{u}(\boldsymbol{u}\cdot\boldsymbol{n}) \rangle dS \tag{5.41}$$

引用・参考文献

1) L. V. King : On the radiation pressure on spheres, Proc. Roy. Soc. Lond. A **147**, pp. 212-240 (1934)
2) K. Yosioka and Y. Kawasima : Acoustic radiation pressure on a compressible sphere, ACUSTICA, **5**, pp. 167-173 (1955)
3) T. F. W. Embleton : Mean force on a sphere in a spherical sound field I (Theoretical), J. Acoust. Soc. Am., **26**, pp. 40-45 (1954)
4) T. Hasegawa and K. Yosioka : Acoustic-radiation force on a solid elastic sphere, J. Acoust. Soc. Am., **46**, pp. 1139-1143 (1969)
5) A. A. Doinikov : Acoustic radiation pressure on a compressible sphere in a viscous fluid, J. Fluid Mech., **267**, pp. 1-21 (1994)
6) A. A. Doinikov : Acoustic radiation pressure on a rigid sphere in a viscous fluid, Proc. Roy. Soc. Lond. A, **447**, pp. 447-466 (1994)
7) R. T. Beyer : Nonlinear Acoustics, Acoust. Soc. Am. (1997), Chap. 6
8) T. G. Wang and C. P. Lee : Radiation pressure and acoustic levitation, Chap. 6, in Nonlinear Acoustics, edited by M. F. Hamilton and D.T. Blackstock, Academic Press (1998)

9) A. P. Sarvazyan, O. V. Rudenko and W. L. Nyborg : Biomedical applications of radiation force of ultrasound: Historical roots and physical basis, Ultrasound in Med.& Bio., **36**, pp. 1379-1394 (2010)

10) 佐藤正典, 藤井壽崇 : フォノンと流体力学による音の放射圧解析の比較, 日本音響学会誌, **53**, pp. 356-358 (1997)

11) J. A. Rooney and W. L. Nyborg : Acoustic radiation pressure in a traveling plane wave, Am. J. Phys., **40**, pp. 1825-1830 (1972)

12) 長谷川高陽 : ランジュバン放射圧に関する統一理論, 日本音響学会誌, **52**, pp. 187-194 (1996)

13) 実吉純一, 菊池喜充, 能本乙彦 : 超音波技術便覧 (新訂版), pp. 427-435, 日刊工業新聞社 (1978)

14) G. Hertz und H. Mende : Der Schallstrahlungsdrunck in Flüssingkeiten, Z. Phys., **114**, pp. 354-367 (1939)

15) W. L. Nyborg : Radiation pressure on a small rigid sphere, J. Acoust. Soc. Am., **42**, pp. 947-952 (1967)

16) T. G. Leighton : The Acoustic Bubble, Academic Press, Sec. 4.4 (1994)

17) 崔 博坤 他 : 音響バブルとソノケミストリー, 3章, コロナ社 (2012)

18) R. Mettin, I. Akhatov, U. Parlitz, C. D. Ohl and W. Lauterborn : Bjerknes forces between small cavitation bubbles in a strong acoustic field, Phys. Rev. E, **56**, pp. 2924-2931 (1997)

19) T. Hasegawa, M. Ochi and K. Matsuzawa : Acoustic radiation pressure on a rigid sphere in a spherical wave field, J. Acoust. Soc. Am., **67**, pp. 770-773 (1980)

20) T. Hasegawa, M. Ochi and K. Matsuzawa : Acoustic radiation force on a solid elastic sphere in a spherical wave field, J. Acoust. Soc. Am., **69**, pp. 937-943 (1981)

21) T. Hasegawa : Acoustic radiation force on a sphere in a quasistationary wave field–theory, J. Acoust. Soc. Am., **65**, pp. 32-40 (1979)

22) T. Hasegawa, T. Kido, S. Takeda, N. Inoue and K. Matsuzawa : Acoustic radiation force on a rigid sphere in the near field of a circular piston vibrator, J. Acoust. Soc. Am., **88**, pp. 1578-1583 (1990)

23) X. Chen and R. F. Apfel : Radiation force on a spherical object in anaxisymmetric wave field and its application to the calibration of high-frequency transducers, J. Acoust. Soc. Am., **99**, pp. 713-724 (1996)

24) T. Kikuchi, S. Sato and M. Yoshioka : Ultrasonic power measurement by the radiation force balance method – Experimental results using burst waves and continuous waves –, Jpn. J. Appl. Phys. **41**, pp. 3279-3280 (2002)

25) R. R. Whymark : Acoustic field positioning for containerless processing, Ultrasonics, **13**, pp. 251-261 (1975)

26) I. Rudnick : Measurements of the acoustic radiation pressure on a sphere in a standing wave field, J. Acoust. Soc. Am., **62**, pp. 20-22 (1977)

27) E. Leung, N. Jacobi and T. Wang : Acoustic radiation force on a rigid sphere in a resonance chamber, J. Acoust. Soc. Am., **70**, pp. 1762-1767 (1981)

28) 羽田野 甫：無容器プロセッシングのための超音波浮揚，日本音響学会誌，**52**, pp. 197-202 (1996)

29) D. Koyama, R. Isago and K. Nakamura : High-speed focus scanning by anacoustic variable-focus liquid lens, Jpn. Appl. Phys., **50**, 07HE26 (2011)

30) L. P. Gor'kov : On the forces acting on a small particle in an acoustical field in an ideal fluid, Sov. Phys. Doklady, **6**, pp. 773-775 (1962)

31) 小塚晃透，辻内 亨，三留秀人，福田敏男：水中超音波の定在波を用いた非接触マイクロマニピュレーション，日本機械学会論文集C，**63**, pp. 1279-1286 (1997)

32) A. A. Doinikov : Acoustic radiation pressure on a spherical particle in a viscous heat-conducting fluid. III. Force on a liquid drop, J. Acoust. Soc. Am., **101**, pp. 731-740 (1997)

33) 山越芳樹：微小粒子への放射圧を利用した測定技術，日本音響学会誌，**52**, pp. 210-216 (1996)

34) K. Yasuda, S. S. Haupt, S. Umemura, T. Yagi, M. Nishida and Y. Shibata : Using acoustic radiation force as a concentration method for erythrocytes, J. Acoust. Soc. Am., **102**, pp. 642-645 (1997)

35) K. Yasuda and T. Kamakura : Acoustic radiation force on micrometer-size particles, Appl. Phys. Lett., **71**, pp. 1771-1773 (1997)

36) 小塚晃透，辻内 亨，三留秀人，福田敏男：集束超音波による定在波を用いたマイクロマニピュレーション，電子情報通信学会論文誌A，**J80A**, pp. 1654-1659 (1997)

37) 竹内正男：微小物体の超音波マイクロマニピュレーション，日本音響学会誌，**52**, pp. 203-209 (1996)

38) 小塚晃透，辻内 亨，三留秀人，新井史人，福田敏男：超音波の音軸を交差させ

て生成される定在波音場を用いた二次元マイクロマニピュレーション, 日本機械学会論文集 C, **67**, pp. 1269-1275 (2001)

39) J. Wu : Acoustical tweezers, J. Acoust. Soc. Am. **89**, pp. 2140-2143 (1991)

40) H. Hill and N. R. Harris : Ultrasonic Particle Manupulation, in Microfluidic Technologies for Miniaturized Analysis Systems, edited by S. Hardt and F. Schönfeld, Chap. 9, Springer (2007)

41) Y. Hashimoto, Y. Koike and S. Ueha : Acoustic levitation of planar objects using a longitudinal vibration mode, J. Acoust. Soc. Jpn. (E), **16**, pp. 189-192 (1995)

42) Y. Hashimoto, Y. Koike and S. Ueha : Transporting objects without contact using flexural traveling waves, J. Acoust. Soc. Am. **103**, pp. 3230-3233 (1998)

43) H. Nomura, T. Kamakura and K. Matsuda : Theoretical and experimental examination of near-field acoustic levitation, J. Acoust. Soc. Am., **111**, pp. 1578-1583 (2002)

44) 橋場邦夫, 寺尾 憲, 久納孝彦 : スクイーズ膜圧理論と放射圧理論の統一 –(第2報, 流体慣性力の影響およびスクイーズ膜圧と Langevin 放射圧の関係), 日本機械学会論文集 C, **64**, pp. 2455-2461 (1998)

45) Y. Yamayoshi, S. Hirose, S. Sone and H. Nakamura : An Analysis on the driving force and optimum frequency of a noncontact-type ultrasonic motor, Jpn. J. Appl. Phys., **33**, (5B), pp. 3081-3084 (1994)

46) 胡 俊輝, 中村健太郎, 上羽貞行 : 軸方向音響粘性力によりロータが支持される非接触超音波モータ, 電子情報通信学会論文誌 A, **J80-A**, pp. 1705-1710 (1997)

47) C. A. Boyles : Acoustic Waveguides - Applications to Oceanic Science, Chap. 1, John Willey & Sons (1984)

6 音響流

　気体や水などの流体中に音波を放射し続けると,媒質である流体そのものが移動する物理的現象が観測される。ふつうの音の大きさではこの流れは遅く,目視でその動きがはっきりと確認できるほどではないが,音波の振幅を上げていくと意外に速く動き,10 cm/s を超える速さになることがある。この流れを音響流という。音響流は,音響エネルギーの一部が媒質を動かすための駆動力に変換される結果として生じる 2 次的現象で,流れは音波の伝搬に伴う副産物としてみることができる。

6.1 音響流の歴史

　音響流（acoustic streaming）の報告は 19 世紀の半ばから始まった。そのきっかけの実験報告として,Faraday の実験があげられる（1831）。Faraday は,板の振動モードを粉体粒子の動きで可視化するクラドニパターンの疑問点について調べているうちに,振動する板の近傍から循環する流れが生じていることを発見した[1]。しかし,このとき循環流に対する理論的な考察を行っていない。この循環流の発生原因を究明するため,Kundt は,クラドニパターン用の振動板を管のなかで振動させることで周囲の気流を遮断することができ,振動する板から流れが生じているか否かを確かめることができると考えた。そして,彼は定在波を生じさせた管内で粉末粒子の動きを観察した（1866）[2]。これが,いわゆる"クントの実験"と呼ばれるものである。

　クントの実験後に数多くの類似の実験が行われた。そして,Dvořák は管内

に生じる循環流を発見したが（1876），音源として棒の縦振動を利用するものであったため，音波の放射時間が短く，定常的な流れを観測できなかった[3]。この背景のもと，Rayleigh は初めて循環流を理論解析した（1883）[4]。Rayleigh は音波によって生じるこの循環流を circulation と呼んでおり，まだ，音響流の用語は使っていない。それからおよそ50年後になって Andrade は電気駆動による音源と，煙による可視化法とを駆使した精緻な実験によって，Rayleigh の理論予測を実証している（1931）[5]。このクント管内の循環流が生じる理由として，流体のもつ粘性と管の壁面との相互作用によるとされている。

その後もいくつかの音響流に関する実験研究はなされている。しかし，理論的研究としては数少なく，Eckart の理論まではあまり進んだ研究は報告されなかった（1948）[6]。しかも，Eckart の報告はクント管内の循環流そのものを説明するものではなく，超音波ビーム内に発生する大局的な流れに関するものであった。Eckart の報告後すぐに，Liebermann は液体の**体積粘性** η_B（2章 2.2.1項参照，第2粘性ともいう）を**エッカルト音響流**（Eckart streaming）の速度を測定することにより求めたと報告している（1949）[7]。この報告を契機に，物理学の側面から流体の体積粘性が議論され出し，Rosenhead が議長になり，討論会が開催された（1954）[8]。論議のまとめは Andrade が行っている。そのなかに，音響流による液体の体積粘性測定の報告がいくつかある。しかし，同じ討論会で Doak は古典的吸収で説明されるよりも音の吸収がずっと大きいような大部分の液体では，流れの速度は音の吸収にほとんど比例し，流れの速度を測定しても，音の吸収から得られる以上の情報は得られないことを報告している[9]。なお，この点について，能本は体積粘性をどう定義するかによってこの結論は異なることを報告している[10]。このような音の吸収といった物理的観点から，音響流発生のメカニズムについて興味がもたれていた。

同じ頃，米国音響学会誌には音と流れの相互作用に関する多くの理論が提出されている。例えば，1953年の Westervelt[11] や Nyborg[12] の報告をあげることができる。その後の1978年頃までの研究については，Nyborg, Zarembo, Lighthill の総括的報告がある[13]~[15]。なお，Zarembo の分類に従うと，音響

6.1 音響流の歴史

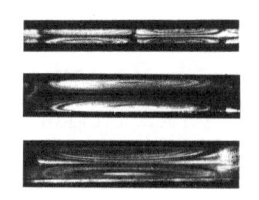

(a) 波長オーダーのレイリー形 [5]　(b) 波長より短いシュリヒィティング形 [17]　(c) 波長より長いエッカルト形 [7]

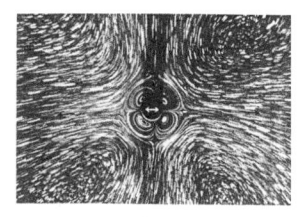

図 6.1　流れのスケール

流は図 6.1 に示すように，3種類に大別される．その一つは上で述べたクント管内の循環流 (a) で，いわゆる**レイリー音響流**（Rayleigh streaming）と呼ばれるもの，次は 1955 年の Schlichting の報告 [16] にあるように，音場中の物体近傍あるいは振動する棒や球のまわりの境界層内部の流れ (b) で，**シュリヒィティング音響流**（Schlichting streaming）と呼ばれるものである．最後に 1948 年の Eckart の報告に示されるような，音波の伝搬する方向に媒質自体が直進するエッカルト音響流 (c) である．いずれも渦を伴った流れである．これらの分類は流れのスケールと音波の波長との比較による便宜上のものである．また，このような音響流は古くは"直進流，2次流れ，音の風あるいは水晶風"とさまざまな呼称があるが，現在では多くは音響流で統一されている．

非線形音響の立場から，音響流の発現と特性を学術的な興味としてとらえた報告が多くある．例えば，矢野と井上の圧縮性に基づく音響流の理論研究，あるいは非線形音響，流体物理の立場からの報告である [18]．また，三留は有限振幅音波の高調波が音響流の特性に与える影響について平面波問題として理論解析し，さらにさまざまな実験条件のもとで理論の検証を行っている [19]．それらの報告のなかで音響流の研究における問題点の分類を明確に示している．すなわち，移流項の存在に起因する流体力学的な非線形性と音波の非線形性が，音響流特性に与える影響について，研究が少ないことを指摘している．三留とは別に同様な指摘が Tjøtta らによってなされており，たとえ音響流のレイノルズ数が小さい場合でも，流体力学的な非線形性が音響流に大きく影響するのでは

ないかと予測している[20]。

　一方，Starritt らは熱線流速計を用いて集束形の円形開口の医用超音波振動子から発生する水中での音響流を測定し，パルス波の音場で焦点付近にて 14 cm/s の速度に達すること，音波の非線形性により発生する高調波が音響流の速度を増加させる原因になることを報告している[21]~[23]。Wu と Du はこの Starritt らの実験結果を説明するため，Nyborg の式を基礎式として出発している[24]。その報告では移流項を省略して音響流の理論を導いているため，流体力学的な非線形項の影響には言及しておらず，実験値と比較するに至っていない。この報告を背景に，集束超音波ビームの焦点付近における音響流の特異な挙動について，音波の非線形性と移流項を含めた鎌倉ら[25] や Rudenko ら[26] の理論報告があり，またその特異な流れ特性を実証する松田らの実験報告[27] がある。

　"音響流"をキーワードとした研究報告としては，最近では，クント管と関連したレイリー音響流の研究が目につく。例えば，Gopinath と Mills の熱輸送の問題[28]，荒川と川橋の粘性境界層内音響流の構造問題など[29]，そして熱音響問題との関連性についての報告である[30]。

　なお，音響流は，5 章で取り上げた音響放射圧とともに 2 次的な現象である。一般的な傾向として，音圧を上げていくとまずは放射圧の現象が観測され，さらに上げると音響流の現象も観測できるようになる。ただし，このような傾向は，例えば音波の反射が大きくて放射圧が顕著にみられるような音響環境であって，音響エネルギー差が小さい境界面をもつ流体内や周波数が高い場合は，両者が同時に観測されることが多い[31]。したがって，二つの現象を区別して観測したいような場合は，実験上の工夫が必要となる[32]。

6.2　音響流の支配方程式

　音波はその進行方向に流体粒子が変位するとともに，粒子はわずかではあるが圧縮，膨張する。この過程において，微小であるものの，質量の移動がある。

6.2 音響流の支配方程式

したがって，音波は本質的に媒質を移動させる作用をもち合わせるが，このほかに，音波ビーム内に発生して媒質を動かす駆動力を介した流れがあり，多くの音響流問題では，この流れが支配的な大きさになる。駆動力の空間分布はパラメトリックアレイの仮想音源の空間分布と類似するところがあり，仮想的な駆動力ともいえる。

散逸性流体内での流体粒子の運動を記述する式として，連続の式とナヴィエ-ストークスの式を2章で紹介した。再掲すると

$$\frac{\partial \rho}{\partial t} + \nabla \cdot (\rho \boldsymbol{u}) = 0 \qquad \text{再掲 (2.3)}$$

また

$$\rho\left[\frac{\partial \boldsymbol{u}}{\partial t} + (\boldsymbol{u} \cdot \nabla)\boldsymbol{u}\right] = -\nabla P + \eta \nabla^2 \boldsymbol{u} + \left(\frac{\eta}{3} + \eta_\mathrm{B}\right) \nabla \nabla \cdot \boldsymbol{u} \qquad \text{再掲 (2.75)}$$

である。このナヴィエ-ストークスの式は，ベクトルの恒等式 $\nabla^2 \boldsymbol{u} = \nabla \nabla \cdot \boldsymbol{u} - \nabla \times \nabla \times \boldsymbol{u}$ を用いて

$$\rho\left[\frac{\partial \boldsymbol{u}}{\partial t} + (\boldsymbol{u} \cdot \nabla)\boldsymbol{u}\right] = -\nabla P + \left(\frac{4\eta}{3} + \eta_\mathrm{B}\right) \nabla \nabla \cdot \boldsymbol{u} - \eta \nabla \times \nabla \times \boldsymbol{u} \tag{6.1}$$

に書き換えられる。

さて，現実的な音源条件として，時刻 $t=0$ において音圧振幅が一定で角周波数 ω の音波を放射したときを想定し，その後の音響流の時間発展解を求める非定常流問題ついて考えてみよう。ここで，音波の存在による密度変化，音圧，そして粒子速度を添字1を付けて区別し

$$\rho = \rho_0 + \rho_1, \quad P = P_0 + p_1, \quad \boldsymbol{u} = \boldsymbol{u}_0 + \boldsymbol{u}_1 \tag{6.2}$$

とおく。式 (6.2) の各変量のうち，音波そのものに関連する ρ_1，p_1，$\boldsymbol{u}_1$ は，周期 T で時間平均すれば0となる。物理量 q の時間平均を記号 $\langle q \rangle = (1/T) \int_0^T q\, dt$ のように $\langle\ \rangle$ で表すと

$$\langle \rho_1 \rangle = 0, \quad \langle p_1 \rangle = 0, \quad \langle \boldsymbol{u}_1 \rangle = \boldsymbol{0} \tag{6.3}$$

である。$\boldsymbol{u}_0$ は音波の周期 T に比べてゆっくり時間変化する slow mode の低周波成分である。これに対して音波は fast mode であって，ここで注目するのは，図 **6.2** に示す slow mode の音響流 $\boldsymbol{u}_0$ である。

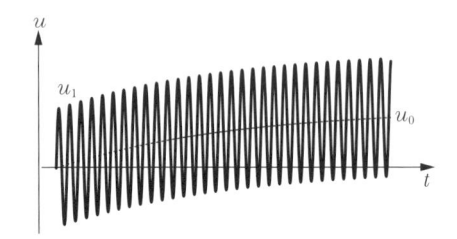

図 **6.2** 粒子速度 u_1 の音波を放射した後の音響流 u_0 の発生 [33]

さて，2 章の式 (2.3) の両辺に $\boldsymbol{u}$ を掛け，式 (6.1) の辺々に加える。その結果

$$\frac{\partial(\rho\boldsymbol{u})}{\partial t} + \boldsymbol{u}\nabla\cdot(\rho\boldsymbol{u}) + \rho(\boldsymbol{u}\cdot\nabla)\boldsymbol{u}$$
$$= -\nabla P + \left(\frac{4\eta}{3} + \eta_\mathrm{B}\right)\nabla\nabla\cdot\boldsymbol{u} - \eta\nabla\times\nabla\times\boldsymbol{u} \tag{6.4}$$

を得る。式 (6.2) を利用して 2 次の微小量を残し，式 (6.4) の時間平均を行う。まず，$\rho\boldsymbol{u}$ は

$$\rho\boldsymbol{u} \approx \rho_0\boldsymbol{u}_0 + \rho_0\boldsymbol{u}_1 + \rho_1\boldsymbol{u}_1 \tag{6.5}$$

で近似できる。これより，式 (6.4) の左辺第 1 項の時間平均は $\langle\partial(\rho\boldsymbol{u})/\partial t\rangle \approx \rho_0\langle\partial\boldsymbol{u}_0/\partial t\rangle + \rho_0\langle\partial\boldsymbol{u}_1/\partial t\rangle + \langle\partial(\rho_1\boldsymbol{u}_1)/\partial t\rangle \approx \rho_0\partial\boldsymbol{u}_0/\partial t$ になる。同様にして，式 (6.4) の残りの項の時間平均を行うと，最終的に次式となる。

$$\frac{\partial\boldsymbol{u}_0}{\partial t} + \boldsymbol{u}_0\nabla\cdot\boldsymbol{u}_0 + (\boldsymbol{u}_0\cdot\nabla)\boldsymbol{u}_0$$
$$= -\frac{\nabla\langle P\rangle}{\rho_0} + \boldsymbol{F} + \frac{1}{\rho_0}\left(\frac{4\eta}{3} + \eta_\mathrm{B}\right)\nabla\nabla\cdot\boldsymbol{u}_0 - \nu\nabla\times\nabla\times\boldsymbol{u}_0 \tag{6.6}$$

ここで，$\nu = \eta/\rho_0$ は動粘性係数，また

$$\boldsymbol{F} = -\langle\boldsymbol{u}_1(\nabla\cdot\boldsymbol{u}_1) + (\boldsymbol{u}_1\cdot\nabla)\boldsymbol{u}_1\rangle = -\nabla\cdot\langle\boldsymbol{u}_1\boldsymbol{u}_1\rangle \tag{6.7}$$

は単位質量当りの力で音響流の駆動力になり，この力は音波のエネルギーから供給される。重力のように物体に働き，その大きさが体積や質量に比例する力を体積力（body force），また面に働く力を面積力（surface force）という。し

たがって，音響流の駆動力は体積力であり，音響放射力は面積力（あるいは，応力）である。また，5.2節で知ったように，駆動力 $-\nabla \cdot \langle \boldsymbol{u}_1 \boldsymbol{u}_1 \rangle$ は，音波から単位時間当りに単位質量の媒質に供給される運動量であるとも換言できる。この際の駆動力の発生に，**レイノルズ応力**（Reynolds stress）$\langle \boldsymbol{u}_1 \boldsymbol{u}_1 \rangle$ が関与していることになる。エオルス（Aeolian）音やジェットエンジン騒音などを研究対象とする空力音の分野において，レイノルズ応力は流体の流れの乱れ（乱流）から音波が発生する過程の変換項であるが，レイノルズ応力の存在は逆作用も行い，音響流においては音波から流れを誘発する変換項になる。

2章の連続の式(2.3)についても同様な時間平均操作を実行すると

$$\nabla \cdot \boldsymbol{U} = 0, \quad \boldsymbol{U} = \boldsymbol{u}_0 + \frac{\langle \rho_1 \boldsymbol{u}_1 \rangle}{\rho_0} \tag{6.8}$$

を得る。ここで，$\boldsymbol{U}$ の二つの項の物理的意味を考える[13),32)]。まず，第1項の $\boldsymbol{u}_0$ は，任意の位置における流れの速度を表しており，オイラー系でみた音響流の速度に対応する。また，第2項の $\langle \rho_1 \boldsymbol{u}_1 \rangle / \rho_0$ は，音波の縦波振動で発生する速度の変化量である。すなわち，音波の存在で流体粒子が $\boldsymbol{u}_1$ の速度で進行方向に振動し，それと同時に密度 ρ の圧縮，膨張が繰り返されるので，時間とともに質量が移動することになる。例として平面進行波を考えると，$u_1 = p_1/(\rho_0 c_0)$，$\rho_1 = p_1/c_0^2$ から，$\langle \rho_1 u_1 \rangle / \rho_0 = \langle p_1^2 \rangle / (\rho_0^2 c_0^3)$ の正の値となる。

$\boldsymbol{U} = \boldsymbol{u}_0 + \langle \rho_1 \boldsymbol{u}_1 \rangle / \rho_0$ は，ある位置を基準として流体粒子の運動を追跡するラグランジュ系での流れの速度になる。なお，オイラーの系の見方とは，固定した座標で流れの様子をみる方法であり，ラグランジュ系の見方とは，ある特定の流体粒子にタグを付けて，時間経過とともにそのタグの動きを追跡して流れの様子を観測する方法である。**熱線流速計**（hot-wire anemometer）で流速を測るのはオイラー系の観測方法である。一方，流体中に微粒子を混入し，その動きから流速を測る **PIV**（particle image velocimetry）はラグランジュ系での観測技術である。$\langle \rho_1 \boldsymbol{u}_1 \rangle / \rho_0$，より厳密に $\left\langle \int \boldsymbol{u}_1 dt \cdot \nabla \boldsymbol{u}_1 \right\rangle$ は**ストークスドリフト**（Stokes drift）といわれ，多くの場合 $\boldsymbol{u}_0$ に比べて2桁以上小さく，$\boldsymbol{U} \approx \boldsymbol{u}_0$ と取り扱ってもよい。

以上より，音波の2次効果で発生する音響流の理論予測は，支配方程式 (6.6)，(6.8) を，駆動力の関係式 (6.7) をもって所与の境界条件と初期条件で解く問題に帰着する．この際に

① 音場は主として縦波（渦なし成分）で形成され，音響流の駆動力がその縦波から供給される場合（エッカルト音響流）
② 音場は主として境界付近で発生する横波（ソレノイド成分）で形成され，音響流の駆動力がこの横波から供給される場合（シュリヒィティング音響流）
③ 縦波と横波がともに混在する音場での音響流（レイリー音響流）

の三つに分けることができる．

6.3 音響流の理論

6.3.1 エッカルト音響流

音響流に関する初期の研究対象の一つとして，図 6.1(c) にみられるような大局的な循環流，すなわちエッカルト音響流が取り上げられた．この現象は，音源（トランスデューサ）から超音波ビームが自由空間内に放射され，そのビームに沿って発生する駆動力を介して流れが誘起されて直進するもので，"直進流"といわれる理由はここにある．超音波の周波数は，多くは 1 MHz 以上の高周波である．

音響流の理論予測のためには，まずは，駆動力を求める必要がある．2 章の式 (2.3) と式 (6.1) から，音波の縦波，すなわち渦なし成分の条件 $\nabla \times \boldsymbol{u}_1 = 0$ を満たす成分を取り出すこととし，音波の粒子速度 $\boldsymbol{u}_1$，音圧 p_1，そして密度変動 ρ_1 の間の線形関係をまとめると，以下の式を得る．

$$\frac{\partial \rho_1}{\partial t} + \rho_0 \nabla \cdot \boldsymbol{u}_1 = 0, \quad p_1 = c_0^2 \rho_1 - \kappa \left(\frac{1}{c_\mathrm{v}} - \frac{1}{c_\mathrm{p}} \right) \nabla \cdot \boldsymbol{u}_1,$$
$$\rho_0 \frac{\partial \boldsymbol{u}_1}{\partial t} = -\nabla p_1 + \left(\eta_\mathrm{B} + \frac{4}{3}\eta \right) \nabla \nabla \cdot \boldsymbol{u}_1 \qquad (6.9)$$

この式で，粘性や熱伝導性が音波伝搬に与える影響は弱いとして，式 (6.7) か

ら駆動力を音圧および粒子速度で表す。まず，F の中間式で第 1 項の駆動力を F_1 とおくと

$$F_1 = -\langle (u_1 \cdot \nabla) u_1 \rangle = -\frac{1}{2}\nabla \langle u_1 \cdot u_1 \rangle + \langle u_1 \times \nabla \times u_1 \rangle$$
$$= -\frac{1}{2}\nabla \langle u_1 \cdot u_1 \rangle \tag{6.10}$$

を得る。同様にして，第 2 項の駆動力 F_2 を求めると，以下のようになる。

$$F_2 = -\langle u_1(\nabla \cdot u_1)\rangle = \frac{1}{\rho_0}\left\langle u_1 \frac{\partial \rho_1}{\partial t}\right\rangle = -\frac{1}{\rho_0}\left\langle \rho_1 \frac{\partial u_1}{\partial t}\right\rangle$$
$$= \frac{1}{\rho_0^2 c_0^2}\left\langle \left\{p_1 - \frac{\kappa}{\rho_0 c_0^2}\left(\frac{1}{c_v} - \frac{1}{c_p}\right)\frac{\partial p_1}{\partial t}\right\}\right.$$
$$\left.\times \left\{\nabla p_1 + \frac{1}{\rho_0 c_0^2}\left(\eta_B + \frac{4\eta}{3}\right)\nabla\frac{\partial p_1}{\partial t}\right\}\right\rangle$$
$$\approx \frac{1}{\rho_0^2 c_0^2}\left[\frac{1}{2}\nabla \langle p_1^2 \rangle + \frac{1}{\rho_0 c_0^2}\left\{\left(\eta_B + \frac{4\eta}{3}\right) + \kappa\left(\frac{1}{c_v} - \frac{1}{c_p}\right)\right\}\right.$$
$$\left.\times \left\langle p_1 \nabla \frac{\partial p_1}{\partial t}\right\rangle\right] \tag{6.11}$$

結局，式 (6.10) と (6.11) を加えることで駆動力が得られ

$$F = F_1 + F_2 = -\frac{1}{\rho_0}\nabla \langle \mathcal{L} \rangle + \frac{\delta}{\rho_0^2 c_0^4}\left\langle p_1 \nabla \frac{\partial p_1}{\partial t}\right\rangle \tag{6.12}$$

を導く。ここで，$\mathcal{L}$ は**ラグランジアン**，δ は 2 章の式 (2.86) で定義した音波の吸収に関わる係数である。エッカルト音響流の駆動力は，したがって，ラグランジアンをもつ保存力の右辺第 1 項と，音波吸収に関わる第 2 項から構成される。このうち，ラグランジアンは平面進行波では 0 になる。また，一般の指向性音源でも，音源から十分離れた遠距離場では平面波近似が成り立ち，ラグランジアンは 0 とみてよい。しかし，音源近傍では位置エネルギーと運動エネルギーは必ずしも等しくなく，ラグランジアンは 0 にはならない。このような近距離場においても，ラグランジアンに基づく保存力は，実際は音響流の駆動力に関与しない。これは，音響流は非圧縮性の条件 $\nabla \cdot U = 0$ のもとで流れ場を形成するので，渦を伴うことになる。ここで，渦度の概念を導入して，駆動力 (6.12) の回転を取ると，$\nabla \times \nabla \mathcal{L} \equiv 0$ なので，F_2 は音響流の駆動力として表

面に現れない．保存力は圧力の勾配 $\nabla \langle P \rangle$ と釣り合うので，結局は音響流の発生に関与しないことになる．以上より，音響流の駆動力は式 (6.12) の右辺第 2 項のみであって

$$\bm{F} = \frac{\delta}{\rho_0^2 c_0^4} \left\langle p_1 \nabla \frac{\partial p_1}{\partial t} \right\rangle \approx -\frac{\delta}{\rho_0 c_0^4} \left\langle p_1 \frac{\partial^2 \bm{u}_1}{\partial t^2} \right\rangle \tag{6.13}$$

になる．例として，音場が角周波数 ω の正弦波であるとき，$\partial^2 \bm{u}_1/\partial t^2 = -\omega^2 \bm{u}_1$ なので，式 (6.13) は音響インテンシティの $\bm{I} = \langle p_1 \bm{u}_1 \rangle$ を用いて

$$\bm{F} = \frac{\delta \omega^2}{\rho_0 c_0^4} \langle p_1 \bm{u}_1 \rangle = 2 \frac{\alpha}{\rho_0 c_0} \bm{I} \tag{6.14}$$

に書き表される．ここで，α は 2 章の式 (2.94) で与えた音波吸収係数の $\alpha = \delta \omega^2/(2 c_0^3)$ である．以上，単位質量当りの**駆動力**（driving force）の $\bm{F}$ は**音響インテンシティ**（acoustic intensity）の $\bm{I}$ と吸収係数 α の積に比例し，音響インピーダンス $\rho_0 c_0$ に反比例する．そして，駆動力の方向はインテンシティのそれと同じとなる．式 (6.14) より，$\alpha = 0$ の無損失な流体では，音波よる駆動力は発生せず，これに伴う流れは生じない．すなわち，音波が存在していても周辺流体とのエネルギーのやりとりがなく，音波の伝搬の前後に，音波が存在していたという痕跡を流体に何ら残さない．一方，音波吸収が存在すると，周囲媒質を駆動する力が発生し，音波の存在の痕跡を残す．この作用の結果，波自体のもつ波動エネルギーは，その相当分だけ損失する．駆動の発生は，分子運動論からみれば，音波ビーム内の分子が周辺分子に運動量を輸送する結果であって，この運動量輸送に粘性が大きく関わる．

図 **6.3** は，エッカルト音響流のモデルである[6),33]．内径 b の円筒内を液体

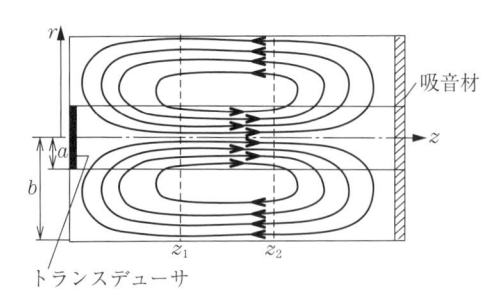

図 **6.3** エッカルト流れのモデル[6),33]

で満たし，この円筒の片面に b よりも小さい半径 a の円形開口超音波トランスデューサを設ける．そして，このトランスデューサから対向する面に向けて音圧振幅 p_0 の超音波を放射する．超音波の音軸 z は，円筒の中心軸と一致する．この際，超音波ビームは開口半径 a の幅を保ったまま伝搬する平行ビームと仮定している．対向する面には吸音材が設けられており，超音波を完全吸収するが，円筒内に満たされた流体の流れは円筒内から漏れないような閉じた構造となっている．

音響流の支配式 (6.6) は，式 (6.8) と $\boldsymbol{U} \approx \boldsymbol{u}_0$ を考慮すると

$$\frac{\partial \boldsymbol{U}}{\partial t} + (\boldsymbol{U} \cdot \nabla)\boldsymbol{U} = -\frac{\nabla \langle P \rangle}{\rho_0} + \boldsymbol{F} - \nu \nabla \times \nabla \times \boldsymbol{U}$$
$$= -\frac{\nabla \langle P \rangle}{\rho_0} + \boldsymbol{F} + \nu \nabla^2 \boldsymbol{U} \tag{6.15}$$

である．図 6.3 のエッカルト流れのモデルでは，流れは z 軸に関して回転対称なので，流速 $\boldsymbol{U}$ は z 軸方向成分 U_z と，それに垂直な径方向 r 成分の流速 U_r に分けられ，式 (6.8)，(6.15) は円筒座標系を用いて次のように書き表される．

$$\frac{\partial U_z}{\partial z} + \frac{1}{r}\frac{\partial}{\partial r}(rU_r) = 0 \tag{6.16}$$

$$\frac{\partial U_z}{\partial t} + U_r\frac{\partial U_z}{\partial r} + U_z\frac{\partial U_z}{\partial z}$$
$$= F_z - \frac{1}{\rho_0}\frac{\partial \langle P \rangle}{\partial z} + \nu\left[\frac{\partial^2 U_z}{\partial z^2} + \frac{1}{r}\frac{\partial}{\partial r}\left(r\frac{\partial U_z}{\partial r}\right)\right] \tag{6.17}$$

$$\frac{\partial U_r}{\partial t} + U_r\frac{\partial U_r}{\partial r} + U_z\frac{\partial U_r}{\partial z}$$
$$= F_r - \frac{1}{\rho_0}\frac{\partial \langle P \rangle}{\partial r} + \nu\left[\frac{\partial^2 U_r}{\partial z^2} + \frac{\partial}{\partial r}\left(\frac{1}{r}\frac{\partial}{\partial r}(rU_r)\right)\right] \tag{6.18}$$

ここで，F_z, F_r はそれぞれ駆動力 $\boldsymbol{F}$ の z 成分，r 成分である．

さて，上記の流れのモデルにおいて，解析の簡略化のために，円筒内の二つの断面（図 6.3 の位置 z_1 と z_2 の点線）で囲まれた領域に対して，U_z は z に依存せず定常流であること，また流速 U_r は U_z に比べて十分小さく $U_r \approx 0$ とする．さらに，超音波が平行ビームであるから駆動力のうち $F_r = 0$ で，残りの F_z は式 (6.14) から

$$F_z = \begin{cases} \alpha \dfrac{p_0^2}{(\rho_0 c_0)^2} \ (= F_0), & 0 \leqq r < a \\ 0, & a \leqq r < b \end{cases} \qquad (6.19)$$

なので,z に依存しないとする.以上の条件から式 (6.16) と (6.18) は恒等的に満たされ,音響流の支配式として式 (6.17) のみ残り

$$\frac{\partial U_z}{\partial t} - \nu \frac{1}{r}\frac{\partial}{\partial r}\left(r\frac{\partial U_z}{\partial r}\right) = F_z - \frac{1}{\rho_0}\frac{\partial \langle P \rangle}{\partial z} \qquad (6.20)$$

になる.ここで,粒子速度 U_z は z に依存せず,t と r のみの関数 $U_z(t,r)$ になる.また,$\partial \langle P \rangle / \partial z$ は t だけの関数になる.

いま,$t \to \infty$ の定常問題を考えてみる.このとき,式 (6.20) の左辺第 1 項は 0,右辺第 2 項は定数になるので,それぞれ $\partial U_z/\partial t = 0$,$\rho_0^{-1}\partial \langle P \rangle /\partial z = A$ とおくと,簡略化したエッカルト流れの支配式は

$$-\nu \frac{1}{r}\frac{d}{dr}\left(r\frac{dU_z}{dr}\right) = F_z - A \qquad (6.21)$$

になる.式 (6.21) における付帯条件は,媒質は非圧縮性とみているから $\int_0^b rU_z dr = 0$ を満たさなければならない.また,U_z は有界であり,円筒壁面 $r = b$ の境界において粘性効果により $U_z = 0$ である.さらに,$r = a$ において U_z は連続でなければならない.以上の四つの条件を満たすように,式 (6.21) の解を求める.結果は次式になる [6),13)].

$$\frac{U_z}{U_0} = \begin{cases} \dfrac{1}{2}\left(1 - \dfrac{r^2}{a^2}\right) - \left(1 - \dfrac{a^2}{2b^2}\right)\left(1 - \dfrac{r^2}{b^2}\right) - \ln\dfrac{a}{b}, & 0 \leqq r < a \\ -\left(1 - \dfrac{a^2}{2b^2}\right)\left(1 - \dfrac{r^2}{b^2}\right) - \ln\dfrac{r}{b}, & a \leqq r < b \end{cases} \qquad (6.22)$$

ここで,$U_0 = a^2 F_0/(2\nu) = (\alpha/\eta)\{a^2 P_0^2/(2\rho_0 c_0^2)\}$,$A = F_0(a/b)^2\{2-(a/b)^2\}$ である.

図 **6.4** は,$b/a = 3,\ 5,\ 10$ にした場合の流速 U_z/U_0 の r 依存性を示す.横軸は円筒の径 b で規格化した無次元径距離 r/b,縦軸は最大速度で規格化した

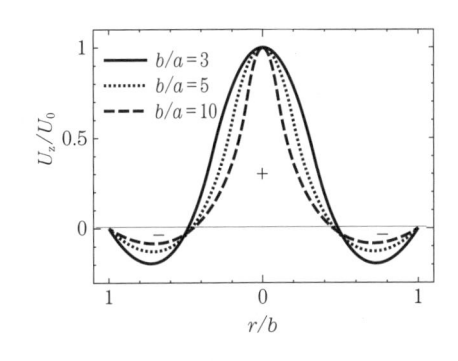

図 6.4 エッカルト流れの流速分布。図中の + 記号は正の z 軸方向の流れを、また − 記号はその逆方向の流れ

流速である。この結果から、b/a の比の大小にかかわらず、流れの向きが $+z$ 方向から $-z$ 方向に反転する r の距離は、およそ $b/2$ 付近にみられる。また、円筒の内径と超音波トランスデューサの径が一致する $b = a$ の特殊な場合においては、式 (6.22) から $U_z = 0$ になって音響流は発生しない。換言すれば、駆動力と圧力勾配が一致する $A = F_0$ なので、流れが生じないともいえる。しかしながら、この場合、厳密には流体と円筒との境界における音波の横波の発生とそれに伴う音響流の特異性を含めて解析する必要がある。詳細は、6.3.2 項で述べる。

Eckart の解析結果では、U_0 が吸収係数と、ずり粘性係数の比 α/η に比例することになる。さらに吸収係数 $\alpha = \delta\omega^2/(2c_0^3)$、また δ は 2 章の式 (2.86) で与えたように η と η_B を含むことから、多くの液体では熱伝導性に起因した音波吸収は弱いことを考慮すると、U_0 は最終的に η_B/η に比例することになる。したがって、音響流の速度を精密に測れば、体積粘性 η_B が計測できるというのが、Eckart や Liebermann の主張であった[6),7)]。しかし、音響流の流速は音波吸収に比例することは間違いないが、理論の単純化や計測上の問題があり、これ以上の情報は得られないというのが大方の見解になっている[10)]。

エッカルトは大局的な音響流の特性に対して貴重な結論を導いているが、解析上の多くの単純化を設けているので、現実的とはいえない。その一つが移流項の無視であり、流速の大きさに応じてこの項を含める必要がある。S. Tjøtta と Naze Tjøtta は、音響流の支配式 (6.15) の左辺の移流項 (第 2 項) $(\boldsymbol{U} \cdot \nabla)\boldsymbol{U}$

と右辺の粘性項(第3項)$\nu\nabla^2 U$ の大小関係を見積もり,流れの状況に応じて移流項の重要性を指摘している[20]。いま,流速 U の主流 z 方向と,それに垂直な r 方向の流れの代表的寸法をそれぞれ L_c, l_c で表す。一般に,$U_z \gg U_r$ なので,移流項の大きさは U_z^2/L_c,粘性項は $\nu U_z/l_c^2$ で近似できる。よって,両者の比は

$$R_s \left(= \frac{移流項}{粘性項} \right) = \frac{U_z l_c^2}{\nu L_c} \tag{6.23}$$

で与えられる。もし,$R_s > 1$ ならば移流項が流れの分布を支配することに,逆に $R_s < 1$ ならば粘性項が支配することになる。例えば,式 (6.22) の解で与えたエッカルト流れにおいては,L_c をレイリー長 $ka^2/2$ に,また l_c を音源の半径 a に置くと,$R_s \sim (U_z/\nu)(\lambda/\pi)$ となる。具体的な数値として,超音波の周波数を 1 MHz で媒質を水,そして $U_z = 1$ cm/s としたときに,$\lambda = 1.5$ mm, $\nu = 10^{-6}$ m^2/s を代入して指標値 $R_s \sim 10$ を得る。すなわち,この流れ条件では移流項が粘性項に比べておよそ 10 倍大きく,移流項が無視できないこと示している。

また,Eckart の解析では,音源から放射される超音波が半径 a の平行ビームと仮定している。3章および4章で述べたように,音源近傍,いわゆる近距離場では波の回折効果で音場は複雑な振る舞いをするので,必ずしも平行ビームとはいえない。さらに,音響流を発生するには,一般に音波の振幅は有限となり,基本波のみならず高調波の発生が流速に与える影響を考慮する必要がある。鎌倉らは,これらの三つの課題に対して,式 (6.16)〜(6.18) の流れの支配式を数値解析し,実験結果との対比を行っている。

図 **6.5** がその結果である[34]。実験で用いた平面開口の超音波トランスデューサの直径は 19 mm,周波数は $f = 5$ MHz で,このトランスデューサを内径 8.5 cm,肉厚 2 mm,筒長 26 cm のガラス製円筒管内に片面に設置し,他端を吸音材で閉止し,円筒内は水で満たしている。また,円筒の外側は恒温槽で 22°C に一定とした。有限振幅音波では,媒質の非線形性で伝搬とともに高調波が発生する。このときの第 n 次高調波の音圧振幅(空間変数を含み,位置の関

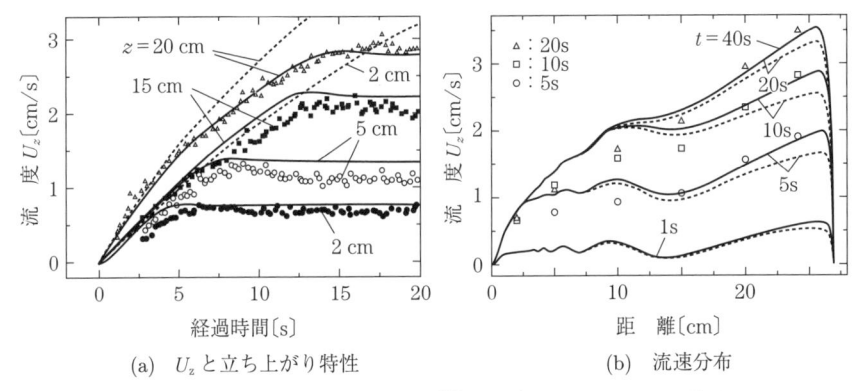

図 6.5 エッカルト流れの流速分布[34]．図中の実線と点線は計算結果，塗りつぶしおよび白抜きのシンボルは実験結果

数）を P_n，位相を θ_n とおいたとき，有限振幅音波の音圧 p は

$$p = \sum_{n=1}^{\infty} P_n \sin(n\omega t + \theta_n) \tag{6.24}$$

のフーリエ級数で表示される．したがって，ひずんだ音波に対する駆動力は，式 (6.14) を用いれば，音軸 z に沿っての成分 F_z が

$$F_z = -\frac{\delta}{\rho_0^2 c_0^5}\langle p^2 \rangle = \frac{\alpha}{(\rho_0 c_0)^2} \sum_{n=1}^{\infty} n^2 P_n^2 \tag{6.25}$$

となる．すなわち，伝搬波形がひずんで高調波の発生が活発になると，音波吸収が増大し，それに呼応して駆動力も増大する[35]．波形は伝搬距離とともにひずむので，遠距離場ではこの効果はいっそう強くなる．

図 6.5(a) の結果は，水中に置かれた半径 9.5 mm の円形開口トランスデューサに，$t=0$ で 5 MHz の電気信号を連続して印加し，開口面の音圧振幅を 89 kPa にしたときの音軸方向の流速 U_z の立ち上がり特性を示している．(a) の実験結果から，開口面からの距離 z が大きくなると，流れの定常値に達する時間が長くなる．例えば，$z=2$ cm では 5 s 程度であるが，20 cm になると 15 s 以上必要となる．図中の点線は，移流項を無視したときの計算結果であるが，流れが立ち上がって間もない流速が 1 cm/s 未満の時間内においては，移流項を含めても含めなくても流速に大きな差は現れないが，流速が速くなると移流項を含める

必要性がある。図 (b) は，$t = 0$ からの経過時間をパラメータとして音軸上の流速分布を示したものである。この図の点線は超音波の高調波の発生を無視したときの流速計算値を示すが，測定データは高調波を含めて計算した実線によりいっそう符合する。なお，$z = 25$ cm での音圧振幅は 170 kPa であったことから，ストークスドリフトによる流速は $\langle \rho_1 u_1 \rangle / \rho_0 = \langle p_1^2 \rangle / (\rho_0^2 c_0^3) \approx 4.3$ μm/s と見積もることができる。一方，(b) の測定値では $U_z = 3.4$ cm/s なので，この観測値は駆動力を介した流れが支配的であるといえる。このように，理論と実験がよく合うことから，計測用のハイドロホンが利用できないような特殊環境下での音響インテンシティを間接的に知るには，流速を精密に計測することから推定できることになる[36]。興味のあるものとして，流体中に散在する微粒子によって，放射した超音波自体の周波数が音響流で偏移する，いわゆるドップラー効果を利用して流速を測定する技術も報告されている[37]。

図 6.5 でみたように，音響流の立ち上がり時間は数秒以上になる場合が多い。しかし，立ち上がり時間の速い場合もある。それは集束音源の焦点で実現される。集束音源の開口半径を a，焦点距離を d，集束利得を G としたとき，移流項が無視できるストークス近似に対して，焦点での流速は

$$U_z \approx \alpha \frac{a^2 p_0^2}{8\nu(\rho_0 c_0)^2} e^{-2\alpha d} \ln\left(1 + \frac{t}{\tau_0}\right) \tag{6.26}$$

で表される[38]。ここで，$\tau_0 = a^2/(8\nu G^2)$ である。特に，$t \ll \tau_0$ が満たされる時間内では

$$U_z \approx 2\alpha \frac{I}{\rho_0 c_0} t \tag{6.27}$$

で近似できるので，流速はインテンシティと吸収係数に比例する。粘性係数は直接には表示に現れないが，音波吸収を介して流速に影響する。式 (6.27) に従うと，例えば水中で，開口半径が $a = 2$ cm，集束利得が $G = 20$ の集束超音波では，動粘性係数が $\nu = 10^{-6}$ m^2/s であって $\tau_0 = 0.13$ s になるので，式 (6.27) の関係式が満たされるのは $t \ll 0.13$ s の短時間内となる。

6.3.2 シュリヒィティング音響流

エッカルト音響流では，駆動力のエネルギー源となる音波は縦波として自由空間内を伝搬することとし，媒質と物体との境界は音響流の流れのみに影響を与えていた。すなわち，流体の粘性によって，固体壁の表面で流体は粘着するとして，壁面での音響流の接線成分が0になる条件，すなわちnon-slip条件を課していた。これに対して，シュリヒィティング音響流では，音波（振動）も音響流もともに流体と固体壁でnon-slip条件を満たさなければならない。

振動あるいは音波が存在する場において，固体の周辺に生じる流体運動に関する理論および実験報告は古くからある。Schlichting[16]，Westervelt[39]，Holtzmarkら[40]，そしてNyborg[41]の報告である。彼らが注目した具体的な問題の一つは，角周波数ω，振幅u_0の速度で流体が1方向に振動しているとき，その流体に一つの剛体円柱を静止した状態で挿入した場合の，円柱のまわりの音響流の理論解析である。流体は，円柱の軸zに対して垂直なx方向に振動しているとする。図6.6はそのモデルで，円柱の半径はa，円柱の軸方向をzとし，境界条件の設定の便利さから円柱座標系(r,θ,z)を採用している。この理論問題は，周辺流体が静止しており，剛体円柱が角周波数ωで振動している問題に置き換えることができ[39]，これによって実験がしやすくなる。

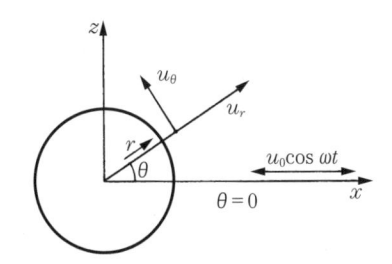

図 6.6 流体中の円柱

流体はωの周波数で緩やかな振動をしており，$a(\omega/c_0) \ll 1$なので流体を非圧縮として取り扱う。そして，粒子速度はソレノイド成分を含み$\nabla \cdot \boldsymbol{u}_1 = 0$である。このような場合，$\boldsymbol{u}_1 = \nabla \times \boldsymbol{\psi}_1$を満たす流れ関数$\boldsymbol{\psi}_1$を導入して解析を行う。流れの軸対称性から，今回の問題は$\boldsymbol{\psi}_1$の3成分のうちz成分のみ残り，

これを $\psi_1(r,\theta)$ とおく。この ψ_1 と r および θ 方向の流体振動の速度成分 u_{1r}, $u_{1\theta}$ は，それぞれ

$$u_{1r} = -\frac{1}{r}\frac{\partial \psi_1}{\partial \theta}, \quad u_{1\theta} = \frac{\partial \psi_1}{\partial r} \tag{6.28}$$

である。境界条件は

$$\begin{cases} u_{1r} = 0, \quad u_{1\theta} = 0, & r = a \\ u_{1r} = u_0 \cos\theta \cos\omega t, \quad u_{1\theta} = -u_0 \sin\theta \cos\omega t, & r \to \infty \end{cases} \tag{6.29}$$

である。流体は，円柱から十分離れた位置での運動から予測できるように，渦無しのポテンシャル場と，円柱と流体の境界付近の渦を伴うソレノイド場の和として考えられる。前者は $\nabla^2 \psi_1^{(1)} = 0$ を，後者は $\nabla^2 \psi_1^{(2)} - (1/\nu)\partial \psi_1^{(2)}/\partial t = 0$ を満たし，$\psi_1 = \psi_1^{(1)} + \psi_1^{(2)}$ のもとで，式 (6.29) の境界条件を考慮して ψ_1 を求める。解析は Holtzmark らが詳細に行っており [40]，式 (6.29) の条件を満たす流速で，$\kappa a \gg 1$ において，次式になることを示している [41]。

$$\begin{aligned}u_{1r} &= \frac{\sqrt{2}}{\kappa r} u_0 \cos\theta \left[-\cos\left(\omega t - \frac{\pi}{4}\right) + e^{-\zeta}\cos\left(\omega t - \zeta - \frac{\pi}{4}\right) + \sqrt{2}\zeta \cos\omega t \right], \\ u_{1\theta} &= -2 u_0 \sin\theta \left[\cos\omega t - e^{-\zeta}\cos(\omega t - \zeta) \right] \end{aligned} \tag{6.30}$$

ここで，$\kappa = \sqrt{\omega/(2\nu)}$, $\zeta = \kappa(r-a)$ である。式 (6.30) は，$r = a$ および $r \to \infty$ で，ともに境界条件の式 (6.29) を満たしていることが確認できる。なお，u_{1r} にしても $u_{1\theta}$ にしても，$\exp(-\zeta) = \exp[-\kappa(r-a)]$ 項は円柱の表面から遠ざかるにつれ，指数関数的に減衰する。この場合，$\delta_\mathrm{v}(=1/\kappa) = \sqrt{2\nu/\omega}$ は**粘性境界層**である。表面から粘性境界層だけ離れると，流速は $r \to \infty$ での値に近づき，境界層は境界の存在が流れ場に及ぼす一つの目安距離と考えてよい。具体的な数値として，100 Hz の振動において，水中では $\delta_\mathrm{v} \approx 60$ μm，グリセリン（動粘性係数は常温で，1.5×10^{-5} m^2/s）では $\delta_\mathrm{v} = 0.7$ mm となる。厚さは周波数の平方根に反比例するので，低い周波数ほど境界層は厚くなる。

以上の解析手法は音響流の流速の導出に拡張できる。音響流の流速は，式 (6.6) の回転をとり，流れ関数 $\boldsymbol{u}_0 = -\nabla \times \boldsymbol{\psi}_2(r,\theta)$ を用いて

$$\nu\nabla^2(\nabla^2\psi_2) = \nabla \times \boldsymbol{F} \tag{6.31}$$

に置換できる．$\boldsymbol{F}$ は式 (6.7) で与えた駆動力で，式 (6.30) を用いて求められる．この場合も，流れ関数 ψ_2 は z 成分のみ残り，最終的に

$$\nabla^4\psi_2 = \rho(r)\sin 2\theta \tag{6.32}$$

を適切な境界条件で解く問題に帰着する．ここで，$\rho(r)$ は κa と κr の複雑な関数になる．式 (6.32) の解についても，やはり Holtzmark らによって与えられている．

その結果を用いた流れ関数 ψ_2 の分布を一例を図 **6.7** に示す．この図は円柱を中心にして，その半径 a の 20 倍の円柱領域（半径 R とすると，$R = 20a$）を 4 分割して流線を示したもので，$\sqrt{\omega/\nu} = 10$，$a = 1.1$ mm としている．音響流は，この流線の接線方向にして，円柱の近くでは右回りに，遠くでは左回りに流れることがわかる．このように 1/4 領域に渦が二つの発生すること，したがって領域全体ではこの渦のペアが円柱棒を中心に対称的に四つ発生することになる．また，渦のパターンや大きさは振動振幅や棒の半径，そして境界層の厚さに依存して変化する．剛体のまわりの流線や流速に関する実験との比較は，円柱に限らず球，そして複数の剛体の動きによって発生するシュリヒティング音響流について，詳細な検討が多くなされてきている[42]．

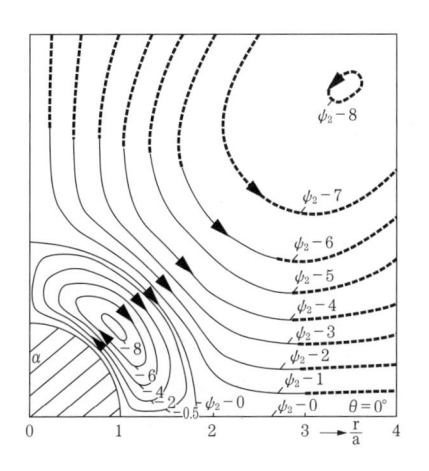

図 **6.7** 定常振動する流体中に置かれた固定円柱のまわりの流線分布[40]．$a = 1.1$ mm，$\sqrt{\omega/\eta} = 10$

図 6.8 境界層付近の流れ

平面境界面に沿って縦波音波が伝搬する際の境界近傍における駆動力および音響流について，Nyborg が詳細に論じている[13]。図 **6.8** のように，境界に沿った方向を $+x$ に，またその軸に垂直で流体方向に $+z$ をとる。境界面 $z=0$ では，音波の粒子速度の x 成分 u_x も z 成分の u_z も 0 となる non-slip 条件を満たす必要がある。いま，縦波の粒子速度（渦なし成分）の振幅を u_0 として x 成分を，2 章の式 (2.94) を参考にして

$$u_{ix} = u_0 e^{-(\alpha + j\omega/c_0)x} \tag{6.33}$$

とおく。横波（ソレノイド成分）の x 成分 u_{rx} は座標 x, z に依存するが，z 方向の変化が急激なので，2 章の式 (2.89) から境界近傍で $\partial^2 u_{rx}/\partial x^2 + \partial^2 u_{rx}/\partial z^2 \approx \partial^2 u_{rx}/\partial z^2 = m^2 u_{rz}$ に近似できる。ここで，$m = (1+j)\kappa$, $\kappa = \sqrt{\omega/(2\nu)}$ である。この微分方程式の二つの解のうち，non-slip 条件 $(u_{ix} + u_{rx})|_{z=0} = 0$ を満たし，$z \to \infty$ で有界な解は $u_{rx} = -u_0 \exp[-(\alpha + j\omega/c_0)x - mz]$ である。さらに，横波の z 成分 u_{rz} は，$\nabla \cdot \boldsymbol{u}_r = \partial u_{rx}/\partial x + \partial u_{rz}/\partial z = 0$ の条件と，$u_{rz}|_{z=0} = 0$ の条件から $u_{rz} = -u_0\{(\alpha + j\omega/c_0)/m\} \exp[-(\alpha + j\omega/c_0)x]\{1 - \exp(-mz)\}$ を導く。結局，音波の粒子速度の x 成分，z 成分としてまとめると

$$u_x = u_{ix} + u_{rx} = u_0 e^{-(\alpha + j\omega/c_0)x}(1 - e^{-mz}) \tag{6.34}$$

$$u_z = u_{rz} = -\left(\frac{\alpha + j\omega/c_0}{m}\right) u_x \tag{6.35}$$

になる。なお，u_z は境界近辺で有効な式である。また，周波数や媒質の粘性率に依存するが，多くの場合，$\alpha \ll \omega/c_0 \ll \kappa$ の関係がある。水を例にとると，100 kHz の周波数で $\alpha = 2.5 \times 10^{-4}$ m^{-1}，$\omega/c_0 = 420$ m^{-1}，$\kappa = 5.6 \times 10^5$ m^{-1} である。κ が大きいことから，すでに述べたように，粘性に起因して発生する横波は境界 $z = 0$ から離れると，$\exp(-\kappa z)$ の指数関数で急激に減衰する。

駆動力は式 (6.7) を用いて計算できる。x 方向の駆動力は z 方向に比べて十分大きく，結果は

$$F_x = F_{x1} + F_{x2} \tag{6.36}$$

で表され，それぞれの駆動力成分は次式となる。

$$F_{x1} = \alpha \rho_0 u_0^2 e^{-2\alpha x}, \quad F_{x2} = \frac{1}{2} F_{x1} \left\{ \frac{\omega}{c_0 \alpha} f_1(\zeta) + f_2(\zeta) \right\},$$
$$f_1(\zeta) = C + S - e^{-2\zeta}, \quad f_2(\zeta) = e^{-2\zeta} - 3C + S,$$
$$C = e^{-\zeta} \cos \zeta, \quad S = e^{-\zeta} \sin \zeta, \quad \zeta = \kappa z \tag{6.37}$$

これより，成分 F_{x1} はエッカルト流れの場合の駆動力と同じ表示で，その大きさは座標 z に依存しない。一方，成分 F_{x2} は境界面から距離 z とともに指数関数的に減衰するものの，F_{x1} に比べて，特に $f_1(\zeta)$ の効果が係数 $\omega/c_0\alpha$ のオーダーで影響を与える。ちなみに，水中の 100 kHz の音波に対して，$\omega/(c_0\alpha) \approx 2 \times 10^6$ になる。したがって，境界層内の支配的な駆動力は

$$F_x = \frac{1}{2} \frac{\rho_0 \omega}{c_0} u_0^2 e^{-2\alpha x} f_1(\zeta) \tag{6.38}$$

になり，吸収係数 α は縦波の減衰 $\exp(-\alpha x)$ に影響するのみで，直接，駆動力の発生に関与しない。この駆動力 F_x の存在で境界層付近に音響流の発生が予想される。

6.3.3 レイリー音響流

6.3.2 項では，1 面の境界を音波が面に平行に伝搬する場合の駆動力を対象とした。例えば，2 面内に閉じ込められた流体内を音波が進行する場合の駆動力およびそれに伴う音響流について，以上の理論を拡張することができる。いま，図 **6.9**(a) のような閉じた空間内を面 A から面 B に向かって音波が進行し，しかも音波は面 B から反射しない無反射終端とする。この場合に，境界層の内側と外側での駆動力は，(a) のような大きさになる。この駆動力の空間分布に依存した音響流は，(b) のように境界面付近は面 A から B に向かって流れ，境界か

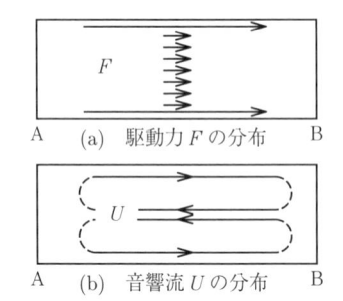

図 6.9 両面に囲まれた内部での駆動力 F の分布と，音響流 U の分布 [13)]

(a) 駆動力 F の分布
(b) 音響流 U の分布

ら離れた中心軸付近は流体の非圧縮性から，面 B から A に向かって逆向きの流れがみられることになる。

　音響管の定在波音場内に発生する流れについては，レイリー音響流として知られている．その発生は，基本的には粘性境界層内に発生する駆動力が引き金になって，管内を循環する媒質の流れを引き起こす．ここで，そのメカニズムを知るために，図 6.8 と同様に，波の定在波は形成されている方向を x 座標に，それに垂直方向に z 座標をとり，$z=0$ と $z=h$ にそれぞれ面があり，互いに平行とする．この 2 面間に挟まれた領域で x 方向のみ定在波が発生しており，縦波音波の粒子速度を

$$u_{ix} = u_0 \cos kx \cos \omega t \tag{6.39}$$

とおく．ここで，$k = \omega/c_0$ は音波の波数で，音波吸収 α は十分小さく無視している．$z=0$ と $z=h$ に境界が存在することで境界付近で横波が発生する．音場は $z=h/2$ の面を境に対称性なので，いまは $z=0 \sim h/2$ の領域の音場に注目する．式 (6.34)，(6.35) を導いた方法を踏襲すると，x, z 方向の粒子速度は

$$u_x = u_0 \cos kx \left\{ \cos \omega t - e^{-\zeta} \cos(\omega t - \zeta) \right\},$$
$$u_z = -\frac{ku_0}{\sqrt{2}\kappa} \sin kx \left\{ \cos\left(\omega t - \frac{\pi}{4}\right) - e^{-\zeta} \cos\left(\omega t - \zeta - \frac{\pi}{4}\right) \right\} \tag{6.40}$$

になる．これから粒子速度から駆動力を求めると

$$F_x = F_{x1} + F_{x2}, \quad F_{x1} = \rho_0 k u_0^2 \sin 2kx, \quad F_{x2} = \frac{1}{4}\rho_0 k u_0^2 f_2(\zeta) \sin 2kx \tag{6.41}$$

を得る。式 (6.41) で，$f_2(\zeta)$ は式 (6.37) と同形式である。また，z 方向の駆動力は，F_x に比べて $\kappa \gg k$ である限り十分に小さく，ここでは無視している。

移流項が無視できる定常な**ストークス流**（Stokes flow）を対象にすれば，式 (6.6) あるいは式 (6.15) から

$$-\eta \nabla \times \nabla \times \boldsymbol{U} = \eta \nabla^2 \boldsymbol{U} = \nabla \langle P \rangle - \boldsymbol{F} \tag{6.42}$$

を得る。音響流の流速成分は，ここでは x 成分 U_x と z 成分の U_z である。駆動力の式 (6.41) と，U_x, U_z に対する境界条件，すなわち $z = 0$ での $\boldsymbol{U}$ の non-slip 条件と，$z = h/2$ における流れの対称性

$$\begin{cases} U_x = U_z = 0, & z = 0 \\ \dfrac{\partial U_x}{\partial z} = U_z = 0, & z = \dfrac{h}{2} \end{cases} \tag{6.43}$$

のもとで，式 (6.42) を解く。解法には，式 (6.42) の最終式の $\nabla \langle P \rangle$ を消すために，両辺の回転をとって流れ関数 $\psi(x, z)$

$$U_x = \frac{\partial \psi}{\partial z}, \quad U_z = -\frac{\partial \psi}{\partial x} \tag{6.44}$$

を導入する便利である。$\boldsymbol{F}$ の主要項が F_{x2} であるので，最終的に

$$\nabla^4 \psi \approx \frac{d^4 \psi}{dz^4} = -\frac{1}{2} \rho_0 \kappa A^2 (2C + S - e^{-\zeta}) \sin 2kx \tag{6.45}$$

になる。境界条件の式 (6.43) を含めた解は，次式で与えられる。

$$\psi = G \sin 2kx \left\{ f_3(\zeta) - \frac{9}{2} + 3\zeta(1 - \zeta_1)(1 - 2\zeta_1) \right\},$$
$$f_3(\zeta) = 4C + 2S + \frac{e^{-2\zeta}}{2}, \quad G = \frac{u_0^2}{8\kappa c_0}, \quad \zeta_1 = \frac{z}{h} \tag{6.46}$$

この ψ から，流速 U_x, U_z を求めることができる。その結果は

$$U_x = -3\kappa G \{e^{-2\zeta} + 2S - 1 + 6\zeta_1(1 - \zeta_1)\} \sin 2kx,$$
$$U_z = -3kG \{e^{-2\zeta} + 2(S + C) - 3 + 2\kappa h \zeta_1 (1 - \zeta_1)(1 - 2\zeta_1)\} \cos 2kx,$$
$$\zeta = \kappa z, \quad \zeta_1 = \frac{z}{h} \tag{6.47}$$

である$^{13)}$。以上がレイリー音響流の理論である。一般に境界層が薄いことから，z のほとんどの領域において $e^{-2\zeta}$, C, S の変数は 0 になる。

式 (6.47) から予想される流速の様子を図 **6.10** に模式的に描いている。音波の波長を λ とおいたとき，式 (6.41) で与えられた駆動力で注目したいのは，空間周期 $\lambda/2$ をもって符号が入れ替わることである。すなわち，粒子速度の腹 A から隣の節 N の間（$0 \leq x \leq \lambda/4$）では，縦波に由来する F_{x1} は圧力の傾きと釣り合い，そして正の値をとるが，横波に由来する駆動力 F_{x2} は ζ が 1 付近までは $f_2 < 0$ なので負の値をとる。この結果は，境界近傍において，図 6.10 の (b) に示すように F_{x1} と逆方向に駆動力が働くことになる。F_{x2} の大きさは F_{x1} に比べて十分大きいが，きわめて薄い境界層内に F_{x2} が存在するのみで，境界層以外の大部分の音場では F_{x1} が音響流の分布に支配的な影響を与え，(c) に示すような $\lambda/4$ ごとに渦を伴った音響流の分布がみられることになる。荒川と川橋の解析によれば，境界近傍で音響流の反転層ができるものの，負方向の最大流速は主流の流速の $1/50 \sim 1/10$ 程度であって，その構造は主に境界層内の運動量流束 $\langle u_{1x} u_{1x} \rangle$ の z 方向分布によって誘起されるとしている$^{29)}$。

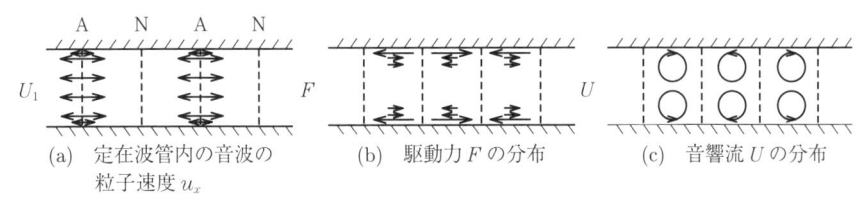

(a) 定在波管内の音波の粒子速度 u_x　　(b) 駆動力 F の分布　　(c) 音響流 U の分布

図 6.10 式 (6.47) から予想される流速の様子$^{13)}$。図中の N は粒子速度の節，A は腹

境界付近の駆動力，そしてその駆動力に起因した音響流の発生と特徴について，基本的な現象は以上の概要であるが，音響管内の循環流構造が音波の振幅に依存して変化すること，また温度境界層が絡む複雑な解析を必要とし，特に高音圧での音響流についてはクントの縞の発現理由を含め，完全に解明されているとはいい難い$^{43)}$。

6.4 音響流に関連する現象

剛体に限らず周期的に膨張，収縮を繰り返す微小気泡においても，そのまわりに音響流が観測されている．微小な渦を伴うこの流れを一般に**マイクロストリーミング**（microstreaming）と呼んでおり，その特徴的な流れ分布が報告されている．Elder は，10 kHz で共振付近にある気泡において，粘性係数や気泡の振動振幅の大小関係を変えながら，その周囲に発生する定常流を観測して代表的な四つのパターンに分けている[44]．定常な流れを示すこのような流れは，一般に境界から粘性境界層程度遠ざかると規模が小さくなり消滅する．境界層の近傍に細胞が存在するような場合，気泡の時間振動に基づく交流的なずり応力と，マイクロストリーミングに基づく直流的なずり応力が加わり，場合によっては細胞膜に力学的なダメージを与えることがあると報告されている[45),46)]．

ところで，Rayleigh は弾性体の表面を伝搬する波動モードとして，**弾性表面波**（surface acoustic wave, SAW）を理論的に見いだしている．弾性体として圧電体を利用し，**図 6.11** に示すすだれ状電極（interdigital transducer, IDT）構造にすることで SAW を容易に発生できる．圧電結晶として 128° 回転 Y 板 X 伝搬 LiNbO$_3$ がよく利用されている．IDT に電圧を印加することで SAW が発生し，図のように圧電体の表面を波打って伝搬する．この SAW が伝搬する面上に液体を置くと，SAW は液体中に縦波を放射しながら，しかも周波数が高く吸収係数が大きいことから，液体内で SAW は伝搬とともに急激に減衰する．このときの縦波の放射角は**レイリー角**（Rayleigh angle）といい，この角度 θ_R は SAW の伝搬速度 c_s と液体の縦波音速 c_l により次式で決定される．

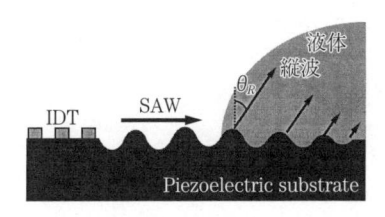

図 6.11 SAW の伝搬の様子と液体中への縦波放射現象．SAW の波打つ変位振幅は nm オーダーであって，図では誇張して描写

$$\theta_R = \sin^{-1}\left(\frac{c_l}{c_s}\right) \tag{6.48}$$

図 6.12 は水槽を用いた水中の音響流観察結果である[47]。水槽内の水に，可視化のためのトレーサとして微小粒子を混入している。水面に対して垂直に立てられた圧電結晶表面から水中にエッカルト音響流が発生していることがわかる。このとき $c_s = 3\,933$ m/s，$c_l = 1\,497$ m/s であって，式 (6.48) から計算されるレイリー角は $\theta_R = 24.8°$ になり，ストリーミングがほぼその角度に沿って流れている様子がわかる。

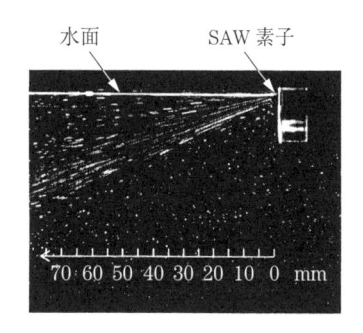

図 6.12　水槽を用いた SAW 素子上から生じる音響流の観察結果[47]

1988 年，SAW の振幅を大きくすると，SAW 伝搬面上に置かれた液滴が流動する現象が見いだされた[48),49]。この現象は **SAW ストリーミング**（SAW streaming）と呼ばれている。また，SAW 基板上に置いた水滴が流動しないときでさえ，その内部（中央断面）に激しく液体が流動する音響流がみられる。図 6.13 はそれを可視化した結果である。興味のあることに，音響流は水槽内のように直進せず，液滴表面の曲線に沿ってカーブする。

ところで，流体中に置かれた物体に超音波を照射すると，物体が音波を吸収する場合には物体の温度が上昇する。特に，超音波の音圧を上げると，温度上

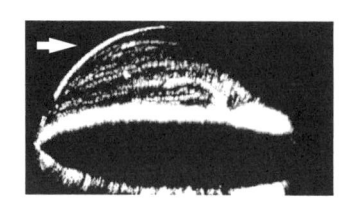

図 6.13　液滴内の音響流観察結果。矢印は SAW 伝搬方向

昇は激しくなり，物体のまわりの流体に対流を誘発する．それと同時に，流体中に音響流が発生し，これは超音波の照射領域の温度を一般に下げる効果として働く．このような冷却効果の理論予測には，音響流の支配式 (6.15) と駆動式 (6.14) に加えて熱伝導式を付け加えて解析する必要がある[50]．いま，超音波照射による温度上昇を $T(t, r)$ とおくと，熱伝導式は

$$\frac{\partial T}{\partial t} + U \cdot \nabla T = k_b \nabla^2 T + Q \tag{6.49}$$

である．ここで，$k_b = K/\rho_0 c_p$，K は熱伝導率，c_p は定積比熱，Q は熱源であって，音響インテンシティ I の大きさ $I = |I|$ とに，$Q = \{2\alpha/(\rho_0 c_p)\}|I|$ の関係がある．厳密にいうと，媒質の熱膨張に伴う浮力を音響流の式に追加しなければならない[51]．このような温度上昇と音響流との相互作用については，最近では **HIFU** を利用した音響-熱-音響流のカップリング問題として，研究が盛んに進められている[52),53)]．なお，これらの支配式を解析する場合には，多くは，音速や熱伝導率などの媒質定数は温度に依存して変化するので，これらの定数を温度の関数として組み込まなければならない．

　媒質定数の温度依存性は音速の空間分布を変えることになり，特に，強力超音波が吸収の大きな媒質を伝搬する際に，媒質がレンズの効果として働き，超音波ビームが屈折する．多くの液体では温度上昇とともに音速が遅くなるので，超音波が自らの作用で集束を引き起こす．このような熱による**自己集束** (self-focusing) は，焦点が形成されるとともに，その位置が超音波の照射時間に応じて変化する点が特徴である[51]．また，音響流が存在することで自己集束の現象は複雑化する

6.5 音響流の応用

　これまでに述べたように，古い歴史をもつ音響流の研究は，いま応用として再び話題を集めている．応用として，まずは物体とそのまわりの流体との物質や熱のやりとり，すなわち物質輸送や熱伝達の促進に関するもので，この研究

成果が木本によってまとめられている[54]。温度境界層が熱の輸送を阻止する場合が多く，このとき境界付近に発生する音響流が熱境界層を乱して熱の移動を促進するというものである。エッカルト音響流の応用に例を限ると，泉は，熱工学への応用として，密閉容器内の自由対流と対向する音響流との共存対流熱伝達に関して，基礎研究を行っている[55]。また，音響流を利用した粒子除去や物質輸送のなどを目的とした基礎研究として，固液混相中の音響流の特性評価が進められている[56]。表面力で付着したミクロンサイズのごみの除去にキャビテーションや放射圧が有効であるが，これに音響流が重畳することで，除去の効率化や表面のクリーニングが期待できる。高周波で高音圧が得られる超音波顕微鏡の焦点の水滴内のゴミ除去について，基礎研究が報告されている[57]。

流速から流体の粘性を測る方法も提案されている[58]。式 (6.22) で示したように，流速 U_0 は音波の吸収係数 α，音のインテンシティ I，粘性係数 η に関係するので，粘性以外の物理量が既知であれば，粘性係数が計測できることになる。グリセリンと水の混合溶液の粘性を，送波超音波のドップラー効果を利用して，精度 6 %内で測定されている。周波数の高い SAW デバイスでは，小さな入力パワーでも音響流の駆動力は大きくなり，流体は激しく動く。SAW ストリーミングの応用としては，液滴搬送だけでなく，ポンプ，表面張力波を活用した霧化[59]などが考えられている。

一方，近年，マイクロマシンの開発や MEMS（micro-electronic-mechanical system）技術の向上に伴い，微細な流れと微粒子の移動，混合を目的とした応用研究が活発である。異種液体の撹拌は，化学，生化学，薬品の調合分野では重要な技術であり，即座に撹拌するのに音響流が便利である。Suri らは，ヨウ素とチオ硫酸ナトリウムが十分混合すると無色になることに着目して，1 MHz 付近の超音波を利用した液体の撹拌効率の実験を行っている[60]。また，前沢らはキャリア周波数を 100 MHz の FM 変調波の SAW デバイスを利用し，数 μl の液体に対して混合効率の改善を図っている[61]。一般に，微小流路では流れが層流となるので，溶液混合は困難になる。このようなマイクロ混合システムで混合

6.5 音響流の応用   223

効率をより向上するには，高い周波数の超音波を利用した microfluidic mixer は利用価値が高い。450 MHz で，マイクロチャネル内の流れに垂直に音響流を発生して，液体混合を目的とした IUT（integrated ultrasonic transducer）デバイスや，μl 以下の領域内での撹拌への SAW デバイスなどの開発も重要となる[62),63)]。一例として，Tseng らが報告している microfluidic mixer[64)] を図 **6.14** に示す。なお，microfluidic mixer におけるその他の音響流の利用については，Nguyen と Wu[65)] や，Frend と Yeo[66)] の報告に詳しい。

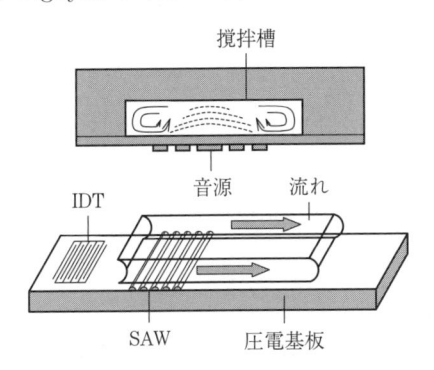

図 **6.14** SAW デバイスによる微細領域での撹拌（上）と IDT からの leaky SAW によって生じる流れ[64)]

Nightingale らは，音響流検出を乳房の病変への臨床診断補助として可能かどうかの研究を行っている[67)]。乳房の嚢胞と固い病変との区別を，音響流発生の有無で判断しようということである。嚢胞は流体で満たされているので音響流が発生し，固い病変では音響流は発生しないので区別が可能という原理である。多くの研究結果によれば，病変のサイズが小さいがゆえに超音波映像では不確定となるような，小さくて新しい嚢胞の診断に，音響流の計測が適していると述べている。同じグループの Soo らの 2006 年の報告では，嚢胞のサイズ，深さ，嚢胞流体の粘性などを評価している[68)]。

一方，婦人科での超音波映像診断で卵巣や卵管，付属器嚢胞などの評価技術として音響流を利用しようという報告もある。Edwards や Clarke らは音響流がいろいろな卵巣と付属器嚢胞の間での区別において臨床的な利用価値をもつかどうか調べている[69)]。直径 2 cm を超える卵巣嚢胞では，B モードで内部のエコーをみて，音響流を評価した。結果として，26 例の卵巣嚢胞のうち 10 例

で音響流を検出した。しかし，10例の子宮内膜腫ではどれも音響流を検出しなかった。流速は1.5から3.6 cm/sの範囲だった。囊胞が音響流を示すならば，音響流による評価法は卵巣の囊胞を評価する際に，診断として完全に子宮内膜腫を除外することが可能となり，有用な道具になると述べている。これらの報告に対して，音響流による評価の疑問点についての報告もあり[70]，不明な点がなお残されている。

2006年，英国のZauharらは超音波診断に関連する羊水中の音響流を，いろいろな状況のもとで調べた[71]。測定には超音波ドップラー法を用いた。臨床システムの超音波ビームを模擬し，研究室の装置でCWとパルスモードで，3.5 MHz，5 MHzと7.5 MHzの振動子を使用して超音波ビームを発生させた。音響流は，印加電力の大きさを50 mWと140 mWとし，羊水と水中の両方で測った。大振幅パルスの非線形効果による流速の増加は，水と同様に羊水についても示された。結論としてパルス超音波が羊水と水中で同程度の流速を誘起したのに対し，CWビームは水中よりも羊水中で，かなり速い流れを誘起した。

以上のように，生体内に存在する液体に数MHzの超音波ビームを照射することで，その液体に音響流が生じることは十分ありうる。媒質や膜が音波を通すならば，膜などの仕切りがある閉空間のなかに，非接触で音響流を誘起することができ，医療や生物分野への音響流応用の有用性は高い。このような音響流の医用への応用としては，現時点では音響流を反映している病変に対して，単純には臨床診断の判断資料として使えないようである。生体の諸物理定数と音響流特性の関係が理論的，実験的に明らかにされたなら，近い将来，臨床診断の場でも in vivo での応用が可能と期待される。

ところで，熱音響現象については1850年のSondhausや1859年のRijkeの報告がよく知られ，エンジンや冷凍機として実用化する研究は，現在もなお活発に続けられている。研究の背景は，特に米国のSwiftの解説記事（1988）[72]に詳しい。Swiftは，熱音響エンジンや熱音響冷凍機での流れは4種類もあって，このうち有害な流れはレイリー音響流とGedeon流（Gedeon streaming）で，熱効率を下げている原因の一つだと述べている[30]。

引用・参考文献

1) M. Faraday : On a peculiar class of acoustical figures; and on certain forms assumed by groups of particles upon vibrating elastic surfaces. Philos. Trans. R. Soc. (L), **121**, pp. 299-318 (1831)

2) A. Kundt : Ueber eine neue Art akustischer Staubfiguren und über die Anwendung derselben zur Bestimmung der Schallgeschwindigkeit in festen Körpern und Gasen, Ann. Physik., **127**, pp. 497-523 (1866)

3) V. Dvořák : Ueber die akustische Anziehung und Abstofsung, Ann. Physk., **157**, pp. 42-73 (1876)

4) Lord Rayleigh : On the circulation of air observed in Kundt's tube and on some allied acoustic problems, Phil. Trans. Roy. Soc. (L), **175-A**, pp. 1-21 (1883)

5) E. Andrade : On the circulations caused by the vibration of air in a tube, Proc. Roy. Soc. **A134**, pp. 445-470 (1931)

6) C. Eckart : Vortices and streams caused by sound waves, Phys. Rev., **73**, pp. 68-76 (1948)

7) L. N. Liebermann : The second viscosity of liquids, Phys. Rev. **75**, pp. 1415-1422 (1949)

8) L. Rosenhead : A discussion on the first and second viscosities of fluids, Proc. Roy. Soc. (L), **226-A**, pp. 1-69 (1954)

9) P. E. Doak : Vorticity generated by sound, Proc. Roy. Soc. (L), **226 A**, pp. 7-16 (1954)

10) 能本乙彦：液体の第二粘性，日本物理学会誌，**10**, pp. 213-214 (1955)

11) P. J. Westervelt : The theory of steady rotational flow generated by a sound field, J. Acoust. Soc. Am., **25**, pp. 60-68 (1953)

12) W. L. Nyborg : Acoustic streaming due to attenuated plane wave, J. Acoust. Soc. Am., **25**, pp. 68-75 (1953)

13) W. L. Nyborg : Acoustic Streaming, in Physical Acoustics, edited by W. P. Mason, Vol. 2, Pt. B, Chap. 11, Academic Press (1965), and W. L. Nyborg : Acoustic Sreaming, in Nonlinear Acoustics, edited by M. F. Hamilton and D. T. Blackstock, Chap. 7, Academic Press (1998)

14) L. K. Zarembo : Acoustic streaming, in High-intensity ultrasonic fields,

edited by L. D. Rozenberg, Plenum, Part III, pp. 137-199 (1971)
15) M. J. Lighthill: Acoustic streaming, J. Sound Vib., **61**, pp. 391-418 (1978)
16) V. H. Schlichting: Berechnung ebener periodischer Grenzschichtstromungen, Phys. Z. **33**, pp. 327-335 (1932)
17) M. Tatsuno: Secondary flow induced by a circular cylinder performing unharmonic oscillations, J. Phys. Soc. Jpan., 50, pp. 330-337 (1981)
18) T. Yano and Y. Inoue: Numerical study of strongly nonlinear acoustic waves, shock waves, and streaming caused by a harmonically pulsating sphere, Phys. Fluid, **6**, pp. 2831-2844 (1994)
19) H. Mitome: Acoustic streaming and nonlinear acoustics - Research activities in Japan," in Proc. of 13th International Symposium on Nonlinear Acoustics, edited by H. Hobæk, Singapore, pp. 43-54, World Scientific (1993)
20) S. Tjøtta and J. Naze Tjøtta: Acoustic streaming in ultrasound beams, in Proc. of 13th International Symposium on Nonliear Acoustics, edited by H. Hobæk, Singapore, pp. 601-606, World Scientific (1993)
21) H. C. Starritt, F. A. Duck and V. F. Humphrey: An experimental investigation of streaming in pulsed diagnostic ultrasound beams, Ultrasound Med. Biol., **15**, pp. 363-373 (1989)
22) H. C. Starritt, F. A. Duck and V. F. Humphrey: Forces acting in the direction of propagation in pulused ultrasound fields, Phys. Med. Biol., **36**, pp. 1465–1474 (1991)
23) F. A. Duck, S. A. MacGregor and D. Greenwell: Measurement of streaming velocities in medical ultrasonic beams using laser anemometry, in Proc. of 13th International Symposium on Nonlinear Acoustics, edited by H. Hobæk, pp. 607-612, World Scientific, Singapore (1993)
24) J. Wu and G. Du: Acoustic streaming generated by a focused Gaussian beam and finite amplitude tone-bursts, Ultrasound Med. Biol., **19**, pp. 167–176 (1993)
25) T. Kamakura, K. Matsuda, Y. Kumamoto and M. A. Breazeale: Acoustic streaming induced in focused Gaussian beams, J. Acoust. Soc. Am., **97**, pp. 2740-2746 (1995)
26) O. V. Rudenko, A. P. Sarvazyan and S. Y. Emelianov: Acoustic radiation force and streaming:induced by focused nonlinear ultrasound in a dissipa-

tive medium, J. Acoust. Soc. Am., **99**, pp. 2791-2798 (1996)
27) K. Matsuda, T. Kamakura and Y. Kumamoto: Buildup of acoustic streaming in focused beams, Ultrasonics, **34**, pp. 763-765 (1996)
28) A. Gopinath and A. F. Mills: Convective heat transfer due to acoustic streaming across the end of a Kundt tube, ASME J. Heat Trans., **116**, pp. 47-53 (1994)
29) 荒川雅裕, 川橋正昭: 管内気柱振動におけるストークス層内音響流流速分布の解析, 日本機械学会論文集 B, **61**, pp. 2514-2521 (1995)
30) G. W. Swift: Streaming in thermoacoustic engines and refrigerators, in Nonlinear Acoustics at the Turn of the Millennium, in Proc. 15th International Symposium on Nonlinear Acoustics, edited by W. Lauterborn and T. Kurz, AIP, pp. 105-114 (2000)
31) E. H. Trinh and J. L. Robey: Experimental study of streaming flows associated with ultrasonic levitators, Phys. Fluids, **6**, pp. 3567-3579 (1994)
32) A. L. Bernassau, P. Glynne-Jones, F. Gesellchen, M. Riehle, M. Hill and D. R. S. Cumming: Controlling scoustic streaming in an ultrasonic heptagonal tweezers with application to cell manipulation, Ultrasonics, **54**, pp. 268-274 (2014)
33) O. V. Rudenko and S. I. Soluyan: Theoretical Foundations of Nonlinear Acoustics, Plenum, Chap. 8 (1977)
34) T. Kamakura, T. Sudo, K. Matsuda and Y. Kumamoto: Time evolution of acoustic streaming from a planar ultrasound source, J. Acoust. Soc. Am., **100**, pp. 132-138 (1996)
35) この現象に関しては多くの報告がある。例えば, 22) や, Yu. G. Statnikov: Streaming induced by finite amplitude sound, Sov. Phys. Acoust. **13**, pp. 122-124 (1967) など
36) P. Hariharan, M. R. Myers, R. A. Robinson, S. Maruvada, J. Sliwa and R. K. Banerjee: Characterization of high intensity focused ultrasound transducers using acoustic streaming, J. Acoust. Soc. Am., **123**, pp. 1706-1719 (2008)
37) A. Nowicki, W. Secomski and J. Wójcik: Acoustic streaming: comparison of low-amplitude linear model with streaming velocities measured by 32-MHz Doppler, Ultrasound in Med.& Bio., **23**, pp. 783-791 (1997)
38) 松田和久, 鎌倉友男, 熊本芳朗: 集束ビームでの音響流の立ち上がり, 日本音響

学会誌, **51**, pp. 558-564 (1995)
39) P. J. Westervelt: Acoustic streaming near a small obstacle, J. Acoust. Soc. Am., **27**, p. 379 (1955)
40) J. Holtzmark, I. Johnsen, T. Sikkeland and S. Skavlem: Boundary layer flow near a cylindrical obstacle in an oscillating, incompressible fluid, J. Acoust. Soc. Am, **26**, pp. 26-39 (1954)
41) W. P. Raney, J. C. Corelli and P. J.. Westervelt: Acoustical streaming in the vicinity of a ;cylinder, J. Acoust. Soc. Am., **26**, pp. 1006-1014 (1958)
42) 例えば, A. Bertelsen, A. Svardal and S. Tjøtta: Nonlinear streaming effects associated with oscillating cylinders, J. Fluid Mech., **59**, pp. 493-511 (1973)
43) 矢野 猛: 共鳴管内での音響流, ながれ, **24**, pp. 371-380 (2005)
44) S. A.Elder: Cavitation microstreaming, J. Acoust. Soc. Am., **31**, pp. 54-64 (1959)
45) J. A. Rooney: Shear as a mechanism for sonically induced biological effects, J. Acoust. Soc. Am., **52**, pp. 1718-1724 (1972)
46) J. Wu and W. L. Nyborg: Ultrasound, cavitation bubbles and their interaction with cells, Adv. Drug Deliv. Rev., **60**, pp. 1103-1116 (2008)
47) 近藤 淳, 中山祐太郎: カバーガラス/マッチング層/圧電結晶構造表面における音響流, 電気学会論文誌 C, **131**, pp. 1186-1187 (2011)
48) S. Shiokawa, Y. Matsui and T. Moriizumi: Experimental study on liquid streaming by SAW, Jpn. J. Appl. Phys., **28**, Supplement 28-1, pp. 126-128 (1989)
49) S. Shiokawa, Y. Matsui and T. Ueda: Study on SAW streaming and its application to fluid devices, Jpn. J. Appl. Phys., **29**, Supplement 29-1, pp. 137-139 (1990)
50) H-Y. Huang, T. Kamakura and Y. Kumamoto: Acoustic streaming and temperature elevation in focused Gaussian beams, J. Acosut. Soc. Jpn. (E), **18**, pp. 247-252 (1997)
51) A. A. Karabutov, O. V. Rudenko and O. A. Sapozhnikov: Theory of thermal self-focusing with allowance for the generation of shock waves and acoustic streaming, Sov. Phys. Acoust., **34**, pp. 371-374 (1988)
52) J. Huang, G. Holt, R. O. Cleveland and R. A. Roy: Experimental validation of a tractable numerical model for focused ultrasound heating in flow-through tissue phantoms, J. Acoust. Soc. Am., **116**, pp. 2451-2458

(2004)
53) M. A. Solovchuk, T. Sheu, M. Thiriet and W-L. Lin : On a computational study for investigating acoustic streaming and heating during focused ultrasound ablation of liver tumor, Appl. Thermal Eng., **56**, pp. 62-76 (2013)
54) 木本日出夫：音響流による熱伝達の促進，日本音響学会誌，**45**, pp. 76-82 (1989)
55) 泉 祐正：直進流に関する数値解析および実験的研究，九州大学博士学位論文，総理工博甲第 0219 号（1996）
56) 太田淳一 井口将浩，大成将仁：超音波によって発生した固液混相媒質中の音響流（照射時間と粒子形状），日本機械学会論文誌 B, **78**, pp. 504-512 (2012)
57) Q. Qi and G. J. Brereton : Mechanisms of removal of micron-sized particles by high-frequency ultrasonic waves, IEEE Trans. UFFC, **42**, pp. 619-629 (1995)
58) T. G. Hertz, S. O. Dymling, K. Lindström and H. W. Persson : Viscosity measurement of an enclosed liquid using ultrasound, Re. Sci. Instrum., **62**, pp. 457-462 (1991)
59) N. Murochi, M. Sugimoto, Y. Matui and J. Kondoh : Deposition of thin film using a surface acoustic wave device, Jpn. J. Appl. Phys., **46**, 7B, pp. 4754-4759 (2007)
60) C. Suri, K. Takenaka, H. Yanagida, Y. Kojima and K. Koyama : Chaotic mixing generated by acoustic streaming, Ultrasonics, **40**, pp. 393-396 (2002)
61) M. Maezawa, H. Nomura and T. Kamakura : Liquid mixing using streaming in frequency-modulated ultrasound beams radiated from SAW devices, Proc. of 20th ICA, in Sydney (2010)
62) G. G. Yaralioglu, I. O. Wygant, T. C. Marentis and B. T. Khuri-Yakub : Utrasonic mixing in microfluidic channels using integrated transducers, Anl. Chem., **76**, pp. 3694-3698 (2004)
63) T. Frommelt, M. Kostur, M. Wenzel-Schäfer, P. Talkner, P. Hänggi and A. Wixforth : Microfluidic mixing via acoustically driven chaotic advecion, Phys. Rev. Lett., **100**, pp. 034502-1-4 (2008)
64) W. K. Tseng, J. L. Lin, W. C. Sung, S. H. Chen and G. B. Lee : Active micro-mixers using surface acoustic waves on Y-cut $128°$ $LiNbO_3$, J.Micromech. Microeng., **16**, pp. 539-548 (2006)
65) N-T. Nguyen and Z. Wu : Micromixers - a review, J. Micromech. Microeng., bf 15, pp. R1-R16 (2005)

66) J. Friend and L. Y. Yeo: Microscale acoustofluidics: Microfluidics driven via acoustics and ultrasonics, Rev. Mod. Phys. **83**, pp. 647-704 (2011)
67) K. R. Nightingale, P. J. Kornguth and G. E. Trahey: The use of acoustic streaming in breast lesion diagnosis: a clinical study, Ultrasound in Med. & Biol., **25**, pp. 75-87 (1999)
68) M. S. Soo S. V. Ghate, J. A. Baker, E. L. Rosen, R. Walsh, B. N. Warwick, A. R. Ramachandran and K. R. Nightingale: Streaming detection for evaluation of indeterminate sonographic breast masses: a pilot study, Am. J. Roentgenol., **186**, pp. 1335-1341 (2006)
69) L. Clarke, A. Edwards and K. Pollard: Acoustic streaming in ovarian cysts, J. Ultrasound & Med., **24**, pp. 617-621 (2005)
70) C. V. Holsbeke, C. Meuleman and D. Timmerman: Acoustic streaming in two endometriomas: the exception to the rule?, Ultrasound Obstet. Gynecol., **27**, pp. 89-90 (2006)
71) G. Zauhar, F. A. Duck and H. C. Starritt: Comparison of the acoustic streaming in amniotic fluid and water in medical ultrasonic beams, Ultraschall Med., **27**, pp. 152-158 (2006)
72) G. W. Swift: Thermoacoustic engines, J. Acoust. Soc. Am., **84**, pp. 1145-1180 (1988)

7 力学系としての非線形音響

力学系 (dynamical system) とは，一定の規則に従って時間とともに状態が変化する系（システム）のことで，微分方程式や差分方程式などで記述される[1),2)]。一般に，力学系の問題はポテンシャルのなかで運動する粒子を扱う。一方，幾何音響では音線の運動が扱われる。この音線は音の粒子的運動であるから，これを力学系の枠組みでとらえ直せば，力学系の諸概念や手法が幾何音響に取り込める。そうすれば，さまざまな音現象に対して新たな知見やアイデアが得られるだろう。本章では，このような考えと期待のもとに，まず音線をハミルトン (Hamilton) 形式で表し，海洋音響への簡単な適用を説明する。つぎに，閉空間や閉領域内部での音線軌道を扱うために，ビリヤード問題の手法に閉じ込めポテンシャルを導入する方法を説明する。その後，室内音響への応用について述べる。

7.1 ハミルトン形式による音線方程式

ハミルトン形式は解析力学で学ぶように，ニュートン力学を取り扱いやすくするために次のような視点で構築されたものである。一般に，ニュートンの運動方程式は座標系のとり方によって形が変わるので，問題ごとに取扱いが面倒である。そのため，どのような座標系をとっても，運動方程式が同じ構造であるように，力学の法則が再構築されれば都合がよい。

そこで，どのような座標系で表しても同じ構造をしているような運動方程式として，ラグランジュの運動方程式が導入された。このラグランジュの運動方

程式をもとにして,さらに見通しよく表現したものがハミルトン形式である.

波動現象がハミルトン形式で記述できるのは,波動の粒子的な振る舞いを扱うときである.それは,対象とする波の周波数が非常に高い場合にあたる.このとき,波の重要な特徴である波動性は消え,粒子性だけが現れ,音波は音線として扱われる.このような高周波領域は,ちょうど,光学における幾何光学的な極限に相当し,光波は光線として取り扱われる.音響における音波を音線として扱う理論が**幾何音響理論**(geometrical acoustics)である.

7.1.1 幾何音響理論

音の周波数が非常に高くて波長が短くなる場合,波動を音線で表す考え方が幾何音響である.よく知られているように,光も音も同じ形の波動方程式で記述されるから,幾何光学で得られる帰結はすべて幾何音響にも引き継がれる.

実際の建物や部屋に幾何音響を適用する場合には,対象とする部屋と壁面の大きさが音の波長に比べて十分に大きいことが条件になる.例えば中音域(1 000 Hz)の波長(34 cm)に比べて,壁や天井の寸法や音の伝搬距離は十分に大きいので,室内音響ではこの条件が満たされている.そのとき,音線の動きは音線法によって解析される.この音線法は,音線が直線的に伝搬し,光線と同じような反射法則を満たすので,鏡映法の別表現であるともいえるだろう[3]。

ところが,音線を粒子の軌跡とみなして,解析力学のハミルトン形式で表現すると,音速を力学系のポテンシャルと関連付けることができる.そのおかげで,単なる鏡映法では取り扱えないような,複雑で,より現実的な現象にも音線法を適用できるようになる.そこで,まず本節では,幾何音響の基礎となるアイコナール方程式と,これに対応するハミルトニアンの導出について述べる.

7.1.2 波動方程式とアイコナール方程式

音波の速度ポテンシャル u は,振幅 A と位相 ϕ を用いて

$$u = A\exp(j\phi) \tag{7.1}$$

のように表せる[4), 5)]。この位相 ϕ を**アイコナール**（eikonal）という。アイコナールの語源は，ギリシャ語のアイコンで，"像"や"類似物"の意味をもっている。

〔1〕 波 動 方 程 式

式 (7.1) の速度ポテンシャル u は波動方程式

$$\left(\triangle - \frac{1}{c^2}\frac{\partial^2}{\partial t^2}\right)u = 0 \tag{7.2}$$

に従って，音速 c で伝搬する。ここで，ラプラシアン $\triangle$ はナブラ ∇ を使って

$$\triangle = \nabla^2 = \nabla \cdot \nabla \tag{7.3}$$

で定義される。例えば，3次元直交座標系 (x,y,z) の場合

$$\triangle = \frac{\partial^2}{\partial x^2} + \frac{\partial^2}{\partial y^2} + \frac{\partial^2}{\partial x^2} \tag{7.4}$$

である。式 (7.1) を式 (7.2) に代入すると

$$\left[\left\{\triangle A + \frac{A}{c^2}\left(\frac{\partial \phi}{\partial t}\right)^2 - A(\nabla \phi)^2\right\} + j(2\nabla A \cdot \nabla \phi + A\triangle \phi)\right]e^{j\phi} = 0 \tag{7.5}$$

のようになる†。

A と ϕ は実関数であるから，この式 (7.5) が恒等的に成り立つのは実部と虚部がそれぞれ 0 になるときである。したがって，波動方程式 (7.2) は

$$(\nabla \phi)^2 = \frac{1}{c^2}\left(\frac{\partial \phi}{\partial t}\right)^2 + \frac{\triangle A}{A}, \quad \text{アイコナール方程式} \tag{7.6}$$

---

† 厳密には，$j\left(2\nabla A \cdot \nabla \phi + A\triangle \phi - \frac{A}{c^2}\frac{\partial^2 \phi}{\partial t^2} - \frac{2}{c^2}\frac{\partial \phi}{\partial t}\frac{\partial A}{\partial t}\right)e^{j\phi} + \left\{\triangle A + \frac{A}{c^2}\left(\frac{\partial \phi}{\partial t}\right)^2 - A(\nabla \phi)^2 - \frac{1}{c^2}\frac{\partial^2 A}{\partial t^2}\right\}e^{j\phi} = 0$ となる。しかし，本章では幾何音響の枠組みで議論を行うので，$\frac{\partial^2 \phi}{\partial t^2} = 0$ と $\frac{\partial A}{\partial t} = 0$ という条件を前提にする。そのため，式 (7.5) が議論の出発点になる。

$$2\nabla A \cdot \nabla \phi + A \triangle \phi = \frac{1}{A}\nabla \cdot \left(A^2 \nabla \phi\right) = 0, \quad 輸送方程式 \tag{7.7}$$

の二つの方程式に書き換えられる[6]。これらは式 (7.2) と等価な式である。

〔**2**〕 平面波近似とアイコナール

いま，角振動数 ω，波数ベクトル $\boldsymbol{k}$ で進行している平面波を考えると，式 (7.1) のアイコナール ϕ は

$$\phi(t, \boldsymbol{r}) = \omega t - \boldsymbol{k} \cdot \boldsymbol{r} + \phi_0 \tag{7.8}$$

で与えられる。ここで，ϕ_0 は初期位相である。

平面波の場合，振幅 A と波数ベクトル $\boldsymbol{k}$ はともに定数（つまり，$\nabla A = 0$ と $\nabla \cdot \boldsymbol{k} = 0$）である。そのため

$$\triangle A = \nabla \cdot \nabla A = \nabla \cdot \boldsymbol{0} = 0 \tag{7.9}$$

$$\triangle \phi = \nabla \cdot \nabla \phi = -\nabla \cdot \boldsymbol{k} = 0 \tag{7.10}$$

が成り立つので，式 (7.7) の輸送方程式は消える。そして，式 (7.6) のアイコナール方程式は $\partial \phi / \partial t = \omega$ と $\nabla \phi = -\boldsymbol{k}$ を使って

$$k^2 = \frac{\omega^2}{c^2} \tag{7.11}$$

となる。この式 (7.11) は**分散式**（dispersion relation）である。

一般の波動の場合は，平面波のように直線的ではなく，曲がったりひずんだりする。しかし，幾何音響が適用できるような波動では，振幅 A は座標や時間とともに緩やかに変化する関数と考えて，平面波に近い波形であると仮定する。つまり，アイコナール ϕ も緩やかに変化すると考え，ϕ を微小な時間と空間の領域内で

$$\phi(t, \boldsymbol{r}) = \phi(0, \boldsymbol{0}) + \boldsymbol{r} \cdot \nabla \phi \bigg|_{\substack{t=0 \\ r=0}} + t \frac{\partial \phi}{\partial t} \bigg|_{\substack{t=0 \\ r=0}} \tag{7.12}$$

のように，テイラー展開の 1 次までの項で近似できるものとする。これを**線形近似**（linear approximation）という。式 (7.12) を平面波の式 (7.8) と比較すれば，$\nabla \phi$ は波数ベクトル $-\boldsymbol{k}$ にあたる。

そこで，式 (7.1) を平面波に近い形に保つために，アイコナールを平面波と同じ形にとって，波数ベクトル $\boldsymbol{K}$ と角振動数 ω を

$$\boldsymbol{K} = -\nabla \phi, \quad \omega = \frac{\partial \phi}{\partial t} \tag{7.13}$$

のように定義する。これらを用いると，式 (7.6), (7.7) はこの平面波近似により

$$K^2 = \frac{\omega^2}{c^2} + \frac{\triangle A}{A}, \quad \text{平面波近似でのアイコナール方程式} \tag{7.14}$$

$$\nabla \cdot (A^2 \boldsymbol{K}) = 0, \quad \text{平面波近似での輸送方程式} \tag{7.15}$$

となる[5]。

〔3〕 音 線 軌 道

幾何音響で基本的な役割を担う音線は，式 (7.13) の波数ベクトル $\boldsymbol{K}$ の積分曲線で与えられる。図 **7.1** に示すように，音線の経路長を s とすると，音線方向の単位ベクトル $\boldsymbol{n}$ は

$$\frac{d\boldsymbol{r}}{ds} = \boldsymbol{n} \tag{7.16}$$

である。この単位ベクトル $\boldsymbol{n}$ は音線の接ベクトルでもある。微小経路 ds を時間 dt で割った量が音速 $c = ds/dt$ であるから，式 (7.16) は $ds = cdt$ を使って

$$\frac{d\boldsymbol{r}}{dt} = \dot{\boldsymbol{r}} = c\boldsymbol{n} \tag{7.17}$$

のように表される。

一方，波数ベクトル $\boldsymbol{K}$ は，この単位ベクトル $\boldsymbol{n}$ を使って

$$\boldsymbol{K} = K\boldsymbol{n} \tag{7.18}$$

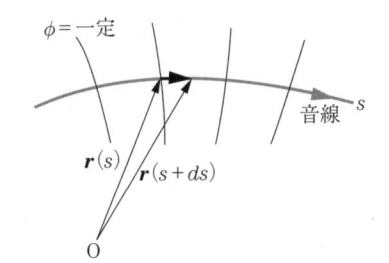

図 **7.1** アイコナール $\phi =$ 一定の面の運動と音線

のように表される。図 **7.2** に示すように，K は波面に垂直だから，$dK = K(s+ds) - K(s) = ds\nabla K$ より†，次のような音線軌道の式

$$\frac{dK}{dt} = c\nabla K, \quad \text{平面波近似での音線軌道の式} \tag{7.19}$$

を得る。式 (7.19) は，平面波近似における音線軌道を決める方程式であるが，式 (7.14) からわかるように，K を通して A にも依存する式である。つまり，アイコナール方程式と輸送方程式がカップルしている。このカップリングを解き，二つの方程式を解析的に扱うためには，さらなる近似が必要である。

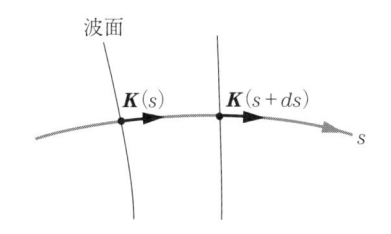

図 **7.2** 波数ベクトル K と波面との関係

〔4〕 アイコナール方程式

式 (7.14)，(7.15) の K と A を分離させるために，式 (7.14) に対して

$$\frac{\triangle A}{A} \ll \frac{\omega^2}{c^2}, \quad \text{アイコナール近似} \tag{7.20}$$

という条件を課す。これを**アイコナール近似**（eikonal approximation）という。この結果，式 (7.14) は K だけの式

---

† $K(s) = K(r(s))$ と $K(s+ds) = K(r(s+ds))$ にテイラー展開とベクトル公式の両方を用いる。$dK = K(r(s+ds)) - K(r(s)) = K\left(r(s) + \frac{dr}{ds}ds\right) - K(r(s)) = \frac{dr}{ds}ds \cdot \frac{\partial K}{\partial r} = \left(\frac{dr}{ds} \cdot \nabla\right)Kds$ の最右辺を式 (7.16) と式 (7.18) を使って書き換えて，両辺を $ds = cdt$ で割ると $\frac{dK}{dt} = c(n \cdot \nabla)K = c\left(\frac{K}{K} \cdot \nabla\right)K = \frac{c}{K}(K \cdot \nabla)K$ となる。ここで，最右辺にベクトル関係式 $(K \cdot \nabla)K = K\nabla K$ を使えば，式 (7.19) を得る。ただし，このベクトル関係式は $K^2 = K \cdot K$ の勾配計算から次のように求まる。左辺の勾配は $\nabla K^2 = 2K\nabla K$ である。一方，右辺の勾配はベクトル公式により $\nabla(K \cdot K) = 2(K \cdot \nabla)K + 2K \times (\nabla \times K)$ である。しかし，この 2 項目は $\nabla \times K = \nabla \times (\nabla\phi) = 0$ のために消えるので，ベクトル関係式が導かれる。

7.1 ハミルトン形式による音線方程式

$$K^2 = \frac{\omega^2}{c^2}, \quad \text{分散式} \tag{7.21}$$

になる。この分散式 (7.21) を式 (7.13) で書き換えた式

$$(\nabla \phi)^2 = \frac{1}{c^2}\left(\frac{\partial \phi}{\partial t}\right)^2, \quad \text{アイコナール近似でのアイコナール方程式} \tag{7.22}$$

が幾何音響の基礎方程式になる**アイコナール方程式**(eikonal equation)である。

いま興味のある音線軌道は，静止している非均質な媒質中を伝わる定常的な場合 ($\omega = $ 一定) である[4]。この場合，音速 c は座標の関数になる。式 (7.21) から $K = \pm \omega/c$ であるが，そのうち $K = \omega/c$ を選んで $\boldsymbol{K} = K\boldsymbol{n} = (\omega/c)\boldsymbol{n}$ とおいて，$\boldsymbol{K}$ の時間微分を計算すると[†]

$$\frac{d\boldsymbol{K}}{dt} = \frac{\omega}{c}\frac{d\boldsymbol{n}}{dt} - \frac{\omega}{c}\boldsymbol{n}\left(\boldsymbol{n}\cdot\nabla c\right) \tag{7.23}$$

となる。一方，∇K を計算すると

$$\nabla K = \frac{\partial}{\partial \boldsymbol{r}}\left(\frac{\omega}{c}\right) = \frac{\partial c}{\partial \boldsymbol{r}}\left(\frac{d}{dc}\frac{\omega}{c}\right) = \left(\frac{d}{dc}\frac{\omega}{c}\right)\nabla c = -\frac{\omega}{c^2}\nabla c \tag{7.24}$$

である。したがって，音線軌道の式 (7.19) は，式 (7.23)，(7.24) を使って

$$\frac{d\boldsymbol{n}}{dt} = -\nabla c + \boldsymbol{n}\left(\boldsymbol{n}\cdot\nabla c\right), \quad \text{アイコナール近似での音線軌道の式} \tag{7.25}$$

という形に変わる。これがアイコナール近似での音線軌道の式である。

7.1.3 ハミルトニアン

音線軌道の式 (7.25) は二つの式 (7.17)，(7.19) から導かれたが，見方を変えれば，二つの式のほうがより基本的な ($\boldsymbol{r}$ と $\boldsymbol{K}$ を独立変数とみなした) 方程式である，と考えることができる。そこで，まず $\boldsymbol{n} = \partial K/\partial \boldsymbol{K}$ という関係を使うと，式 (7.17) は

[†] $\dfrac{d\boldsymbol{K}}{dt} = \dfrac{\omega}{c}\dfrac{d\boldsymbol{n}}{dt} + \left(\dfrac{d}{dt}\dfrac{\omega}{c}\right)\boldsymbol{n} = \dfrac{\omega}{c}\dot{\boldsymbol{n}} + \dot{\boldsymbol{r}}\cdot\left(\dfrac{\partial}{\partial \boldsymbol{r}}\dfrac{\omega}{c}\right)\boldsymbol{n} = \dfrac{\omega}{c}\dot{\boldsymbol{n}} + \dot{\boldsymbol{r}}\cdot\left(\dfrac{\partial c}{\partial \boldsymbol{r}}\right)\left(\dfrac{d}{dc}\dfrac{\omega}{c}\right)\boldsymbol{n}$
の最右辺の $\dot{\boldsymbol{r}}$ を式 (7.17) で書き換えると式 (7.23) を得る。

$$\frac{d\boldsymbol{r}}{dt} = c\frac{\partial K}{\partial \boldsymbol{K}} = \frac{\partial (c K)}{\partial \boldsymbol{K}} = \frac{\partial \omega}{\partial \boldsymbol{K}} \tag{7.26}$$

に変わる。この変形において，c は $\boldsymbol{r}$ の関数 $c(\boldsymbol{r})$ だから $\partial c/\partial \boldsymbol{K} = 0$ であることを使った。一方，式 (7.19) は ∇K を式 (7.24) で書き換えてから変形すると

$$\frac{d\boldsymbol{K}}{dt} = -\frac{\omega}{c}\nabla c = -K\frac{\partial c}{\partial \boldsymbol{r}} = -\frac{\partial (Kc)}{\partial \boldsymbol{r}} = -\frac{\partial \omega}{\partial \boldsymbol{r}} \tag{7.27}$$

となる。ただし，K と $\boldsymbol{r}$ は独立な変数であるから，$\partial K/\partial \boldsymbol{r} = 0$ であることを使った。したがって，二つの式 (7.17)，(7.19) は

$$\frac{d\boldsymbol{r}}{dt} = \frac{\partial \omega}{\partial \boldsymbol{K}}, \quad \frac{d\boldsymbol{K}}{dt} = -\frac{\partial \omega}{\partial \boldsymbol{r}} \tag{7.28}$$

となる。換言すれば，式 (7.28) から音線軌道の式 (7.25) が導かれる。音線に沿う振動数 ω に対して，時間に関する全微分をとると†

$$\frac{d\omega}{dt} = 0 \tag{7.29}$$

で，ω は一定になる。つまり，音波が非均質な媒質中を定常的に伝わる場合，ω は保存量である。そして，この ω を用いた方程式の組み (7.28) が，解析力学のハミルトンの正準方程式と同じ形〔つまり式 (7.31)〕になる[5), 7), 8)]。

解析力学では，ハミルトニアン H は系のエネルギー E を表すので，位置座標 $\boldsymbol{q}$ と運動量 $\boldsymbol{p}$ を変数にもつ系のハミルトニアンは

$$H = H(\boldsymbol{q}, \boldsymbol{p}) = E \tag{7.30}$$

という条件をもっている。そして，このハミルトニアンによって系の時間発展を記述する運動方程式は

$$\frac{d\boldsymbol{q}}{dt} = \frac{\partial H}{\partial \boldsymbol{p}}, \quad \frac{d\boldsymbol{p}}{dt} = -\frac{\partial H}{\partial \boldsymbol{q}} \tag{7.31}$$

のように与えられる。この方程式を**ハミルトンの正準方程式**（Hamilton's canonical equation）という。いま，音線軌道の式 (7.25) に導く式 (7.28) を正準方程式とみなせば，ハミルトニアンは

---

† $\frac{d\omega}{dt} = \frac{\partial \omega}{\partial t} + \frac{d\boldsymbol{r}}{dt}\cdot\frac{\partial \omega}{\partial \boldsymbol{r}} + \frac{d\boldsymbol{K}}{dt}\cdot\frac{\partial \omega}{\partial \boldsymbol{K}}$ に対して，右辺の 2 項目と 3 項目は式 (7.28) から消える。さらに，定常状態は $\partial \omega/\partial t = 0$ を意味するから，式 (7.29) となる。

7.1 ハミルトン形式による音線方程式　　239

$$H = \omega(\boldsymbol{r}, \boldsymbol{K}) = c|\boldsymbol{K}| = cK = E \tag{7.32}$$

である。式 (7.32) を E で割り，$p = K/E$ とすれば，式 (7.32) は

$$\tilde{H} = cp = 1 \tag{7.33}$$

となる（$\tilde{H} = H/E$）。このような変数のスケーリングによって，式 (7.28) は

$$\frac{d\boldsymbol{r}}{dt} = \frac{\partial \tilde{H}}{\partial \boldsymbol{p}}, \quad \frac{d\boldsymbol{p}}{dt} = -\frac{\partial \tilde{H}}{\partial \boldsymbol{r}} \tag{7.34}$$

のように表せる。ここで，$\boldsymbol{p} = \boldsymbol{K}/E$ である。式 (7.33) のハミルトニアン $\tilde{H}$ は，音線軌道の方程式 (7.25) を導くものであるが，解析力学でふつうに出合うハミルトニアンの形〔つまり式 (7.35)〕と異なることに注意してほしい[9]。

一般に，N 自由度の力学系に対するハミルトニアンは，運動エネルギー T とポテンシャルエネルギー V の和により

$$H = T + V = \frac{p_1^2 + \cdots + p_N^2}{2} + V(q_1, \cdots, q_N) \tag{7.35}$$

のように表される。そして，変数 $\boldsymbol{p}$ と $\boldsymbol{q}$ がハミルトンの正準方程式 (7.31) を満たしている。式 (7.35) のように，運動エネルギーとポテンシャルエネルギーの和で書かれたハミルトニアンを**スタンダードハミルトニアン**（standard Hamiltonian）という[10]。本章では，式 (7.33) のように，運動エネルギーとポテンシャルエネルギーに分離できないハミルトニアンと分離できる式 (7.35) とを区別するために，この呼称を用いることにする。

7.1.4　音線のスタンダードハミルトニアン

音線の運動を力学系の粒子の運動と同じように取り扱うには，当然，音線のハミルトニアンもスタンダードハミルトニアンの形であることが望ましい。そこで，式 (7.33) を式 (7.35) の形に書き換えてみる。

変数を $\boldsymbol{r} = (z, r)$ と $\boldsymbol{p} = (p_z, p_r)$ として，式 (7.34) に式 (7.33) の $\tilde{H}$ を代入すると，(z, p_z) に関する式は

$$\frac{dz}{dt} = \frac{\partial (cp)}{\partial p_z} = c\frac{\partial p}{\partial p_z} = c\frac{\partial \sqrt{p_z^2 + p_r^2}}{\partial p_z} = \frac{cp_z}{p} = c^2 p_z \tag{7.36}$$

$$\frac{dp_z}{dt} = -\frac{\partial(cp)}{\partial z} = -p\frac{\partial c}{\partial z} = -\frac{1}{c}\frac{\partial c}{\partial z} \tag{7.37}$$

となる。式 (7.36), (7.37) の両辺を c^2 で割り，時間変数を t から $\tau = c^2 t$ に変えれば

$$\frac{dz}{d\tau} = p_z = \frac{\partial}{\partial p_z}\left(\frac{p_z^2}{2}\right) \tag{7.38}$$

$$\frac{dp_z}{d\tau} = -\frac{1}{c^3}\frac{\partial c}{\partial z} = -\frac{\partial}{\partial z}\left(\frac{-1}{2c^2}\right) \tag{7.39}$$

となる。同様の計算を (r, p_r) に対して行うと

$$\frac{dr}{d\tau} = p_r = \frac{\partial}{\partial p_r}\left(\frac{p_r^2}{2}\right) \tag{7.40}$$

$$\frac{dp_r}{d\tau} = -\frac{\partial}{\partial r}\left(\frac{-1}{2c^2}\right) \tag{7.41}$$

となる。これらを式 (7.35) と比較すると，運動エネルギーが $T = p_z^2/2 + p_r^2/2$ で，ポテンシャルエネルギーが $V = -1/(2c^2)$ であることがわかる。したがって，式 (7.33) のハミルトニアン $\tilde{H}$ は

$$H = T + V = \frac{p_z^2 + p_r^2}{2} + \frac{-1}{2c^2}, \quad \text{スタンダードハミルトニアン} \tag{7.42}$$

となり，式 (7.38)〜(7.41) は

$$\frac{d\boldsymbol{r}}{d\tau} = \frac{\partial H}{\partial \boldsymbol{p}}, \quad \frac{d\boldsymbol{p}}{d\tau} = -\frac{\partial H}{\partial \boldsymbol{r}} \tag{7.43}$$

のようなハミルトンの正準方程式で表される。式 (7.33) の $\tilde{H}$ が $cp = 1$ であるから，式 (7.42) の H の右辺は 0 になるので ($p_z^2 + p_r^2 = p^2$ であるから)

$$H = 0 \tag{7.44}$$

という条件が付く。

ここまで，波動方程式 (7.2) の平面波解を出発点にして，アイコナール方程式 (7.22) と音線軌道の方程式 (7.25) を導き，それらがスタンダードハミルト

ニアン (7.42) で定式化できることを説明してきた†。ハミルトニアンで記述される音線の振る舞いは，音の粒子的な側面であり，短波長の極限でモデル化された波動である。このため，幾何音響はハミルトン形式で正しく記述されるのである[5]。ところで，音線軌道に対するハミルトニアンの形には，任意性があることに注意してほしい[10]。実際，式 (7.33) あるいは式 (7.44) という条件を満たすものは，ほかにもたくさん考えることができる。例えば，$H = p - 1/c$ や $H = \ln(cp)$ でも $H = 0$ を満たす。そのため，式 (7.38)〜(7.41) の変形からスタンダードハミルトニアンの形に書き換えて導かれた式 (7.42) も，数学的には，ほかのものと等価である。しかし，7.6 節で示すように，式 (7.42) で記述されたハミルトニアンが，より一般的な物理的観点（リーマン幾何学的な観点）と合致するものであることを強調しておきたい。

7.1.5 力学系とカオス

力学系は，はじめに述べたように，ある物体の運動や状態の変化が一定の規則に従って特定の方程式で記述される系のことである。そして，微分方程式で表される力学系を**連続力学系**（continuous dynamical system），差分方程式で表される力学系を**離散力学系**（discrete dynamical system）という。このような力学系は初期値が与えられれば必然的に未来の値も決まるので，**決定論的な力学系**（deterministic dynamical system）とも呼ばれている。

決定論的な力学系のダイナミックスは，カオスという現象の発見を契機に，さまざまな観点から盛んに研究されている。**カオス**（chaos）とは，決定論的な方

---

† 科学史的な流れでいえば，ハミルトンが物質粒子の運動に対するハミルトン-ヤコビ方程式とアイコナール方程式 (7.22) との同等性を示した。粒子の運動量 p とハミルトニアン H はハミルトン-ヤコビ方程式の主関数（作用）S の q 微分と t 微分によって $p = \dfrac{\partial S}{\partial q}$, $H = -\dfrac{\partial S}{\partial t}$ のように与えられる〔これを**ハミルトン-ヤコビ方程式**（Hamilton-Jacobi equation）と呼ぶ〕。この作用 S とアイコナール ϕ が対応するから，ハミルトン-ヤコビ方程式が式 (7.13) に対応する。また，よく知られているように，ハミルトン-ヤコビの方程式とハミルトンの正準方程式 (7.31) は同等である。ただし，幾何音響におけるハミルトンの正準方程式 (7.28) の導入は，$(H, q, p) \leftrightarrow (\omega, r, K)$ の対応関係を使って天下り的になされる場合が多い[4],[5]。

程式の解であるにもかかわらず，ランダムにみえる複雑な振る舞いを示す現象で，これは方程式の**非線形性**（nonlinearity）に由来する現象である。

ところで，解の振る舞い，つまり，系の時間発展を議論するときには，座標と速度（厳密には運動量）によって**相空間**（phase space）を定義するのが便利である。系の時間発展はその空間内の1本の**軌跡**（trajectory）で表される。その軌跡の全体が**相図**（phase portrait）をつくる。

ここで，大切な概念が**自由度**（degree of freedom）である[1), 11)]。力学系を議論するときには，"位置"と"速度"をそれぞれ独立の自由度と数えるのが便利である。例えば，N 個の粒子が3次元空間を自由に運動していれば，自由度は $6N$ であるという（位置の自由度 $3N$ と速度の自由度 $3N$ との和）。この自由度が便利なのは，力学系の方程式を解くときに必要な初期条件の数と一致するからである。単振り子の例でみれば，初期の位置（おもりの振れ角 θ）と速度（$\dot{\theta}$）が勝手に選べるから相空間は2次元で，自由度2の力学系である。カオスが発生するには，位相空間内の軌道が複雑な動きをしなければならない。直観的にも推察できるように，位相空間が2次元では無理である（軌道の交差は解の一意性に反する）。そのため，3次元以上の空間が必要になる。つまり，連続力学系でカオスが発生するためには，系の自由度が3以上でなければならない[11)]。

カオスを理解するために，**ヘノン-ハイレスモデル**（Hénon-Heiles model）という少数自由度の力学系を簡単に紹介しよう[12)]。このモデルは，Hénon と Heiles が銀河系の恒星運動の安定性を論じるために提唱したもので，保存系カオスの研究において中心的な役割を果たしたものである。ヘノン-ハイレスモデルのポテンシャルエネルギー $V(x, y)$ は

$$V(x, y) = \frac{1}{2}x^2 + \frac{1}{2}y^2 + x^2 y - \frac{1}{3}y^3 \tag{7.45}$$

である。このポテンシャル (7.45) のなかで運動する粒子の軌道は数値実験と理論の双方から詳しく調べられ，系のエネルギー E が小さい場合にはレギュラーな軌道〔図 **7.3**(a)〕で，E がある値（閾値）を超えるとカオス軌道〔図 7.3(b)〕になることが知られている。

7.1 ハミルトン形式による音線方程式

(a) レギュラーな軌道 (b) カオス軌道

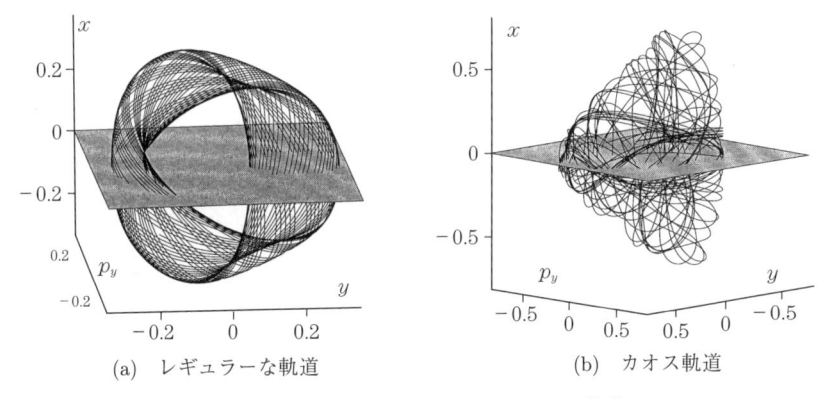

図 **7.3** ヘノン-ハイレスモデル (7.45) の軌道

[1] ポアンカレ断面

軌道がレギュラー（regular）であるか，カオティック（chaotic）であるかを視覚的（定性的）に判定する方法の一つに，**ポアンカレ断面**（Poincaré surface of section）を使う方法がある．これは，図 **7.4** のように，粒子が動き回る位相空間内に仮想的な平面 S を張り，粒子軌道がその平面を上から下に貫通するたびに $P_0, P_1, P_2, \cdots$ と点を打つ方法である．

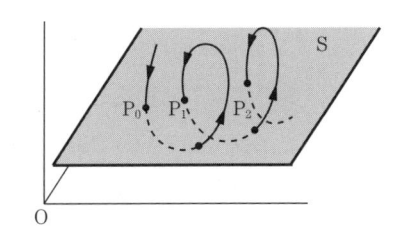

図 **7.4** ポアンカレ断面の説明

例えば，3次元位相空間を動く軌道の場合，軌道が1周期運動であれば，平面上の貫通点は一つであり，n 周期運動であれば，周期性をもった n 個の貫通点になる．もし，軌道が準周期的運動ならば，平面には点が密に繋がった滑らかな閉曲線が現れる．この閉曲線を**KAM曲線**（KAMトーラス）という．

一方，軌道がカオティックであれば，平面には散乱した点の集まりが現れる．これを**カオスの海**（chaotic sea）という．このように，位相空間に仮想的な平面を設け，その平面上で解の特徴をとらえることができる．ポアンカレ断面は

高次元の微分方程式系の解を視覚化する手法で，特に，軌道が乱雑な振る舞いをしている場合，それが単なるノイズか決定論的な力学系によるカオスかを判定するときに有力な手法である[1),19)]。

ヘノン-ハイレスモデルの軌道（図 7.3）に描かれた平面が，ポアンカレ断面の一例である。図 7.3(a) の場合のポアンカレ断面は**図 7.5**(a) のような点の集まりである。点が滑らかな曲線（KAM トーラス）をつくっていることがわかるが，これは軌道が規則的な動きをしていることを反映している。

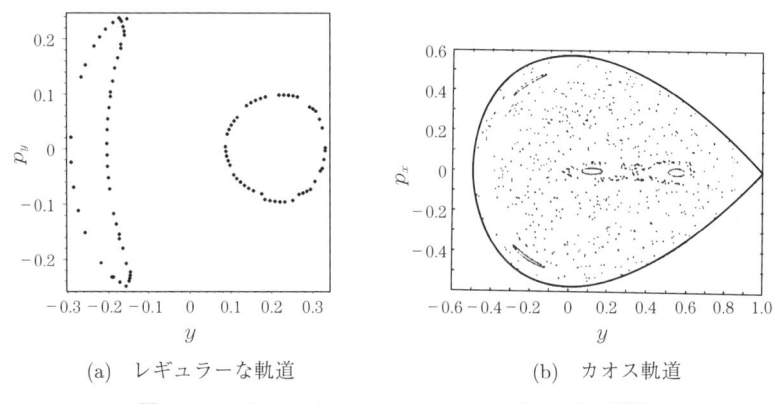

(a) レギュラーな軌道

(b) カオス軌道

図 7.5 ヘノン-ハイレスモデル (7.45) のポアンカレ断面

一方，図 7.3(b) のカオス軌道の場合，ポアンカレ断面は図 7.5(b) のようにランダムな点を打つだけである。そのため，ポアンカレ断面をみることによって，直観的に軌道の性質を知ることができる。しかし，7.4 節で説明するように，ランダムなポアンカレ断面が常にカオスを意味するとは限らないことに注意する必要がある。そのために，カオスを定量的に判定する指標が必要になる。その代表的なものが，次に述べるリアプノフ指数という量である。

〔2〕 リアプノフ指数

リアプノフ指数（Lyapunov exponent）とは，はじめに近接していた軌道間の距離が，時間の経過とともに平均的にどのように増大していくかを表す量である。

図 **7.6** のように，二つの軌道の初期 ($t=0$) の距離を d_0 として，ある時刻 t における距離を

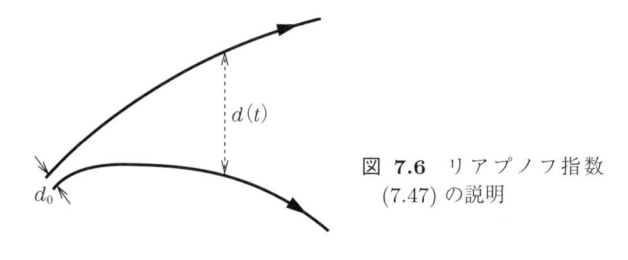

図 7.6 リアプノフ指数 (7.47) の説明

$$d(t) = d_0 \, e^{\lambda t} \tag{7.46}$$

とするとき，リアプノフ指数は

$$\lambda = \lim_{\substack{t \to \infty \\ d_0 \to 0}} \frac{1}{t} \ln \left[\frac{d(t)}{d(0)} \right], \quad \text{リアプノフ指数} \tag{7.47}$$

で定義される。

　一般に，リアプノフ指数は系の自由度と同じ個数あり，それらをリアプノフ指数のスペクトルという。そして，そのうちの最大の値を**最大リアプノフ指数**（maximal Lyapunov exponent）と呼ぶ。最大リアプノフ指数が正の場合，軌道は指数関数的に離れていくことになるので，系はカオス状態である。このときの軌道を**カオス軌道**（chaotic trajectory）という。そして，軌道の振る舞いは予測不能になる。

　一方，最大リアプノフ指数が 0 か負の場合は，初期の誤差 d_0 が拡大することはないので，系はレギュラーな状態である。このときの軌道を**レギュラーな軌道**（regular trajectory）という。そして，軌道の動きは予測可能になる。

7.2　海洋音響とスタンダードハミルトニアンの適用

　海洋中では音速が一定ではなく，深さに応じて変化している。そのため，ある深さで音を発すると音速の勾配によってその深さの近辺を上下しながら，導波管内を伝搬する波のように，長距離にわたって伝搬することが知られている。また，媒質の不均一性から伝搬方向にも依存した摂動が音速に加わると，音線はカオス的な挙動を示すことが知られている。

海洋音響のこの問題は，幾何音響理論に基づくパラボラ方程式を用いて広く研究されている[13]。そこで，本節では，この方程式をスタンダードハミルトニアンの観点から見直してみる。

7.2.1 パラボラ方程式

海洋音響では，海底や海面をもつ海洋での音波伝搬を，距離座標を r，深度座標を z として，2次元の (z,r) 座標を用いて議論を行う。

音線が r の正方向にのみ進むという仮定（これを one-way ray approximation という）と，音線の発射される角度が水平方向に対して浅いという仮定〔これをパラボラ（parabolla）近似という〕から，あとで説明するように

$$H_{\mathrm{PE}}(z,\tilde{p}_z) = \frac{\tilde{p}_z^2}{2} + \frac{c(z,r) - c_0}{c_0} = \frac{1}{2}\tilde{p}_z^2 + V_{\mathrm{PE}}(z,r) \tag{7.48}$$

というハミルトニアンが導かれる[14]。ここで，$\tilde{p}_z \equiv k_z/k_0$，$c_0$ は標準音速である。このハミルトニアンを使って，**パラボラ方程式**（parabolic ray equation）

$$\frac{dz}{dr} = \frac{\partial H_{\mathrm{PE}}}{\partial \tilde{p}_z}, \qquad \frac{d\tilde{p}_z}{dr} = -\frac{\partial H_{\mathrm{PE}}}{\partial z} \tag{7.49}$$

が定義される。式 (7.48) は，スタンダードハミルトニアンの形をしているから，この音線軌道を力学系の問題として考察することが可能になる。そのため，このパラボラ方程式は海洋音響の分野で重要な役割を果たしている。

〔1〕 パラボラ方程式の導出

論文[14]の記号に合わせるために，式 (7.36) と式 (7.37) を

$$\frac{dz}{dt} = \frac{c^2}{\omega}k_z, \qquad \frac{dk_z}{dt} = -\frac{\omega}{c}\frac{\partial c}{\partial z} \tag{7.50}$$

と表す（$k_z = \omega p_z$）。r 座標に関しては，音線に沿って時間とともに単調に増加（$dr/dt > 0$）する（one-way ray approximation）として，式 (7.50) を

$$\frac{dz}{dr} = \frac{\partial H}{\partial k_z}, \qquad \frac{dk_z}{dr} = -\frac{\partial H}{\partial z} \tag{7.51}$$

のように書き換える。ただし，H は

$$H(z, k_z, r) = -k_r = -\sqrt{\frac{\omega^2}{c^2} - k_z^2} \tag{7.52}$$

である．式 (7.51) は one-way elliptic ray equation と呼ばれる方程式であり，式 (7.52) がそのハミルトニアンである．

このハミルトニアンに対して，パラボラ近似

$$|\tan \theta| = \left|\frac{dz}{dr}\right| = \left|\frac{k_z}{k_r}\right| \ll 1 \tag{7.53}$$

を課すと，式 (7.52) は

$$H(z, k_z, r) \approx \frac{k_z^2}{2k} - k \tag{7.54}$$

となる．海洋中では，音速 c は標準音速 c_0 からのずれは小さいので

$$c(z, r) = \{1 + \varepsilon\mu(z, r)\}c_0 \tag{7.55}$$

とおくことができる．そのため

$$k = \frac{\omega}{c} = \frac{\omega}{(1 + \varepsilon\mu)c_0} \approx (1 - \varepsilon\mu)\frac{\omega}{c_0} = (1 - \varepsilon\mu)k_0 \tag{7.56}$$

となる（$k_0 = \omega/c_0$）．そして，$\mu = O(1)$，$\theta^2 = O(\varepsilon)$ であると仮定すれば，式 (7.54)，(7.56) から

$$H = \frac{k_z^2}{2k_0} - (1 - \varepsilon\mu)k_0 = \frac{k_z^2}{2k_0} + \frac{c(z, r) - c_0}{c_0}k_0 - k_0 \tag{7.57}$$

となるので

$$H_{\text{PE}} \equiv \frac{H}{k_0} = \frac{k_z^2}{2k_0^2} + \frac{c(z, r) - c_0}{c_0} - 1 \tag{7.58}$$

を得る．ハミルトニアンに定数項は影響しないから，式 (7.58) の -1 は無視してよい．したがって，$\tilde{p}_z = k_z/k_0$ で書き換えると，このハミルトニアンは式 (7.48) になる．

〔2〕 スタンダードハミルトニアンによる導出

式 (7.48) の H_{PE} に対応するハミルトニアンを，式 (7.42) のスタンダードハミルトニアンから導くことを考えよう．one-way ray approximation を考慮

すれば，運動エネルギー T のなかの $p_r^2/2$ の項は落としてよいから，式 (7.42) の H は

$$H = \frac{p_z^2}{2} + \frac{-1}{2c^2} \tag{7.59}$$

となる。右辺の c^2 を式 (7.55) で書き換えると

$$H = \frac{p_z^2}{2} + \frac{-1}{2(1+\varepsilon\mu)^2 c_0^2} \approx \frac{p_z^2}{2} - \frac{1-2\varepsilon\mu}{2c_0^2} = \frac{p_z^2}{2} + \frac{\varepsilon\mu}{c_0^2} - \frac{1}{2c_0^2} \tag{7.60}$$

となる。両辺に c_0^2 を掛け，$c_0 p_z = \tilde{p}_z$（$k_z = \omega p_z$ と $k_0 = \omega/c_0$ より）に注意すれば，式 (7.60) は

$$H_{\mathrm{PE}} = c_0^2 H = \frac{\tilde{p}_z^2}{2} + \frac{c-c_0}{c_0} - \frac{1}{2} \tag{7.61}$$

となる。式 (7.61) の $-1/2$ は無視してよいから，このハミルトニアンは式 (7.48) に等価である。

このように，スタンダードハミルトニアンを使えば，パラボラ方程式のハミルトニアン H_{PE} は簡単に求めることができる。ただし，式 (7.48) とは異なり，式 (7.61) では時間 t と座標 r は独立な変数である。このため，one-way ray approximation のもとで導かれたハミルトニアン (7.48) よりも，ハミルトニアン (7.61) のほうが適用範囲は広いことを強調しておきたい。

7.2.2 音速プロフィールとカオス

パラボラ方程式 (7.49) に対するハミルトニアン (7.48) の $H_{\mathrm{PE}}(z, \tilde{p}_z, r)$ は，変数 r を時間とみなせば，座標 z と運動量 $\tilde{p}_z$ をもつ自由度 2 の力学系を記述するハミルトニアンと同じものになる。そして，$H_{\mathrm{PE}}(z, \tilde{p}_z, r)$ のポテンシャルが時間〔r〕に直接的に依存しない場合，この力学系を**自律系**（autonomous system）という。そのため，音速 $c(z, r)$ が z だけの関数〔$c(z)$〕ならば自律系になるので，パラボラ方程式は解析的に解ける。このような系のことを**可積分系**（integrable system）という。可積分系ではカオスは生じないので，音速 $c(z)$ が深度 z にどのように依存していても，音線はレギュラーな軌道である。

7.2 海洋音響とスタンダードハミルトニアンの適用

一方，音速 $c(z,r)$ が r に依存する場合は，式 (7.48) は自由度 3 の**非自律系** (non-autonomous system) になるので，解析的に解けない非可積分系である。7.1.5 項で説明したように，連続力学系でカオスを生じるのは自由度は 3 以上の力学系である。そのため，この場合にはカオスが発生する可能性がある。例えば，音速を Munk による次式[15]

$$c(z,r) = c_0 \left\{ 1 + \varepsilon \left(e^{-\eta} + \eta - 1 \right) + \frac{2z}{B} \delta e^{-2z/B} \cos \frac{2\pi r}{\lambda} \right\} \quad (7.62)$$

で与えたとしよう。ここで，$\eta = 2(z - z_{\text{axis}})/B$ はスケーリングされた z 方向の座標である。z_{axis} は音の通路となる深さで，B は深さのスケール，λ は摂動の波長，ε と δ は摂動のスケールを表すパラメータである（$\delta = 0$ のとき，レギュラーな軌道になる）。図 7.7(a) はパラボラ方程式 (7.49) を解いて得られた軌道のポアンカレ断面である[14]（ポアンカレ断面の説明は 7.1.5 項〔1〕参照）。

一方，図 7.7(b) はスタンダードハミルトニアン (7.61) とその正準方程式 (7.43) を使って，音線軌道の解 $(r(t), z(t))$ を求め，プロットしたものである。図 7.7(b) は図 7.7(a) とほとんど一致していることがわかる。カオスの海における点の分布は，厳密には一致しないが，定性的には同じである。また，KAM トーラス

(a) ハミルトニアン(7.48)による計算[14]　　(b) スタンダードハミルトニアン (7.61)による計算

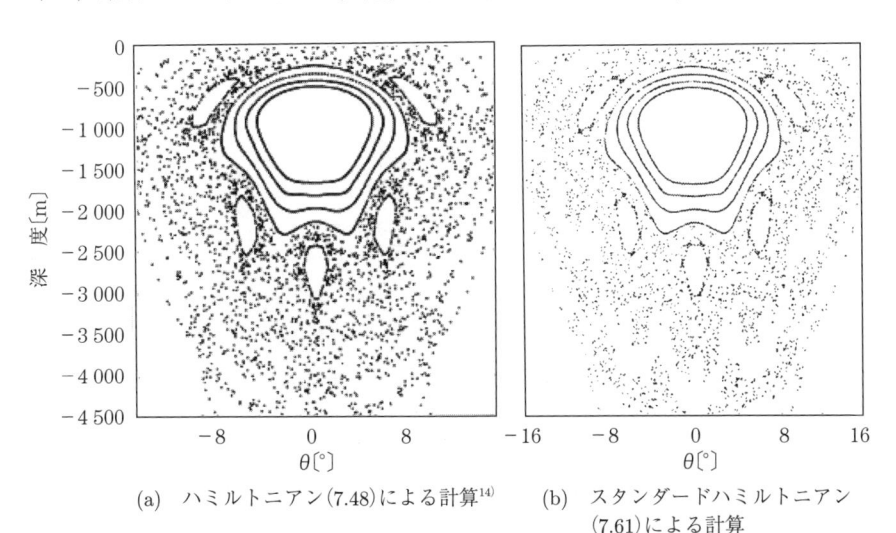

図 **7.7**　音線軌道のポアンカレ断面

の形や個数も一致している。したがって、スタンダードハミルトニアン (7.42) はそのまま海洋音響モデルに適用できることがわかる。

ところで、スタンダードハミルトニアン (7.42) やパラボラ近似のハミルトニアン (7.48) は、この例（導波管のような領域を伝搬する音線）からわかるように、1方向に進む音線の運動しか記述できない。このため、有限領域内での音の問題に適用するには、音線が境界壁で鏡面反射するように、スタンダードハミルトニアンを修正しなければならない。そのために、ビリヤード系と呼ばれる力学系を用いることが有効なので、7.3節ではこのビリヤード系について説明する。

7.3 ビリヤードと音線軌道

粒子が平面上の有限な領域内で直線運動しているとしよう。粒子を質点として扱い、粒子の運動方向は境界との衝突でのみ変わる。つまり、粒子の運動を規定するのは境界での鏡面反射（入射角と反射角が等しい反射）だけである。このように、粒子の運動が境界の形状だけで決まる力学系のことを**ビリヤード系**（billiard system）という。

ビリヤード系では、ある初期条件から出発した粒子の軌道と、それと少しだけ異なる初期条件から出発した粒子の軌道を比べて、それらの軌道が同じようになるか、それともまったく異なる軌道になるかが重要で、これは、境界形状の性質で決まる。このような性質を解明する問題を、一般に、**ビリヤード問題**（problems of dynamical billiards）という[16]~[18]。音線の運動をビリヤード問題としてとらえ直すと、幾何音響の鏡映法では説明できない複雑な軌道も扱うことができる。そのため、より現実的なカオス音場に対する解析が可能になる。

7.3.1 長方形ビリヤード

図 **7.8** は長方形のビリヤードである。図からわかるように、粒子の軌道は初期値を決めると完全に決まるので、粒子の運動は完全に予測可能である。つまり、

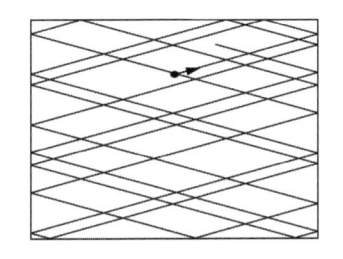

図 **7.8** 長方形ビリヤードの軌道の例

初期条件が与えられると未来が予測できるので，この系も可積分系である[17]。

初期発射角 θ_0 が有理数であれば，衝突を繰り返しながら，いずれ閉じた軌道になるので，軌道は**周期軌道**（periodic trajectory）である．しかし，初期発射角 θ_0 が無理数であれば，周期軌道と異なり軌道は閉じない．このような軌道を**準周期軌道**（quasi periodic trajectory）という．無理数は有理数より圧倒的に多いから，一般に準周期軌道がビリヤード面を埋めていくことになる．

長方形ビリヤードは矩形の部屋のモデルとみなせるので，そこでの音線軌道の振る舞いは応用面からも興味がある．

7.3.2 スタジアム形ビリヤード

ビリヤードの壁（境界）が曲がっている場合は，平面壁の場合とは著しく異なる性質がある．いま，図 **7.9** のように，はじめわずかにずれた位置にあった二つの粒子が，近接した点 P と点 Q でそれぞれ反射したとすると，そのずれは平面の場合よりも大きくなる．もし，このような曲がった壁に囲まれた室内で二つの粒子が壁にぶつかりながら進んでいけば，壁との衝突ごとに位置と方向の違いがどんどん大きくなる．例えば，衝突のたびに位置の違いが Λ 倍になるとすれば，n 回の衝突後には，はじめの差は $\Lambda^n = \exp(n \ln \Lambda)$ 倍になる．つまり，最初のわずかな違いが次々と衝突することによって指数関数的に増大する．この結果，初期値がわずかに異なる二つの粒子の軌道は，曲がった壁との衝突により元の軌道から急激に離れていくことになる．このような性質を**初期値敏感性**（sensitivity to initial conditions）と呼び，カオスを特徴付ける基本的な概念である[19]．7.1.5 項〔2〕のリアプノフ指数で定義した式 (7.46) の距

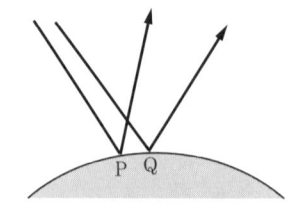

図 7.9 曲面のビリヤード壁で反射された二つの軌道の拡がり

離 $d(t)$ も，この初期値敏感性を示す量である。

図 **7.10** のように，長方形を 1 対の半円で挟んだビリヤードを**スタジアム形ビリヤード**（stadium billiards）という。このスタジアム内では，図 7.8 の長方形ビリヤードの規則運動とは異なる複雑な運動が現れるので，スタジアム形ビリヤードは**カオス系**（chaotic system）である。カオス系では，粒子の運動の初期値敏感性により，軌道は予測不能な振る舞いになる。図 7.10 に描かれた軌道はスタジアム形ビリヤードのカオス軌道の例である。

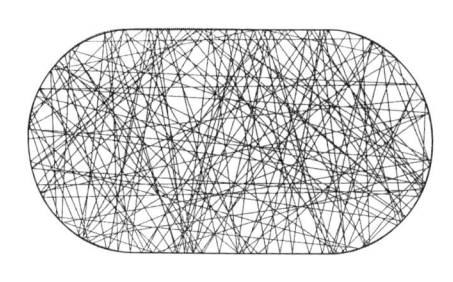

図 **7.10** スタジアム形ビリヤードのカオス軌道の例

7.3.3 閉じ込めポテンシャル

ビリヤード内の粒子は直線運動し，境界だけで鏡面反射する。ビリヤード系をポテンシャル U を使って表現すれば，ビリヤード内部はポテンシャルが一定の領域で，その境界でポテンシャルが無限大になる。したがって，ビリヤード系は図 **7.11** のような完全剛体壁の**井戸形ポテンシャル**（square well potential）U で表現することができる。つまり，ビリヤード問題は，この井戸形ポテンシャルのなかで運動する粒子の問題と等価である[20]。

図 7.11 のポテンシャルは井戸のなかでは 0 であり，外では無限大であるから，

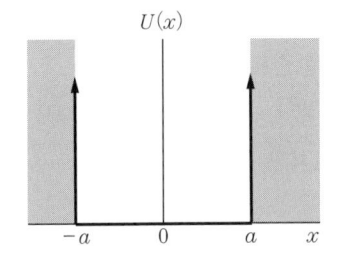

図 **7.11** 完全剛体壁の井戸形ポテンシャル。これを閉じ込めポテンシャル $U(x)$ とみなして，式 (7.63) で近似

$|x| < a$ で $U(x) = 0$，$|x| > a$ で $U(x) = \infty$ である。この井戸形ポテンシャルを解析的に取り扱うために，指数関数を使って

$$U(x) = a\left[e^{m(x-a)} + e^{-m(x+a)}\right] \tag{7.63}$$

のようにモデル化する。ここで，指数関数のべき m を十分に大きな正の値にとれば，この U は図 7.11 を近似的に再現する。

7.1.4 項で述べたように，スタンダードハミルトニアン (7.42) は，波動方程式 (7.2) から導かれたものであるから，式 (7.42) が記述するのは自由空間を直線運動する音線である。このため，音線を有限領域に閉じ込めて，その境界で音線を反射させるようなポテンシャルを式 (7.42) の V に付加する必要がある。そのようなポテンシャルとして，井戸形ポテンシャル U を選べば，音線軌道を有限な領域に閉じ込めることができるので，式 (7.42) を海洋音響以外の問題に応用することが可能になる。

そこで，スタンダードハミルトニアン (7.42) に U を加えて

$$H = \frac{\boldsymbol{p}^2}{2} + \frac{-1}{2c^2} + U(\boldsymbol{x}) = \frac{\boldsymbol{p}^2}{2} + W(\boldsymbol{x}) \tag{7.64}$$

のように拡張する。つまり，式 (7.64) のポテンシャル $W(\boldsymbol{x})$

$$W(\boldsymbol{x}) = \frac{-1}{2c^2} + U(\boldsymbol{x}) = V(\boldsymbol{x}) + U(\boldsymbol{x}) \tag{7.65}$$

によって，境界内部の音線に作用する力は $V(\boldsymbol{x})$ で，境界の形は $U(\boldsymbol{x})$ で決める。このポテンシャル U を**閉じ込めポテンシャル**（confining potential）と呼ぶことにする。このような拡張によって，音線の粒子は，領域内では V による

$-dV(\boldsymbol{x})/dx$ の力を受け,領域の境界では U による $-dU(\boldsymbol{x})/dx$ の瞬間的な撃力を受けて鏡面反射しながら,領域内で運動を続けることになる。

ハミルトニアン (7.64) の具体的な応用を考える前に,いくつかのビリヤード境界に対する閉じ込めポテンシャル U の具体例をみておこう。

7.3.4 ビリヤード境界に対する閉じ込めポテンシャル

〔1〕 多角形の境界

多角形の境界をもつビリヤードのことを,**多角形ビリヤード**(billiards in polygons)という。多角形の頂角が,すべて $2\pi/q$ (q は整数)で与えられる場合は,長方形ビリヤード(図 7.8)からもわかるように,可積分系になる。しかし,頂点が一つでも $2\pi p/q$ (q は偶数で,p,q は互いに素)で与えられる多角形ビリヤードの場合は可積分系ではない。

また,多角形ビリヤードは平面壁なので,図 7.9 のような曲がった壁のように初期値敏感性をもたないから,カオス系ではない。多角形ビリヤードは,このように可積分系とカオス系の間に位置する力学系であるため,**擬可積分系**(pseudochaotic system)と呼ばれている[17]。

例えば,図 **7.12** のような矩形(xy 平面)の部屋の大きさを $x = [-L_x, L_x]$,$y = [-L_y, L_y]$ とすると,その壁面は式 (7.63) を足し合わせた閉じ込めポテンシャル

$$U_4(x,y) = a\left[e^{m(x-L_x)} + e^{-m(x+L_x)} + e^{m(y-L_y)} + e^{-m(y+L_y)}\right] \tag{7.66}$$

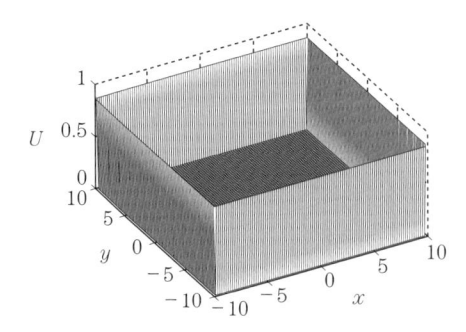

図 **7.12** 矩形の部屋の鳥瞰図。閉じ込めポテンシャル (7.66) を $m = 4\,000$, $a = 1$, $L_x = 10$, $L_y = 10$ で描いたもの

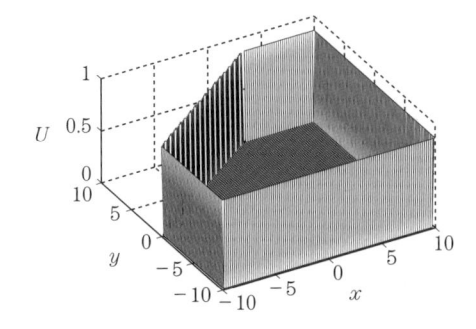

図 7.13 5角形の境界の鳥瞰図。閉じ込めポテンシャル (7.68) を $m = 4\,000$, $a = 1$, $L_x = 10$, $L_y = 10$ で描いたもの

で表現できる。また、図 7.13 のような 5 角形の部屋は、$U_4(x, y)$ に

$$g(x, y) = -L_y x + L_x y - L_x L_y \tag{7.67}$$

という関数を用いて

$$U_5(x, y) = U_4(x, y) + ae^{mg(x,y)} \tag{7.68}$$

で表現できる。

〔2〕 曲面を含む境界

室内に円柱や室の角に丸みがある場合は、閉じ込めポテンシャル $U_4(x, y)$ に円筒形の井戸形ポテンシャルを加える。例えば、図 7.14 のように円柱 (半径 d_1) と丸い角 (半径 d_2) のある部屋は

$$U_{4\mathrm{C}}(x, y) = U_4(x, y) + ae^{m(-x^2-y^2+d_1^2)} + ae^{m[-(x-L_x)^2-(y-L_y)^2+d_2^2]} \tag{7.69}$$

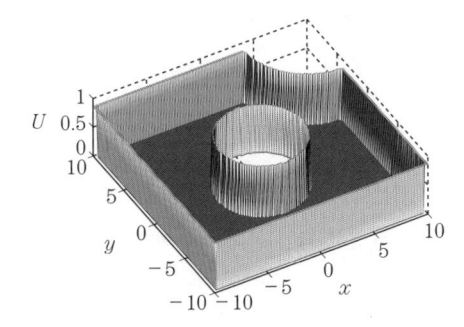

図 7.14 円柱と丸い角のある部屋の鳥瞰図。閉じ込めポテンシャル (7.69) を $m = 4\,000$, $a = 1$, $L_x = 10$, $L_y = 10$, $d_1 = 4$, $d_2 = 6$ で描いたもの

で表現できる.

[3] 直線と曲線から構成される境界

以上の例からわかるように，不整形領域を与える閉じ込めポテンシャルは，境界外部で $f_i(\boldsymbol{r}) > 0$，境界内部で $f_i(\boldsymbol{r}) < 0$ になる関数 $f_i(\boldsymbol{r})$ を使って

$$U(\boldsymbol{r}) = a \sum_i e^{m f_i(\boldsymbol{r})}, \quad i = 1, 2, \cdots \tag{7.70}$$

のように表現される.

7.4 室内音響への応用

本節では，スタンダードハミルトニアン (7.64) を室内音響に応用した具体例[21]を紹介する.

7.4.1 矩形領域における音線軌道

音速は媒質の温度揺らぎによって非一様になる．例えば，屋外では地表付近と上空との温度差によって音速が鉛直方向に変化する．また，大きな建物（コンサートホール，ドームなど）の室内では，鉛直方向に温度勾配があれば音速に変化を生じる.

そこで，音速の非一様性によって閉空間内の音線の振る舞いがどのように変化するかを調べる．矩形領域は式 (7.66) を用いる．なお，本節の議論では，変数 x が水平方向，変数 y が鉛直方向を表すものとする.

まず，鉛直方向（y 軸方向）に温度変化がない場合を計算しよう．このとき，音速は一定なので

$$c = c_0 \tag{7.71}$$

である．この音速で運動を始めた音線は，当然，直線運動をして境界で完全反射を繰り返す．軌道の初速度を (p_{x0}, p_{y0}) とするとき，対応する初期発射角 θ_0 は

$$\theta_0 = \tan^{-1}\left(\frac{p_y(0)}{p_x(0)}\right) \tag{7.72}$$

で与えられる．この $\tan\theta_0$ の値が有理数であれば，音線軌道は境界との有限回の衝突後に元の場所に戻ってくるので周期軌道になる．一方，$\tan\theta_0$ が無理数であれば，軌道は閉じることなく領域全体を埋め尽くすので準周期軌道になる．このように，初期発射角 θ_0 のとり方によって，軌道パターンは2通りに分かれる．図 **7.15** は準周期軌道の一例である．

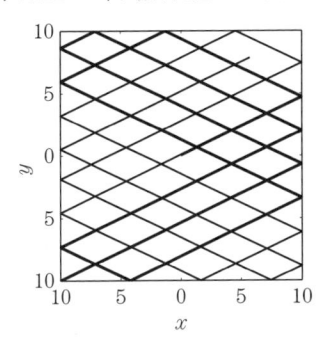

図 7.15 図 7.12 の矩形部屋における準周期軌道．$c_0 = 340\mathrm{m/s}$ で初期条件は $(x(0), y(0)) = (0, 5), \theta_0 = 20°$

つぎに，温度が高さとともに増加する場合を計算する．このとき，音速は高さとともに大きくなるので

$$c = c_0 + c_1 y \tag{7.73}$$

で与えられる．図 **7.16** は一例である．音線軌道は y の増加とともに下向きに曲がる．温度上昇とともに音線が曲げられるのは，夜間に遠方を走る電車の音が聞こえる現象と同じで，図 7.16 は物理的に妥当な結果である．

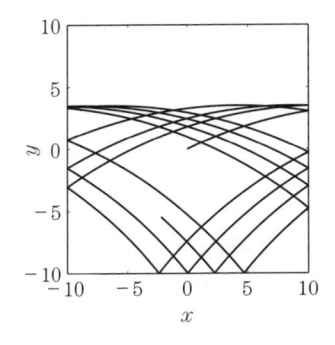

図 7.16 式 (7.73) で $c_1 = 10/\mathrm{s}$ の場合の軌道．他の条件はすべて図 7.15 と同じ

7.4.2 残響室モデル

不整形な室内モデルとして，図 **7.17**(a) の 5 角形境界の部屋（"直線 5 角形"と略す）と，図 7.17(b) の凸面を含む 5 角形境界の部屋（"凸面 5 角形"と略す）を考える．この凸面には，音場の拡散効果が期待される．それぞれの部屋の形状は，四辺形壁のポテンシャル $\hat{U}_4$

$$\hat{U}_4 = ae^{m(3x-y-25)} + ae^{m(-10x-3y-100)} + ae^{-m(y+10)} \\ + ae^{-m(x-\sqrt{2}y+10)} \tag{7.74}$$

を使って，図 7.17(a) の直線 5 角形は

$$U_{5A} = ae^{m(x+y-14)} + \hat{U}_4, \quad \text{直線 5 角形} \tag{7.75}$$

で，図 7.17(b) の凸面 5 角形は

$$U_{5B} = ae^{m(-(x-10)^2-(y-10)^2+36)} + \hat{U}_4, \quad \text{凸面 5 角形} \tag{7.76}$$

で与えられる[21]．

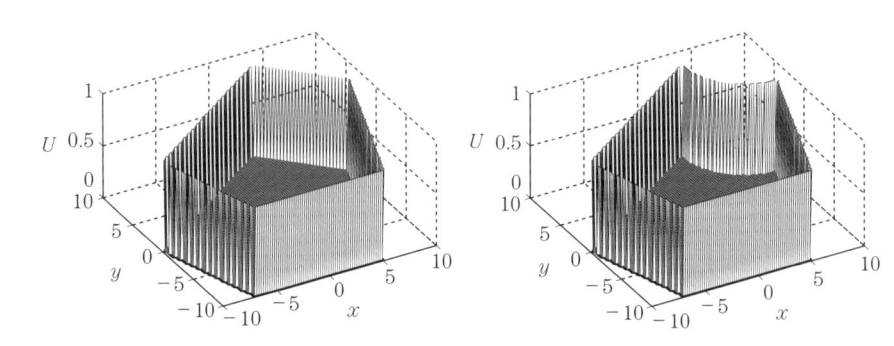

(a) 閉じ込めポテンシャル(7.75)の U_{5A} による 5 角形境界の部屋(直線 5 角形)

(b) 閉じ込めポテンシャル(7.76)の U_{5B} による凸面 5 角形境界の部屋(凸面 5 角形)

図 **7.17** 不整形な室内モデル

7.4.3 音線軌道のポアンカレ断面とリアプノフ指数

直線 5 角形と凸面 5 角形の不整形部屋のモデルに対して，音線軌道を計算し

たものが図 **7.18** である．そして，これらの軌道のポアンカレ断面が図 **7.19** である．図 7.19 から明らかにように，両方ともに点は y–p_y 平面で散乱しているので，周期運動でも準周期運動でもないことがわかる．

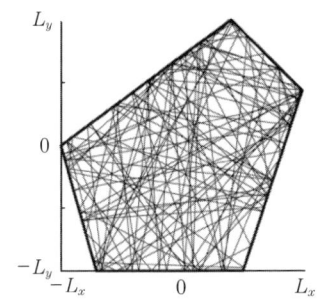

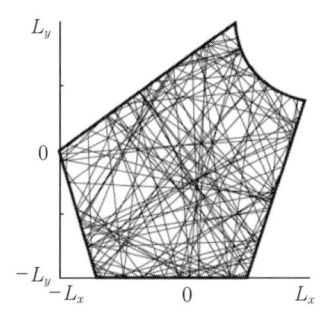

(a) 図 7.17(a) の直線 5 角形内での音線　　(b) 図 7.17(b) の凸面 5 角形内での音線

図 **7.18**　不整形部屋の軌道[21]

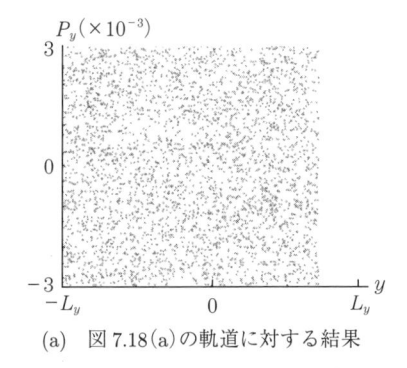

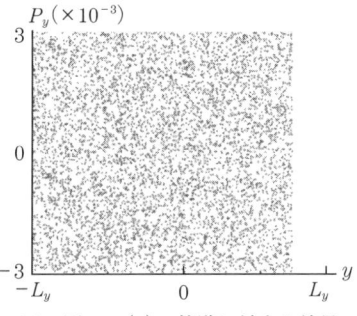

(a) 図 7.18(a) の軌道に対する結果　　(b) 図 7.18(b) の軌道に対する結果

図 **7.19**　不整形部屋のポアンカレ断面[21]

図 7.17(b) の不整形部屋の凸面には拡散板の役割が期待されるので，図 7.18 の二つの軌道の構造にも質的な違いが予想される．そこで，リアプノフ指数を計算すると，図 7.18(a) は $\lambda \approx 6.1 \times 10^{-2} \approx 0$ であり，図 7.18(b) は $\lambda \approx 14.1$ である[21]．つまり，図 7.18(a) の軌道はレギュラーであり，図 7.18(b) の軌道はカオスであることがわかる．このように，凸面 5 角形の部屋は残響室モデルとみなすことができる．

7.4.4 ビリヤードモデルによるリアプノフ指数

7.4.3項のリアプノフ指数の結果は，多角形ビリヤードの性質とも矛盾しないことをみておく．直線のみで構成された図 7.17(a) の直線 5 角形境界は**放物形ビリヤード**（parabolic billiards）の仲間であり，曲面を含む図 7.17(b) の凸面 5 角形境界は**双曲形ビリヤード**（hyperbolic billiards）の仲間である[22]．放物形ビリヤードは直線だけの境界なので，境界で反射を繰り返しても，音線は拡散されることはなく安定な軌道を描く．そのため，リアプノフ指数は 0 である．つまり，7.3.4 項〔1〕で述べた擬可積分系である．一方，双曲形ビリヤードでは，曲面に入射した音線の束が反射のたびに拡がっていく．その結果，カオスが生じて，リアプノフ指数は正の値になる．

ビリヤードのリアプノフ指数 λ は，軌道が代数式で与えられるから，微分方程式より簡単に，かつ，精度よく計算できる．図 7.18(a) は $\lambda = 5.00 \times 10^{-3} \approx 0$ で，図 7.18(b) は $\lambda = 13.6$ である[21]．これらの値は 7.4.3 項の計算結果とよく一致している．

7.4.5 音の減衰時間

室内における音場を特徴付ける量として，音響エネルギー $W(t)$ から

$$W(t) \propto e^{-t/T_{\text{dec}}} \tag{7.77}$$

で定義される**減衰時間**（characteristic decay time）T_{dec} を考える†．図 7.17 のような境界壁をもつ室内で，音線が一定の割合（吸音率）α で吸収されながら減衰する効果は，音線のもつ音響インテンシティ J_0 に $(1-\alpha)$ を反射回数だけ掛けた量で表すことができる．したがって，複数の音線による音響エネルギー $W(t)$ は，音線ごとに時刻 t までの壁面との反射回数を $n(t)$ とすると

$$W(t) \propto \Sigma J_0 (1-\alpha)^{n(t)} \tag{7.78}$$

で与えられる．$n(t)$ の計算は，初期位値 (x_0, y_0) からランダムに発射された N_0

---

† **残響時間**（reverberation time）T_{rev} とは，$T_{\text{rev}} = (6 \log 10) T_{\text{dec}} \approx 13.81 T_{\text{dec}}$ で繋がっている．

7.4 室内音響への応用

本のすべての音線に対して行う。凸面 5 角形室内〔図 7.17(b)〕の一例が図 **7.20** である。この図から式 (7.77) の T_{dec} を読み取ると，表 **7.1** の 2 列目のような値を得る。そこで，これらの値の妥当性を検討するために，T_{dec} に対する二つの予測公式と比較してみよう。表 7.1 の 3 列目の値は，Norris-Eyring の式[23]

$$\bar{T}_{\text{dec}} = \frac{\bar{l}_0}{c_0 |\log(1-\alpha)|} \tag{7.79}$$

による理論値である（$\bar{l}_0$ は平均自由行路）。4 列目は Mortessagne の式[24]

$$\bar{T}_{\text{dec fluc}} = \frac{1}{c_0} \frac{\sigma_\infty^2}{\left[\bar{l}_0^2 - 2\sigma_\infty^2 \log(1-\alpha)\right]^{1/2} - \bar{l}_0} \tag{7.80}$$

による理論値である。σ_∞^2 は $\bar{l}_0$ の分散を表す量で，$\bar{l}_0 = 12.33$，$\sigma_\infty^2 = 24.2$ である。表 7.1 から，数値シミュレーションによる減衰時間 T_{dec} と理論値（$\bar{T}_{\text{dec}}$ と $\bar{T}_{\text{dec fluc}}$）はかなりよい一致を示していることがわかる。実際，両者の相対誤差は Norris-Eyring の予測公式に対して 2.5% 以内，Mortessagne の予測公式に対して 0.6% 以内に収まっている。同様の結果は，直線 5 角形境界室内〔図 7.17(a)〕に対しても得られる。

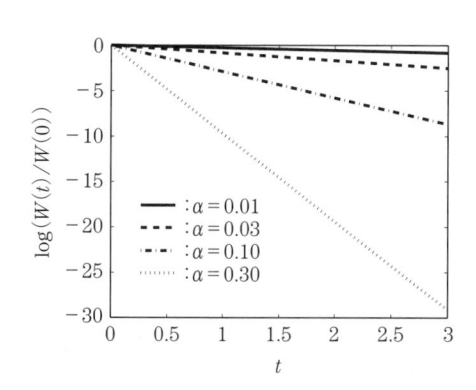

図 **7.20** 音の減衰時間。初期条件は $(x_0, y_0) = (0,0)$，$N_0 = 3.0 \times 10^3$

表 **7.1** 凸面 5 角形境界の結果

吸音率 α	図 7.20 からの値 T_{dec}	式 (7.79) の値 $\bar{T}_{\text{dec}}$	式 (7.80) の値 $\bar{T}_{\text{dec fluc}}$
0.01	3.611	3.609	3.611
0.03	1.192	1.190	1.192
0.10	0.346	0.344	0.346
0.30	0.103	0.102	0.103

したがって，スタンダードハミルトニアンを用いた音線解析の手法は残響予測に有効であることがわかる。

7.5 非線形音響の新しい見方

本章では，幾何音響の基礎方程式であるアイコナール方程式を与えるハミルトニアンを用いて，幾何音響に関わる音現象を力学系の問題としてとらえ直す試みを紹介した。力学系を特徴付けるポテンシャル項は，音線の速度関数で決まり，ポテンシャル内で運動する粒子の軌道が音線軌道を与える。このため，軌道の形はポテンシャルの形で完全に決まることになる。

しかし，アイコナール方程式から直接導かれるハミルトニアンのポテンシャル V だけでは，粒子の運動を有限領域内に閉じ込めることはできない。そのために，井戸形ポテンシャルを閉じ込めポテンシャル U として，ポテンシャル W をつくる必要があった。この結果，室内音響の問題をハミルトン形式の枠組みで考えることができるようになった。例えば，7.4.1 項で示したように，温度勾配のある 2 次元閉空間内での音線軌道が簡単に計算できる。

さらに，閉じ込めポテンシャル U を使えば，音線が散乱や反射される壁面の形状を自由に設定できるために，7.4.2 項で示したように，曲がった壁面による音の拡散やカオスを解析的に調べることができた。このような解析手法が 3 次元空間にまで拡張できれば，より現実的な室内音響の諸問題を扱うことができるようになるだろう。したがって，3 次元空間への拡張は次のステップへ進むための重要なテーマである。

また，7.4.3～7.4.5 項の結果などから，減衰時間 T_{dec} とリアプノフ指数 λ の間に特定の関係が存在する可能性が示唆される。このため，音響分野で重要な残響時間 T_{rev} や拡散音場を評価する新たな指標が，リアプノフ指数を使って定義できるかも知れない。もし，このような指標が実際に定義できれば，残響室やコンサートホールなどの設計に対してかなり有力な指標になるだろう。なぜなら，ビリヤード問題などからわかるように，リアプノフ指数はビリヤードの

形状を直に反映する物理量だからである。

一般に，さまざまな境界条件や媒質の不均一性，非一様性などを考慮すると，音線軌道は複雑になる。しかし，そのような媒質の性質は，ハミルトニアン形式を使えば，ポテンシャル関数でモデル化できる。いったん，力学系の問題に定式化できれば，音線軌道の問題は本質的に非線形問題になる。このため，幾何音響の諸問題に対して，力学系の研究で培われてきたさまざまな解析手法やアイデアを応用することは，たいへん有効である。そして，そのようなプロセスのなかから，非線形音響の問題に対する新たな知見や発見も期待できるだろう。

7.6 リーマン幾何学的なアプローチによる音線軌道の方程式

7.6.1 測地線とメトリック

リーマン幾何学では，多様体という曲がった空間を考える。その多様体上で微小な距離 ds を

$$ds^2 = g_{ij}dx^i dx^j \tag{7.81}$$

と定義する。ここで，x^i は時空座標の i 成分を表す。同じ指標が上下にあれば，$i = 1, \cdots, n$ までの総和をとるものとする（アインシュタインの総和の規則）。この g_{ij} が曲線座標 x^i で表される空間（曲面）の幾何学的性質を決定する基本的な2階対称テンソルで，これを**リーマン計量**（Riemannian metric），または**基本テンソル**（fundamental tensor），あるいは単に**計量**（metric）と呼ぶ。式(7.81)が正定値（$dx^i = 0$ でない限り $ds^2 > 0$ となること）であるとき，これを保証するメトリック g_{ij} を備えた多様体のことを**リーマン多様体**（Riemannian manifold），または**リーマン空間**（Riemannian space）と呼ぶ[25)~27)]。

リーマン空間内の二つの離れた点を結ぶ線で，最短な線のことを**測地線**（geodesics）という。平面上の2点間を最短な線は直線であるが，測地線はこれを曲がった空間で一般化したものにあたる。

この測地線は測地線方程式

を満たす曲線である。ここで Γ_{ji}^h はクリストッフェルの記号（Christoffel symbols）で

$$\frac{d^2 x^h}{dt^2} + \Gamma_{ji}^h \frac{dx^j}{dt}\frac{dx^i}{dt} = 0, \quad 測地線方程式 \tag{7.82}$$

$$\Gamma_{ji}^h = \frac{1}{2} g^{lh} \left(\partial_j g_{il} + \partial_i g_{jl} - \partial_l g_{ji} \right) \tag{7.83}$$

によって定義される反変1階，共変2階のテンソルである[28], [29]。

7.6.2 最小作用の原理と音線軌道のメトリック

物理学の基本法則のなかには，"ある量を最小または最大にするように物理現象は生じる"という形で表現されるものが多い。これを一般に**最小作用の原理**（principle of least action）という。幾何光学における**フェルマーの原理**（Fermat's principle）もその一つで，"光線は所要時間が最短の経路を選ぶ"と表現されるものである[7]。

このフェルマーの原理を幾何音響の音線に適用すれば，"音線は所要時間が最短の軌道を通る"ということになる。いま，ラグランジアン $L(q_i, \dot{q}_i)$ が与えられているとき，**作用積分**（action integral），または**作用**（action）という量を

$$I = \int_{t_1}^{t_2} L \, dt \tag{7.84}$$

で定義する[5]。ここで，t_1 と t_2 は，ある与えられた二つの時刻である。この作用積分の値は，$L(q_i, \dot{q}_i)$ がラグランジュの方程式を満たすときに極値をとる。つまり，作用積分を極値にするものが実際に実現される運動である。作用積分に極値をとらせるように運動を決めることを，**ハミルトンの原理**（Hamilton's principle），または**変分原理**（variational principle）という。

ハミルトニアン H が式 (7.35) で与えられているとき，ラグランジアン L は

$$L = T - V = 2T - (T + V) = 2T - H \tag{7.85}$$

となる。エネルギー $H = E$ は保存している（$\delta E = 0$）から，実現される運動は，ハミルトンの原理（$\delta I = 0$）から，つねに

7.6 リーマン幾何学的なアプローチによる音線軌道の方程式

$$\delta \int_{t_1}^{t_2} L dt = \delta \int_{t_1}^{t_2} 2T dt = 0 \tag{7.86}$$

を満たす．このときの運動を測地線で考えれば，多様体上の2点間を結ぶ距離 l

$$l = \int_{s_1}^{s_2} ds = \int_{t_1}^{t_2} \sqrt{g_{ij} \frac{dx^i}{dt} \frac{dx^j}{dt}} \, dt \tag{7.87}$$

を最短にする曲線（$\delta l = 0$）上で運動が実現するから

$$\delta \int_{t_1}^{t_2} \sqrt{g_{ij} \frac{dx^i}{dt} \frac{dx^j}{dt}} \, dt = 0 \tag{7.88}$$

である．式 (7.86) と式 (7.88) を比較すると，メトリック g_{ij} と T の間に

$$g_{ij} = 2T \delta_{ij} \tag{7.89}$$

という関係があることがわかる．なぜなら，$2T = \dot{x}^2 = \delta_{ij} \dot{x}^i \dot{x}^j$ より式 (7.86) と式 (7.88) は一致するからである．ここで，δ_{ij} はクロネッカーのデルタ (Kronecker delta) で $i = j$ のとき $\delta_{ij} = 1$ で，$i \neq j$ のとき $\delta_{ij} = 0$ である．

いま，ハミルトニアン (7.35) が音線軌道のスタンダードハミルトニアン (7.42) である場合，$H = 0$ より $T = 1/(2c^2)$ となる．したがって，式 (7.89) より音線が伝搬するリーマン空間でのメトリックは

$$g_{ij} = \frac{1}{c^2} \delta_{ij} \tag{7.90}$$

となることがわかる．

7.6.3 音線の測地線方程式

音線軌道の式 (7.25) はアイコナール近似から求めたが，リーマン幾何学の観点からは測地線方程式 (7.82) が音線軌道の式に対応する．したがって，式 (7.90) が正しいメトリックであれば，音線軌道の式 (7.25) が導かれるはずである．このことを確認しておこう．

式 (7.83) の Γ_{ji}^h に式 (7.90) を代入すると

$$\Gamma_{ji}^h = -\frac{1}{c} \delta^{lh} \left(\delta_{il} \partial_j c + \delta_{jl} \partial_i c - \delta_{ji} \partial_l c \right) \tag{7.91}$$

となる。測地線方程式 (7.82) に代入して，テンソル計算を行うと[25),29)]

$$\frac{d^2 x^i}{dt^2} - \frac{2}{c}\frac{\partial c}{\partial x^j}\frac{dx^j}{dt}\frac{dx^i}{dt} + c\frac{\partial c}{\partial x^j}\delta^{ji} = 0 \tag{7.92}$$

となる。さらに，式 (7.92) を c^2 で割った式

$$\frac{1}{c^2}\frac{d^2 x^i}{dt^2} - \frac{2}{c^3}\frac{\partial c}{\partial x^j}\frac{dx^j}{dt}\frac{dx^i}{dt} + \frac{1}{c}\frac{\partial c}{\partial x^j}\delta^{ji} = 0 \tag{7.93}$$

の初めの二つの項を微分でまとめると，式 (7.93) は

$$\frac{d}{dt}\left(\frac{1}{c^2}\frac{dx^i}{dt}\right) + \frac{1}{c}\frac{\partial c}{\partial x^i} = 0 \tag{7.94}$$

となる。ここで

$$p^i = \frac{1}{c^2}\frac{dx^i}{dt} \tag{7.95}$$

とおくと，式 (7.94) は

$$\frac{dx^i}{dt} = c^2 p^i, \quad \frac{dp^i}{dt} = -\frac{1}{c}\frac{\partial c}{\partial x^i} \tag{7.96}$$

となるので，式 (7.36), (7.37) に一致する。つまり，測地線方程式 (7.92) は音線の運動方程式 (7.25) と同じであることがわかる。

以上より，スタンダードハミルトニアン (7.42) はリーマン幾何学的な物理描像と一致するハミルトニアンであることがわかる。

引用・参考文献

1) ベルジェ，ポモウ，ビダル 著，相澤洋二 訳：カオスの中の秩序――乱流の理解へ向けて――，1.1 節と 4 章，産業図書 (1992)
2) A. J. Lichtenberg and M. A. Lieberman : Regular and Chaotic Dynamics, Springer-Verlag, Berlin (1992)
3) H. Kuttruff : Room Acoustics, Elsevier Science Publishers (1973)
4) ランダウ，リフシッツ：流体力学，8 章，東京図書 (1970)
5) ゴールドスタイン：古典力学，9 章，吉岡書店 (1959)
6) T. Foreman:An exact ray theoretical formulation of the Helmholtz equation, J. Acoust. Soc. Am., **86**, pp. 234-246 (1989)

7) 小出昭一郎：解析力学, 4 章, 岩波書店 (1983)
8) 河辺哲次：工科系のための 解析力学, 2.5 節, 裳華房 (2012)
9) T. Kawabe, K. Aono and M. Shin-ya：Acoustic ray chaos and billiard system in Hamiltonian formalism (L), J. Acoust. Soc. Am., **113**, pp. 701-704 (2003)
10) L. M. Brekhovskikh and O. A. Gordin : Acoustics of Layered Media II: Point Sources and Bounded Beams, Springer Series on Wave Phenomena Springer-Verlag, New York (2006)
11) 河辺哲次：スタンダード 力学, 1.1 節, 裳華房 (2006)
12) M. Hénon and C. Heiles : The applicability of the third integral of motion . some numerical experiments, Astrophys. J., **69**, p. 73 (1964)
13) 海洋音響学会 編：海洋音響の基礎と応用, 8 章, 成山堂書店 (2004)
14) K. B. Smith, M. G. Brown and F. D. Tappert : Ray chaos in underwater acoustics, J. Acoust. Soc. Am., **91**, pp. 1939-1949 (1992)
15) W. H. Munk : Sound channel in an exponentially stratified ocean with application to SOFAR, J. Acoust. Soc. Am., **55**, pp. 220-226 (1974)
16) M. V. Berry : Regularity and chaos in classical mechanics, illustrated by three deformations of a circluar billiard, Eur. J. Phys., **2**, pp. 92-102 (1981)
17) E. Gutkin : Billiards in polygons, Physica D, **19**, pp. 311-333 (1986)
18) S.Tabachnikov : Geometry and Billiards, MASS at Pennsylvania University (2005)
19) 長島弘幸, 馬場良和 共著：カオス入門, 4.7 節, 培風館 (1992)
20) T. Kawabe and S. Ohta : Chaos in a periodic three–particle system under Yukawa interaction, Phys. Rev. A, **41**, pp. 720-725 (1990)
21) S. Koyanagi, T. Nakano and T. Kawabe : Application of Hamiltonian of ray motion to room acoustics (L), J. Acoust. Soc. Am., **124**, pp. 719-722 (2008)
22) G. M. Zaslavsky and M. A. Edelman : Fractional kinetics: From pseudochaotic dynamics to Maxwell's Demon, Physica D, **193**, pp. 128 (2004)
23) C. F. Eyring : Reverberation time in "dead" room, J. Acoust. Soc. Am., **1**, pp. 217-241 (1930)
24) F. Mortessagne, O. Legrand and D. Sornette : Role of the absorption distribution and generalization of exponential reverberation law in chaotic rooms, J. Acoust. Soc. Am., **94**, pp. 154-161 (1993)
25) 朝長康朗：リーマン幾何学入門, 2 章, 共立出版 (1970)
26) L. Casetti, C. Clementi and M. Pettini : Riemannian theory of Hamiltonian

chaos and Lyapunov exponents, Phys. Rev. E, **54**, p. 5969 (1996)
27) M. Pettini : Geometrical hints for a nonperturbative approach to Hamiltonian dynamics, Phys. Rev. E., **47**, p. 828 (1993)
28) 石原 繁：テンソル，6.4節，裳華房 (1968)
29) ダニエル・フライシュ 著，河辺哲次 訳：物理のための ベクトルとテンソル，5.7節，岩波書店 (2013)

索引

【あ】

アイコナール 233
アイコナール近似 236
アイコナール方程式 237

【い】

位相比較法 69
井戸形ポテンシャル 252
移流項 29

【う】

渦なし場 34
運動量の流束密度 161
運動量密度 161

【え】

エッカルト音響流 196, 202
演算子分離法 113

【お】

オイラーの運動方程式 30
重み関数 136
重み付き残差法 136
音圧 28
音響インテンシティ 166, 204
音響エネルギー密度 156
音響放射圧 10, 157
音響放射力関数 169
音響放射力 156, 157
音響マッハ数 33
音響流 10, 195

【か】

カオス 241
――の海 243
カオス軌道 245
カオス系 252
拡散の式 9
重ね合せの原理 1, 34
可積分系 248
仮想音源 48
ガラーキン法 135

【き】

擬音 47
幾何音響理論 232
擬可積分系 254
擬似スペクトル法 134
軌道 242
基本テンソル 263
吸収係数 52
強力集束超音波 98
近距離場音波浮揚 187
近軸近似 59

【く】

駆動力 204
クリストッフェルの記号 264

【け】

計量 263
決定論的な力学系 241
減衰時間 260

【こ】

交通流 4
コール-ホップ変換 9, 55
混合則 74
コントラストハーモニックイメージング 95

【さ】

最小作用の原理 264
最大リアプノフ指数 245
差分法 103
作用 264
作用積分 264
散逸性流体 49
残響時間 260

【し】

自己集束 221
自己復調 89
自然境界条件 143
質量の保存則 28
弱形式 136
周期軌道 251
集束利得 133
自由度 242
シュリヒィティング音響流 197, 211
準周期軌道 251
衝撃波 9, 39
衝撃波形成距離 42
初期値敏感性 251
ショックパラメータ 39
自律系 248

270　索　　　引

【す】

人工粘性	141
数値散逸	149
スクィーズ効果	189
スタジアム形ビリヤード	252
スタンダードハミルトニアン	239
ストークスドリフト	201
ストークス流	217
ずり粘性	49

【せ】

線形近似	234
線形性	1

【そ】

双曲形ビリヤード	260
相空間	242
相　図	242
測地線	263
速度ポテンシャル	34
ソニックブーム	60

【た】

体積粘性	49, 196
対流項	29
多角形ビリヤード	254
タルティーニ音	13
弾性表面波	219
断熱方程式	31

【ち】

遅延時間	38
逐次近似	44
蓄積効果	41
超音波ピンセット	187
超音波マニピュレーション	187
超音波モータ	189
初期値敏感性	251

【て】

ティッシュハーモニックイメージング	95

【と】

動粘性係数	51
特性曲線法	148
閉じ込めポテンシャル	253

【な】

内挿関数	137
ナヴィエ-ストークスの式	49

【に】

ニューマークβ法	141

【ね】

熱線流速計	201
熱伝導の式	9
熱力学的法	68
粘性境界層	168, 175, 212

【は】

バーガース方程式	7, 55
波形ひずみ	10
波動方程式	34
ハミルトン-ヤコビ方程式	241
ハミルトンの原理	264
ハミルトンの正準方程式	238
パラボラ方程式	246
パラメトリック	79
パラメトリックアレイ	16, 78
パラメトリック音源	78
パラメトリック受波アレイ	92
パラメトリックソーナ	78

【ひ】

非自律系	249
非線形吸収	44
非線形係数	37
非線形性	1, 242
非線形パラメータ	32
比熱比	11
ビリヤード系	250
ビリヤード問題	250

【ふ】

フェルマーの原理	264
フックの法則	2
物質微分	30
プローブ波	75
分散式	234

【へ】

ヘノン-ハイレスモデル	242
ヘルムホルツ方程式	52, 135
変形ビーム方程式	123
変分原理	264

【ほ】

ポアンカレ断面	243
等エントロピー位相法	69
放射応力	161
放物近似	59
放物形ビリヤード	260
飽　和	4, 44
補間関数	148
保存則	5
ポンプ波	75

【ま】

マイクロストリーミング	219

【ゆ】

有限振幅音波	12, 34
有限振幅法	71

【よ】

弱い衝撃波理論	17, 42

【ら】

ラグランジアン	46, 159, 203
ラグランジュ微分	30

ランジュバン放射圧 158	粒子速度 27	レイリー放射圧 158
	流　体 27	レギュラーな軌道 245
【り】	流体粒子 27	連続体仮説 4
リアプノフ指数 244	【れ】	連続の式 28
リーマン空間 263		連続力学系 241
リーマン計量 263	レイノルズ応力 162, 201	
リーマン多様体 263	レイリー音響流 197, 215	【ろ】
力学系 231	レイリー角 219	ロジスティック曲線 3
離散化方程式 138	レイリー長 84	
離散力学系 241	レイリー板 178	

【C】	【G】	【S】
CIP 法 146	Gol'dberg 数 55	SAW ストリーミング 220
【F】	【H】	【W】
Fay の解 56	HIFU 98, 221	Westervelt 方程式 54
Fubini の解 40	【N】	【数字】
【K】	N 波 60	1 次波 41
KAM 曲線 243	NPE 131	1 次ビャークネス力 174
KZK 方程式 17, 58	【P】	2 次波 41
	PIV 201	2 次ビャークネス力 174

―― 編著者・著者略歴 ――

鎌倉　友男（かまくら ともお）
1976 年に名古屋大学大学院工学研究科博士課程修了（工学博士）。名古屋大学助手，講師，電気通信大学助教授を経て，1997 年より電気通信大学教授。現在に至る。
音響エレクトロニクス，波動情報処理の研究に従事。
著書に「電気・電子工学のための応用数学」，「非線形音響学の基礎」（以上，愛智出版），「電気回路」，「音響エレクトロニクス」（以上，培風館）などがある。

土屋　隆生（つちや　たかお）
1989 年に同志社大学大学院工学研究科博士後期課程修了（工学博士）。富山大学助手，岡山大学助教授，秋田県立大学助教授を経て，2004 年より同志社大学教授。現在に至る。
数値音響工学の研究に従事。
著者に「FEM プログラム選 1, 2, 3」,「等価回路網法入門」（以上、森北出版）などがある。

小塚　晃透（こづか　てるゆき）
1986 年に愛知工業大学電気工学科卒業。通商産業省工業技術院名古屋工業技術試験所を経て，2001 年より（独）産業技術総合研究所主任研究員。現在に至る。
博士（工学）（名古屋大学）。
超音波の力学応用，計測，数値シミュレーション，などの研究に従事。

河辺　哲次（かわべ　てつじ）
1977 年に九州大学大学院理学研究科博士課程修了（理学博士）。文部省高エネルギー物理学研究所助手，九州芸術工科大学助教授，教授を経て，2003 年より九州大学大学院教授。現在に至る。
素粒子論，場の理論におけるカオス現象，および非線形振動・波動現象の研究に従事。
著書に「スタンダード 力学」,「ベーシック 電磁気学」,「工科系のための 解析力学」(以上，裳華房），翻訳書に「マクスウェル方程式－電磁気学がわかる 4 つの法則」,「物理のための ベクトルとテンソル」（以上，岩波書店）がある。

斎藤　繁実（さいとう しげみ）
1976 年に東北大学大学院工学研究科博士課程修了（工学博士）。東北大学助手，東海大学講師，助教授，教授を経て 2013 年に定年退職。
水中音響の研究に従事。
著書に「超音波便覧」（丸善，分担執筆），「音響バブルとソノケミストリー」（コロナ社，分担執筆），「微分積分学教程」（森北出版，共訳）などがある。

野村　英之（のむら　ひでゆき）
2001 年に電気通信大学大学院電気通信学研究科博士後期課程修了〔博士（工学）〕。金沢大学助手，助教，電気通信大学助教を経て，2012 年より電気通信大学准教授。現在に至る。
音響エレクトロニクスの研究に従事。

近藤　淳（こんどう　じゅん）
1995 年に静岡大学大学院電子科学研究科修了〔博士（工学）〕。静岡大学助手，助教授を経て，2010 年より静岡大学教授。現在に至る。
表面波動エレクトロニクス工学の研究に従事。
著書に「弾性波デバイス技術」（オーム社，分担），「Sensors Update Vol. 6」（WILEY-VCH, Chap. 4），「食と感性」（光琳，分担）などがある。

非線形音響
──基礎と応用──
Nonlinear Acoustics
── Fundamentals and Applications ──
　　　　　　　　　　　ⓒ 一般社団法人 日本音響学会　2014

2014 年 3 月 31 日　初版第 1 刷発行

|検印省略|

編　者　　一般社団法人 日本音響学会
　　　　　　東京都千代田区外神田2-18-20
　　　　　　　ナカウラ第 5 ビル 2 階
発行者　　株式会社　コロナ社
　　　　　代表者　牛来真也
印刷所　　三美印刷株式会社

112-0011　東京都文京区千石 4-46-10
発行所　　株式会社　コロナ社
CORONA PUBLISHING CO., LTD.
Tokyo Japan
振替 00140-8-14844・電話 (03) 3941-3131 (代)
ホームページ http://www.coronasha.co.jp

ISBN 978-4-339-01119-7 (新井)　(製本：牧製本印刷)
Printed in Japan

本書のコピー，スキャン，デジタル化等の無断複製・転載は著作権法上での例外を除き禁じられております。購入者以外の第三者による本書の電子データ化及び電子書籍化は，いかなる場合も認めておりません。

落丁・乱丁本はお取替えいたします

音響入門シリーズ

(各巻A5判, CD-ROM付)

■日本音響学会編

	配本順			頁	本体
A-1	(4回)	音響学入門	鈴木・赤木・伊藤・佐藤・苣木・中村 共著	256	3200円
A-2	(3回)	音の物理	東山 三樹夫 著	208	2800円
A-3	(6回)	音と人間	平原・宮坂・蘆原・小澤 共著	270	3500円
A		音と生活	橘 秀樹 編著		
A		音声・音楽とコンピュータ	誉田・足立・小林・小坂・後藤 共著		
B-1	(1回)	ディジタルフーリエ解析(I) ―基礎編―	城戸 健一 著	240	3400円
B-2	(2回)	ディジタルフーリエ解析(II) ―上級編―	城戸 健一 著	220	3200円
B-3	(5回)	電気の回路と音の回路	大賀 寿郎・梶川 嘉延 共著	240	3400円
B		音の測定と分析	矢野 博夫・飯田 一博 共著		
B		音の体験学習	三井田 惇郎 編著		

(注:Aは音響学にかかわる分野・事象解説の内容、Bは音響学的な方法にかかわる内容です)

音響工学講座

(各巻A5判, 欠番は品切です)

■日本音響学会編

	配本順			頁	本体
1.	(7回)	基礎音響工学	城戸 健一 編著	300	4200円
3.	(6回)	建築音響	永田 穂 編著	290	4000円
4.	(2回)	騒音・振動(上)	子安 勝 編	290	4400円
5.	(5回)	騒音・振動(下)	子安 勝 編著	250	3800円
6.	(3回)	聴覚と音響心理	境 久雄 編著	326	4600円
8.	(9回)	超音波	中村 僖良 編	218	3300円

定価は本体価格+税です。
定価は変更されることがありますのでご了承下さい。

◆図書目録進呈◆

音響サイエンスシリーズ

(各巻A5判)

■日本音響学会編

			頁	本体
1.	音色の感性学 ―音色・音質の評価と創造― ―CD-ROM付―	岩宮 眞一郎編著 小坂・小澤・高田 共著 藤沢・山内	240	3400円
2.	空間音響学	飯田一博・森本政之編著 福留・三好・宇佐川共著	176	2400円
3.	聴覚モデル	森 周司・香田 徹編 香田・日比野・任 倉智・入野・鵜木共著 鈴木・牧・津崎	248	3400円
4.	音楽はなぜ心に響くのか ―音楽音響学と音楽を解き明かす諸科学―	山田真司・西口磯春編著 永岡・北川・谷口 共著 三浦・佐藤	232	3200円
5.	サイン音の科学 ―メッセージを伝える音のデザイン論―	岩宮 眞一郎著	208	2800円
6.	コンサートホールの科学 ―形と音のハーモニー―	上野 佳奈子編著 橘・羽入・日高 坂本・小口・清水 共著	214	2900円
7.	音響バブルとソノケミストリー	崔 博坤・榎本尚也編著 原田久志・興津健二 野村・香田・斎藤 安井・朝倉・安田共著 木村・近藤	242	3400円
8.	聴覚の文法 ―CD-ROM付―	中島祥好・佐々木隆之 上田和夫・G.B.レメイン 共著	176	2500円
	視聴覚融合の科学	岩宮 眞一郎編著 北川・積山・安倍 金・高木・笠松 共著		
	音声は何を運んでいるか	森　大毅 前川 喜久雄共著 粕谷 英樹		
	ピアノの音響学	西口　磯春編著 鈴木・森・三浦共著		
	物理音響モデルに基づく音場再現	安藤 彰男著		
	実験音声科学 ―音声事象の成立過程を探る―	本多 清志著		
	音と時間	難波 精一郎編 芋阪・桑野・菅野 三浦・鈴木・入交共著 Fastl		

定価は本体価格+税です。
定価は変更されることがありますのでご了承下さい。

図書目録進呈◆

音響テクノロジーシリーズ

(各巻A5判)

■日本音響学会編

			頁	本体
1.	音のコミュニケーション工学 ―マルチメディア時代の音声・音響技術―	北脇信彦編著	268	3700円
2.	音・振動のモード解析と制御	長松昭男編著	272	3700円
3.	音の福祉工学	伊福部達著	252	3500円
4.	音の評価のための心理学的測定法	難波精一郎 桑野園子 共著	238	3500円
5.	音・振動のスペクトル解析	金井浩著	346	5000円
6.	音・振動による診断工学	小林健二編著	品切	
7.	音・音場のディジタル処理	山崎芳男 金田豊 編著	222	3300円
8.	改訂 環境騒音・建築音響の測定	橘秀樹 矢野博夫 共著	198	3000円
9.	アクティブノイズコントロール	西村正治 伊勢史郎 宇佐川毅 共著	176	2700円
10.	音源の流体音響学 ―CD-ROM付―	吉川茂 和田仁 編著	280	4000円
11.	聴覚診断と聴覚補償	舩坂宗太郎著	208	3000円
12.	音環境デザイン	桑野園子編著	260	3600円
13.	音楽と楽器の音響測定 ―CD-ROM付―	吉川茂 鈴木英男 編著	304	4700円
14.	音声生成の計算モデルと可視化	鏑木時彦編著	274	4000円
15.	アコースティックイメージング	秋山いわき編著	254	3800円
16.	音のアレイ信号処理 ―音源の定位・追跡と分離―	浅野太著	288	4200円
17.	オーディオトランスデューサ工学 ―マイクロホン、スピーカ、イヤホンの基本と現代技術―	大賀寿郎著	294	4400円
18.	非線形音響 ―基礎と応用―	鎌倉友男編著	286	4200円
	波動伝搬における逆問題とその応用	山田晃 田屋弘之 蜂條献児 西川茂 共著		
	熱音響デバイス	琵琶田哲祐 上崎太一 矢琴志樹 共著		
	音声・オーディオ信号の符号化技術 ―技術動向から音質評価まで―	日和崎祐介 原田登 恵木則次 共著		
	超音波モータ	青柳学 黒澤実 中村健太郎 共著		
	頭部伝達関数の基礎と 3次元音響システムへの応用	飯田一博著		

定価は本体価格+税です。
定価は変更されることがありますのでご了承下さい。

図書目録進呈◆